高等教育"十二五"规划教材

AutoCAD 入门基础与应用技巧

（第 2 版）

刘培荣　主　编

刘国峰　崔淑艳　副主编

清华大学出版社

北京交通大学出版社

·北京·

内 容 简 介

本书详细阐述 AutoCAD 的工作原理、基本功能和使用方法。主要内容包括：AutoCAD 绘图基本知识，绘图环境设置，二维图元和三维基本图形绘制，二维图形和三维立体图的基本编辑和高级编辑，文字录入与尺寸标注，图形显示控制，二维图形和三维立体图的高级绘制和编辑技巧，立体图的消隐、着色、渲染与动态观察，图块与图案填充。在本书最后一章结合实例介绍常用绘图技巧，并精心设计了上机练习题。

本书可作为高等院校相关专业学生的教材和技术培训课本，也可供广大相关一线人员参考。

图书在版编目（CIP）数据

AutoCAD 入门基础与应用技巧/ 刘培荣主编. —2 版. —北京：北京交通大学出版社：清华大学出版社，2014. 2（2019. 1 重印）

ISBN 978 - 7 - 5121 - 1828 - 7

Ⅰ. ①A…　Ⅱ. ①刘…　Ⅲ. ①AutoCAD 软件　Ⅳ. ①TP391. 72

中国版本图书馆 CIP 数据核字（2014）第 022533 号

责任编辑：陈跃琴

特邀编辑：宋英杰

出版发行：清 华 大 学 出 版 社　　邮编：100084　　电话：010 - 62776969

　　　　　北京交通大学出版社　　邮编：100044　　电话：010 - 51686414

印 刷 者：北京时代华都印刷有限公司

经　　销：全国新华书店

开　　本：185×260　　印张：22.75　　字数：568 千字

版　　次：2019 年 1 月第 3 次印刷

书　　号：ISBN 978 - 7 - 5121 - 1828 - 7/TP·779

印　　数：4 501～6 500 册　　定价：48.00 元

本书如有质量问题，请向北京交通大学出版社质监组反映。对您的意见和批评，我们表示欢迎和感谢。

投诉电话：010 - 51686043，51686008；传真：010 - 62225406；E-mail：press@ bjtu. edu. cn。

前　言

计算机辅助设计，目前被广泛应用于各设计领域。其中 AutoCAD 自 20 世纪 90 年代后期在中国逐步推广使用以来，成为最受欢迎和应用最为广泛的软件之一。目前学习此软件的人员越来越多，不但许多高校开设此类课程，而且社会上不少有志青年和中老年学者也在快马加鞭地学习。此软件如同一般文字软件那样，正飞速应用于各行各业，甚至悄悄地走入高级知识分子家庭。

随着软件更新速度的日新月异，软件的功能越来越强大，使得高端用户越来越方便。然而，由于软件的更新速度太快，也给初学者带来许多不便，同时也给各级各类院校在有限的课时内完成教学任务带来困难。纵观 AutoCAD 版本更新和演化的历史可以看出，从 1997 年我国引进 R9 全外文版 AutoCAD 以来，到 20 世纪末期推出 R14 版，仅在保持原有版本命令操作的基础上，引进了对话框操作的人机交互技术；到 2004 版，人机交互技术已经基本成熟。实践也证明，这几年的版本更新主要是网络、三维交互和极个别功能的增加。而不论过去、现在还是未来，命令输入不但可以完成任何版本的操作，同时也是二次开发常常依赖的方式。

本书是在第一版基础上改编而成，本版增加了图层绘图技术、三维建模技术，并增加了大量习题，但仍保留了第一版的编写方式，目的是让初学者掌握 AutoCAD 的使用特点、规律和最为常用的使用方法，同时给高端研究和开发提供一个台阶。本书编写初期，笔者走访了国内最早接触外文版 AutoCAD 的自学者和个别高校从事 AutoCAD 教学的教师，与此同时，也走访了部分院校的学生，了解他们学习软件的困惑和疑难之处，明确编写此书必须遵从"万变不离其宗"的指导思想。按此思想来安排内容体系，即采用以命令输入为主的讲解方法，力图将因版本更新而带来的学习难度降到最低，使初学者便于快速入门，利于迅速提高，且满足学校教学的课时需要。同时，由于本书按照"以命令输入为主"的方式编写，内容基本不受版本更新的影响，便于读者自学和掌握。考虑到各校教学课时和专业的不同，书中第 4、6、8、10、11 章为选学内容，各学校教学时酌情选讲。另外，为满足各高校教学需要，书中仍采用 2004 和 2014 两种不同版本分别介绍。

本书的第 1、2、4、6 章；由刘培荣编写，侣金铃、韩海花编写第 5 章，崔淑艳编写第 7 章，范彩霞编写第 8 章和第 9 章，刘国峰编写第 10 章；毛竹编写第 3 章，樊帆编写第 11 章，崔淑艳编写了第 12 章并参与了本书的资料整理和实例验证工作。全书由刘培荣任主编，刘国峰、崔淑艳任副主编。由于作者水平有限，加之时间仓促，书中缺点和不足之处在所难免，敬请广大读者批评指正，以便再版时修正。

作　者
2014 年 3 月

目　录

第 1 章

AutoCAD 绘图基本知识

计算机辅助设计（Computer Aided Design，CAD）自 20 世纪 90 年代开始在我国规模使用以来，已经被应用到各个工程设计和施工领域。它是工程设计所涉及的基础理论、设计方法和设计人员的经验与计算机的图形技术、数据库技术、专业技术的有机结合，改变了设计领域长达数百年以来依赖手工绘图和设计的传统方法和手段，实现了数字电子设计和绘图的跨越。如今，CAD 不仅包括设计、计算、绘图的主要部分，还包括了方案选择、可行性研究、初步设计、技术设计等一整套设计在内的计算机辅助设计体系。

计算机辅助设计使用的软件较多，分通用绘图软件和专用绘图软件两类。各国的相关行业和单位均已研制出了满足不同用途的专用绘图软件供直接使用。通用绘图软件也较多，其中，AutoCAD 是使用最为广泛的通用绘图软件之一，用它可以直接绘制和编辑图形，亦可以利用其进行编程绘图。

利用 AutoCAD 软件绘图必须按照严格的绘图步骤执行，其基本步骤是：新建图形文件→设定绘图界限→定义绘图单位→建立绘图的图层→图形绘制与编辑→修饰图形→标注图形尺寸→设置出图环境→进行图形输出。

1.1　主要功能和显示界面

AutoCAD 通用绘图软件，和其他软件一样，将安装光盘放到光驱里，打开文件目录结构，在文件目录中找到 Setup. exe 可执行文件，双击后选择"自动安装"开始安装，按提示步骤完成。AutoCAD 通用绘图软件的文件组成如表 1 - 1 所示。

表 1 - 1　AutoCAD 通用绘图软件的文件组成

文件类型	设备配置文件	备份文件	图形文件	说明文件	可执行文件
扩展名	CFG	BAK	DWG	MID	EXE
文件类型	二进制图形交换文件	索引文件	菜单文件	帮助文件	图形交换文件
扩展名	DXB	HDX	MNU	HLP	DXF
文件类型	AutoLisp 程序文件	命令文件	幻灯文件	对话框文件	编辑菜单文件
扩展名	LSP	SCR	SlD	DCL	MNS
文件类型	图形文件转换原文件	文本文件	引导文件	线型库文件	属性提取文件
扩展名	OLD	TXT	MYMR	LIN	SHX
文件类型	形定义编辑后的文件	形定义文件	覆盖文件	图形库文件	外部命令文件
扩展名	SHX	SHP	OLI	PAT	PGP

1.1.1 主要功能

AutoCAD 的功能主要体现在以下几个方面。

第一，直接绘制图元和图形，并对其进行编辑直到打印出图。该软件可以直接绘制简单和复杂的平面和立体图形，如圆弧、直线、多段线、圆环、构造线、圆、椭圆等二维图元及由此组合的复杂图形，并对其进行移动、复制、镜像、偏移、变比、延伸、阵列等编辑。同时，可以在三维环境下直接绘制三维表面和三维立体图，如长方体表面、圆柱体表面等，以及球体、楔体、圆环体、长方体等，还可以对其进行一般的编辑，如复制、旋转、镜像、阵列等。此外，该软件具有强大的三维编辑功能，能对三维图进行高级编辑，如三维表面的移动、复制、旋转、删除、偏移、拉伸、抽壳、压印、倾斜、变色等。

第二，人机交互方式多样。包括输入命令、选择菜单、单击工具，使用其中的任何一种方式均可完成操作；通过不断改进的菜单和工具栏，提供更好的一致性和人性化的人机交互功能，同时兼容 Windows 标准风格。

第三，自动测定图形尺寸并进行尺寸标注。软件将尺寸标注自动生成由尺寸箭头、尺寸文字、尺寸界线、尺寸线组成的尺寸标注块，进行尺寸标注，并对尺寸标注块进行文本格式和标注模式的设定和修改。

第四，方便的视图观测。用 AutoCAD 绘制和编辑图形时，计算机屏幕不但是被视作一张图板和图纸，还相当于一个放大镜和电视显示屏幕，可以将图形适时地放大、缩小和变比、移动，而这种操作只是视觉的变化，不改变图在原来图纸上的位置和大小。另外，还可以动态旋转实体，即按指定的方式旋转实体，实现三维可视化的效果。

第五，多文档设计环境和设计中心功能。从 AutoCAD 设计环境中同时打开多个设计文档协同设计；在设计中心，可从多个当前打开的图形文件中，从本地磁盘存储或从网络驱动器查找和显示。

第六，利用图层技术绘制图形。AutoCAD 与图板绘图的区别是利用图层分层设置线型和颜色，分层出图或叠合出图，对图层进行打开和关闭、锁闭和解锁、冻结和解冻等操作，最大限度地方便用户保护已有成果和满足工程设计的不同需要。

第七，网络共享功能进一步增强。2010 年后的版本，研发 AutoCAD 的公司着力强化网络功能和三维动态图形的研究，目前的版本可以很方便地从 Internet 网站上查找和显示图块、尺寸标注、线型、外部引用、图层、区域填充和布局等信息。

第八，数据交换和网络功能。可以直接存取 Web 网站上的 AutoCAD 文件，还可以把 Internet 地址和设计对象进行超级链接，进行互联和共享。

第九，目标捕捉和跟踪功能。为方便用户操作，软件具有对已经绘制的图线上的特征点的捕捉功能，不必再输入坐标，克服解算坐标的困难，同时增加了跟踪平行、延伸及角度等自动跟踪功能。

第十，对象属性的查找、替换、快速选择功能及计算功能。对象属性管理器将多处分散的对象数据汇总于同一交互窗口中，可以全盘浏览、修改对象属性；查找、替换支持在整幅图中或指定区域内进行文本的查找和替换，可以快速选择满足特定属性条件的某一类目标实体。

第十一，方便的二次开发功能。利用 AutoLisp 语言或其他编程语言编制成程序，利用二次开发技术，由软件自动成图。

1.1.2　显示界面

　　显示界面包括标题栏、工具栏、菜单栏、命令窗口、命令行、显示窗口、状态栏等。输入命令和单击工具的效果相同，不同的版本显示界面略有不同。为各校使用方便，现以 AutoCAD 2004 与 AutoCAD 2012 两种不同的版本为例对显示界面做详细介绍。

1. AutoCAD 2004 显示界面

　　随着 AutoCAD 每年版本的不断更新，使用界面越来越复杂，有时给中国境内的初学者带来许多不便。根据各地的教学经验，建议初学者先用较低的版本入门和提高，再逐步步入较高版本。为便于比较各版本的差异，同时为便于初学者学习及满足各校低课时的教学需要，下面将 AutoCAD 2004 的显示界面做介绍。

　　启动 AutoCAD 2004 后，显示界面如图 1-1 所示。

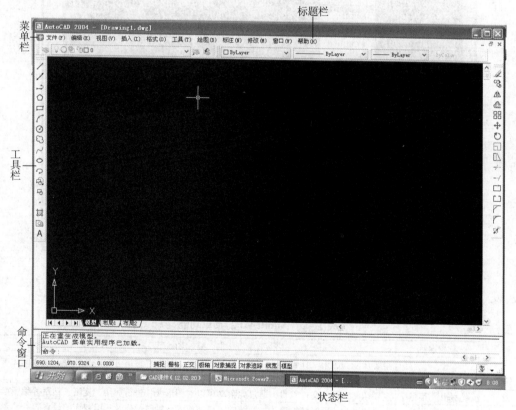

图 1-1

　　1）标题栏

　　当用户第一次打开或新建 AutoCAD 文件时，首先看到屏幕顶部一个横条，为标题栏，显示当前软件名称和当前打开的图形文件名称及其目录结构。在标题栏的右侧是标准 Windows 应用程序的控制按钮。标题栏的右侧，分别有"最小化"按钮、"最大化"按钮和"关闭"应用程序按钮。三个按钮与 Windows 其他应用程序功能相同。

2）菜单栏

菜单栏在标题栏的下面，AutoCAD 开机默认的菜单栏有文件（File）菜单、编辑（Edit）菜单、视图（View）菜单、插入（Insert）菜单、格式（Format）菜单、工具（Tools）菜单、绘图（Draw）菜单、标注（Dimension）菜单、修改（Modify）菜单、帮助（Help）菜单。使用菜单栏时，只需在上面单击即可打开下拉菜单，图1-2中为"格式"菜单的下拉菜单的情况。菜单中凡是有三个小点的将会打开一个对话框，凡是有箭头的表明其下还有下一级菜单。菜单栏的左边是绘图窗口的控制按钮，右面分别是绘图窗口的"最小化"、"最大化"和"关闭"按钮。菜单是可以定制的，可以将它改变为自己所需要的项目和形式。

图1-2

各菜单的功能如表1-2所示。

表1-2　AutoCAD 的菜单功能

序号	菜单名称	主要功能
1	"文件"菜单	主要功能为图形文件管理，新建、打开、存盘、打印、退出等图形文件等，兼有发送和清除等功能
2	"编辑"菜单	主要功能为图形文件编辑，通过此菜单可以对图形文件进行剪切、复制、粘贴等编辑操作
3	"视图"菜单	主要功能为图形视窗管理，如绘图的窗口缩放、分割等操作及三维视窗的设置等
4	"插入"菜单	主要功能为插入文件、插入图块及 AutoCAD 与其他格式文件的插入和链接
5	"格式"菜单	主要功能是设置参数，对绘图环境如图层、颜色、标注形式等有关参数进行设置
6	"工具"菜单	主要功能是设置绘图辅助工具，如捕捉、查询、格栅等绘图辅助工具
7	"绘图"菜单	主要功能是进行图形绘制，包括二维和三维实体的绘制
8	"标注"菜单	主要功能是对图形进行尺寸标注，包含了水平、竖直、平齐、基准、连续、引导、半径、直径、坐标等的常规标注命令和公差标注等
9	"修改"菜单	主要功能是对图形进行修改，包括复制、旋转、拉伸、移动、剪切、变比、对齐等操作
10	"帮助"菜单	主要功能是实时获得所需的帮助信息

3）工具栏

工具栏提供了重要的操作按钮，它基本包含了 AutoCAD 常用的命令。工具栏的所有工具全部调出后将占满整个屏幕，这样给看图带来困难，因此不常用时可暂时将其隐藏，可根据用户需要随时调用。工具栏有在屏幕上直接显示的工具栏和隐藏的工具栏。系统开机默认显示的工具栏有三项。一个水平显示的工具栏，称为图形特性工具栏，如图 1 - 3 所示。水平显示的工具栏主要是物体属性和环境设置命令，如图层、颜色、线型等；垂直显示的工具栏包含了常用绘图命令和编辑命令。另外两个垂直显示、位于显示界面左侧的是如图 1 - 4 所示的绘图和编辑工具栏。

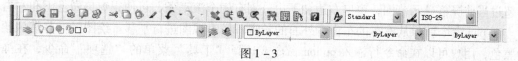

图 1 - 3

将鼠标光标放到工具栏左侧的两条竖线上，按住鼠标左键拖动工具栏可以将其放到屏幕的任何地方，习惯上是将工具栏放于屏幕左侧或右侧。

【示例 1 - 1】（1）改变标题栏：在 D 盘上建立一个文件夹，然后打开 AutoCAD，随意在屏幕上画图线，将其定名后存入刚才建立的文件夹。观看标题栏的变化。（2）调用工具栏：在 AutoCAD 默认界面上增加尺寸标注工具栏，并置于屏幕右侧。

解：

（1）改变标题栏。

首先，在桌面任意一处右击，弹出快捷菜单，选择"新建文件夹"，将文件夹命名为 Bridge，存盘，然后将此文件夹移入 D 盘中；其次，打开 AutoCAD 软件，在菜单栏选择"文件"→"保存"，弹出对话框，输入文件名为"T - 001"。存盘。屏幕上显示 T - 001. dwg。其中，". dwg"是 AutoCAD 自动加的文件扩展名，凡是由 AutoCAD 绘制和生成的图形文件名的扩展名均是 . dwg，表示是一个图形矢量文件。在此，再在菜单栏选择"文件"→"另存为"菜单项，将整个图形文件按照路径保存在 D 盘刚才建立的文件夹 Bridge 中，此时标题栏立即改变为 D：/Bridge/T - 001. dwg。可见标题栏可以随时看到用户文件名称、所在文件夹及其盘符。

（2）调用工具栏。

在命令行的命令状态下输入 toolbar 命令或在 AutoCAD 2004 版中打开"视图"菜单，单击"工具"命令，出现一个对话框，在"工具"列表框中，排列着一组带有复选框的工具栏名称，选取"尺寸标注"选项并单击，该选项复选框中便有了"√"符号，表示被选中。此时单击"关闭"按钮，屏幕上即弹出"尺寸标注"工具栏，可将鼠标光标放到此工具栏的标题栏上，拖动到屏幕右侧。

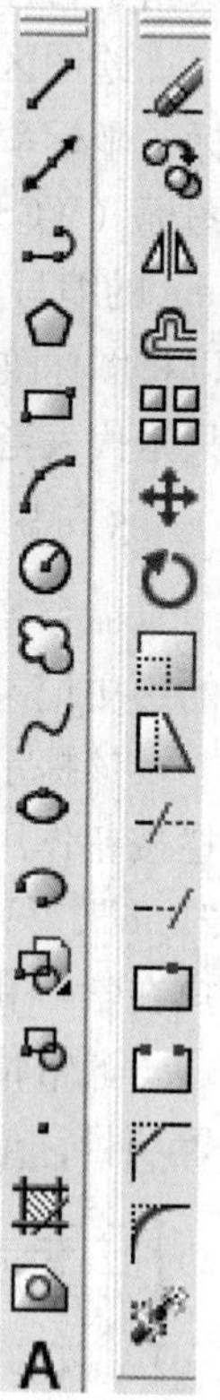

图 1 - 4

4）绘图区

AutoCAD 界面上最大的空白窗口就是绘图区，亦可称为视图窗口，简称视窗。绘图区就像手工绘图的图纸一样，用户只能在此区域绘制和编辑图形。绘图区既相当于图纸又相当于一个放大镜，既可以绘制图形又可以像电脑屏幕一样观看图形，甚至可以做三维动画演示。而这种演示和放大或缩小的现象并不改变图形在图纸上原来的位置和大小、形状，只不过是视觉的改变而已。绘图区没有边界，利用视图缩放 zoom 命令和视图平移 pan 命令实现视图的缩小和放大及平移。其中 zoom 命令，可以将绘图区无限地放大和缩小。换言之，无论多大的图形，都可以置于其中；反过来，无论多小的图形，也能将其放大，使其看清。如果图形超过当前屏幕显示范围，窗口右边和下边分别有两个滚动条，可使得窗口做上下和左右移动。而 pan 命令就像从汽车的车窗看外面的景观一样对视图进行平移。绘图区屏幕默认颜色为黑色，用户可以在命令行输入 option 命令或选择"工具"菜单的"选项"命令，在弹出的对话框中改变颜色。

当光标移至绘图区域内时，鼠标光标所在位置由原来的箭头形变成了十字形，出现的十字形用来指定点位。有时十字形光标变为一个小方框，叫做拾取框或目标拾取靶，此靶框用来指定目标。

绘图区的左下角，由两个相互垂直的带箭头组成的图形，这是 AutoCAD 常用的坐标系图标，坐标系图标有世界坐标系和用户坐标系，相应的有用户坐标系图标（UCS）和世界坐标系图标（WCS）。标有 WCS 或 UCS 字样的分别是 World Coordinate System 或 User Coordinate System 的缩写。坐标系图标可以改变特性和使其显示或隐藏，也可以将 WCS 向 UCS 转换，还可以将图标改变成不同的形状。改变坐标系图标的命令是 UCSICON。坐标系图标虽然在左下角，只是代表当前绘图所处的坐标系统，并不是代表坐标的原点就在此处。

5）命令窗口

命令窗口位于绘图区的下方，由命令行和命令文本（输入的命令、命令提示及其相应的历史记录）两部分组成，如图 1 - 5 所示。

该提示行是用户与系统进行对话的窗口，通过命令行输入命令执行，这与菜单栏和工具栏按钮作用相同。但通常情况下，我们使用 AutoCAD 提供的快捷命令，比如绘制线命令为 "line"，只需要输入命令 line 或命令缩写 L，然后再按回车键或空格键就可以。因此建议用户在学习和使用过程中，尽量运用此方法来执行命令。

通常情况下，命令窗口显示有三行提示内容，前两行显示的是最近执行命令的内容或设置项目，最底端一行有"命令"二个字，其后伴有闪动的光标，此行为命令输入行。

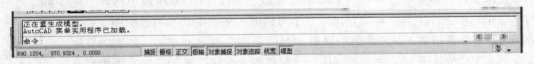

图 1 - 5

> **提示：** 当使用 AutoCAD 在作绘制、编辑、标注等图形操作时，选择菜单、单击工具、输入命令的效果相同。用户可使用任意一种方法完成作图。

要掌握 AutoCAD 软件的正确使用，关键是要明确其使用特点。这个特点可概括为"输入命令→出现提示→做出响应"。位于屏幕绘图区最下面的命令行是专门输入命令使用的，当在命令行输入某一命令或命令缩写时，便会在命令窗口中出现该命令的选项或提示。选项一般用反斜杠分隔，提示则是一句话；上述的选项或提示是命令输入后自动弹出的。凡是用反斜杠分隔的为命令选项；否则，为命令提示。一般而言，每一个选项或每一句提示是绘图或编辑图形过程中的一个条件。英文软件选择选项的方法是用键盘输入选项英文单词中的大写字母，汉化版已将这些大些字母保留在每个相应的选项中，选择选项方法与英文软件相同；所谓响应提示是指按照提示的要求输入内容，如输入坐标或长度等。

> **提示：** 命令行只有一行，其余行为命令输入后自动弹出的文本，由 F2 键切换后，可以看到你刚刚操作的输入和显示情形。

应当注意 AutoCAD 使用中的命令与命令提示的区别。命令提示是系统在输入命令后，自动带出的提示信息。命令一般是英文单词，缩写为该单词的首写 1 个（或几个）字母，命令缩写由 "∗.PGP" 文件定义，即定义哪个字母代表这个单词，这个（或几个）字母就是该命令缩写。

命令提示一般有选项和提示两种。提示后可直接输入点的坐标。选项为反斜杠分割的项目，选项中有默认选项和供选选项；默认选项是指不做任何选择，系统认为你选择了它指定的选项，选择选项时，输入大写字母，必须选择后才能继续执行下一步操作。

当选择选项或响应提示后，便会继而出现该选项或提示的下一级选项或提示，而且这种提示和选项是动态变化的，即命令提示或选项随命令而异。整个绘图和图形编辑的过程是不断响应命令选项或提示的过程。

【示例 1 - 2】（1）改变底屏颜色：将屏幕当前默认的黑色改变为蓝色，观看后再分别改成白色和红色，最后改回到原来的黑色。（2）改变坐标系图标：用 ucsicon 命令各选项将坐标系图标隐藏后再调出。

解：

（1）改变底屏颜色。

在命令行输入 option 命令或在"工具"菜单选择"选项"命令，在弹出的对话框中单击"颜色"按钮，在弹出的对话框中选择蓝色，按"确定"按钮，可看到屏幕颜色由原来的黑色变为蓝色；再同样在"工具"菜单选择"选项"命令，在弹出的对话框中单击颜色按钮，在弹出对话框中选择白色，观看后按同样方法改成红色，最后改回到黑色。

（2）改变坐标系图标。

在命令行的命令状态下输入 ucsicon 命令，出现命令提示，选择"特性"选项，在弹出的对话框中，选择"将坐标系图标隐藏"复选框，在屏幕左下角的坐标系图标被隐藏，之后再调出观看。

6）状态栏

状态栏位于屏幕最下边，显示当前十字光标所处的三维坐标和 AutoCAD 辅助绘图工具的开关状态，包括［SNAP］、［GRID］、［ORTHO］、［［OSNAP］、［TILMODE］、［POLAR］、［OTRACK］、［LWT］等，分别表示当前的捕捉功能、可见网络功能、正交功能、实体捕捉功能、TILMODE 系统变量设置等的当前状态。双击这些开关按钮，可将其切换到打开和关闭的状态。如将鼠标放至某按钮上单击鼠标右键，将弹出一个快捷菜单，在此菜单上单击"设置"命令，就可设置相关的选项配置。

2. AutoCAD 2012 显示界面

启动 AutoCAD 2012 程序，完成初始设置后的用户界面如图 1-6 所示。

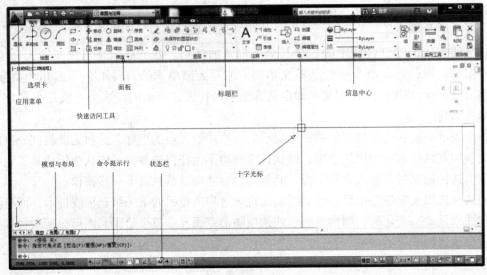

图 1-6

1）Ribbon 界面

AutoCAD 2009 以后的版本中引入的 Ribbon 界面，该界面具有比以往更强大的上下文相关性，能帮助我们直接获取所需的工具，使用户操作时的单击次数较少。这种基于任务的 Ribbon 界面由多个选项卡组成，每个选项卡由多个面板组成，而每个面板则包含多款工具。

Ribbon 的功能很多，例如，可以将面板从 Ribbon 界面中拖出，使其成为一种"吸附"面板。即使切换到其他选项卡，吸附面板仍旧会保持原有位置不变。而且，Ribbon 界面是完全可定制的，甚至可以创建用户自己的 Ribbon 选项卡，当选定特定对象或执行特定命令时，其会自动变更。

2）快速访问工具栏

快速访问工具栏，位于屏幕左上角，如图 1-7 所示，包括常用的"新建"、"打开"、"保存"、"撤销"、"重做"和"打印"命令。通过选择向下的箭头，用户能够快速将常用命令加入定制工具栏。另外，还有用于重新在屏幕中显示菜单栏或在 Ribbon 界面下方显示"快速访问工具栏"的选项。

3）应用菜单

应用菜单包括常用的"文件"菜单和最近查看过的文件。用户也可以根据图片或图标的形式显示最近查看过的文件，或根据访问日期、大小或文件类型对其进行分组。

用户可以通过快速查询搜索任意 AutoCAD 命令，双击任意列表项便可启动相关的命令，如图 1 – 8 所示。

图 1 – 7

图 1 – 8

4）信息中心

信息中心是帮助用户解决困难和问题及快速寻求帮助的界面，包括在线信息，不用再单独打开帮助页面、网页或是到其他地方查询，提供了相当人性化的功能，如图 1 – 9 所示。

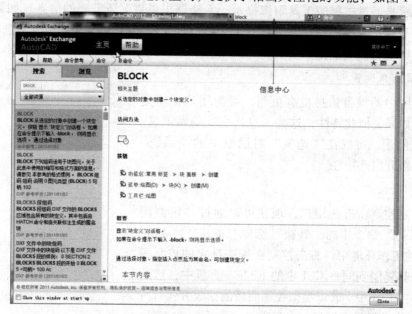

图 1 – 9

5）状态栏

如果是从 AutoCAD 2008 或更早版本升级的用户，将会发现状态栏拥有多处的改进。右击任意工具，用户便可选择查看标准设置的文本或图标，例如对象捕捉（Osnap）、网格和动态输入。标准设置能够变为蓝色，从而能够一目了然地查看哪些设置为开启状态。

通过右击其中的选项（例如极轴（Polar）或对象捕捉（Osnap）），还能够快速地改变设置，改变先前版本中弹出对话框修改的方法，如图1-10所示。

在状态栏的右侧，用户可以根据自己的需要选择适合自己的工作空间，也可以选择创建一个新的工作空间，并将其添加到其他默认的工作空间中，如图1-11所示。

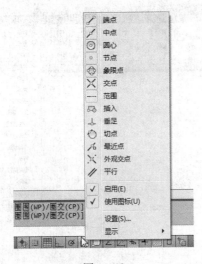

图 1-10

图 1-11

6）工具提示

工具提示是经过扩展的工具附带提示，它能够提供更多所需要的信息。如果想获取更多的信息，只需把光标停留在某一工具上多些时间，即可弹出该工具相应的选项及图示。如图1-12所示为圆的提示内容。

7）隐藏消息设置

应用程序中的报警信息也有更新，可为用户提供更多的帮助。如果关掉此特性，这些消息将变成隐藏消息。如果想再次使用，可以在"选项"对话框中的"系统"选项卡上重新开启此特性。

8）控制面板

需要定制控制面板的用户，现在可以通过"定制用户界面（CUI）"命令中的"转换"选项卡将其带到 AutoCAD 2012 的工作环境中。右击控制面板中选定的控制面板，就可将其复制到同一 CUI 中的 Ribbon 面板中，然后将其拖放到主 CUI 中。若以类似控制面板的摆放方式对所有 Ribbon 工具进行垂直摆放，也只需要"卸下"此工具，

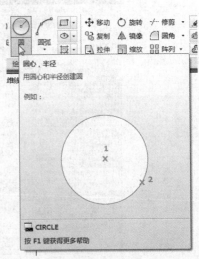

图 1-12

并将其"固定"在屏幕的左侧或右侧即可，如图1 – 13所示。

9）命令提示行

图 1 – 13

命令行有"命令"二字，英文软件提示为 Command，提示等待用户输入命令并适时显示输入结果。命令历史窗口含有 AutoCAD 启动后所用过的命令的全部提示信息，该窗口有垂直滚动条，可上下滚动。它是用户与 AutoCAD 进行对话的窗口，通过该窗口发出绘图命令，与菜单和工具栏按钮操作等效。

命令窗口可以浮动和扩大。所谓浮动指用鼠标单击上边缘并拖动，可将命令窗口拖动到屏幕的任何位置；而扩大是指将光标移动到窗口的上边缘处，按住左键上下拖动，可增加或减少命令窗口的显示行数。系统默认命令行显示三行（见图 1 – 14），也可以通过"视图"菜单的"设置"项弹出对话框来设定显示的行数。

```
命令：L
LINE 指定第一点：

指定下一点或 [放弃(U)]：
```

图 1 – 14

如果需要查看已执行过的命令过程，则需要按 F2 功能键，打开文本窗口，如图 1 – 15 所示。单击滚动条或者使用翻页键，就可以查看已经执行过的命令内容。

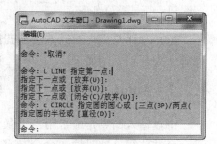

图 1 – 15

> **提示**：需要提醒读者注意的是，绘图过程中不但要看着绘图区显示的图形，眼睛还要紧盯着这个窗口输入及其提示信息的变化，及时做出响应。

10）十字光标

在 AutoCAD 显示窗口内的光标随着移动位置和执行的命令组不同，呈现的形状也各异。通常呈现有箭头形光标、十字形光标和小方框光标三种形状。当移动鼠标到绘图区域时，显示为十字形，因此叫做十字光标。默认情况下，十字光标尺寸较小，如果需要调整，需要执行命令"OP"（Option 选项）打开如图 1 – 16 所示的对话框。单击"显示"选项卡，更改"十字光标大小"的数值，如由 5 变为 100 等。

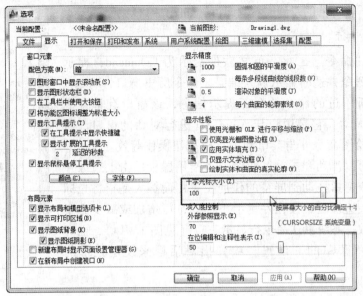

图 1 – 16

1.2 AutoCAD 与用户对话方法

AutoCAD 与用户对话方法是其最基本的操作，这些操作有鼠标操作、命令操作、键盘操作等，现分别介绍如下。

1.2.1 AutoCAD 键盘

键盘输入命令是最常用也是最快捷的方式。当命令行为空时，就表明 AutoCAD 可以接受命令并执行。这时输入命令全名或者命令缩写，按空格键或回车键确定，就可以执行命令。如果需要取消命令则按 Esc 键。下面介绍 AutoCAD 键盘按键及其功能。

1. 键盘的键功能分类

在 AutoCAD 系统中，键盘上的按键功能分为打字键、光标键、控制键和功能键四类。

2. 各类键用法和功能

（1）打字键：键盘上的字母键、数字键和特殊符号键用来输入命令、坐标和数据。

（2）光标键：在文本窗口中，上、下光标键使得文本屏幕向上或向下移动一行；左、右光标键用来在文本窗口和命令窗口中向左、向右移动一列，而在命令窗口中，上、下光标键的功能只是向前或向后将键盘缓冲区的内容粘贴在命令行处。

（3）控制键：常用的控制键包括键盘上固有的十个键和组合键四个。固有键分别是 Enter（回车）键、Shift（上档）键、Caps Lock（大写切换）键、Space（空格）键、Backspace（退格）键、Num Lock（数字锁定）键、Esc（取消）键、Tab（选择）键、Insert（插入）键、Pageup（上翻页）键、Pagedown（下翻页）键；组合键分别是 Ctrl 键与 E、G、T 等字母的组合。表 1 – 3 说明各控制键的功能。

表 1 - 3 控制键的名称、功能与作用

控 制 键 名		功 能 和 作 用
Esc（取消）键		用来退出对话框或中断命令和程序的执行
Tab（选择）键		用来顺序选择对话框的构件
Shift（上档）键		用来输入大写字母或上档字符
Caps Lock（大写切换）键		用来切换大写字母输入和小写字母输入状态
Backspace（退格）键		用来删除光标处的前一个字母
Enter（回车）键		用来结束命令、提示或数据的输入
Insert（插入）键		使光标进入菜单屏幕区
Pageup（上翻页）键		使得文本窗口向前滚动一页
Pagedown（下翻页）键		使得文本窗口向下滚动一页
Ctrl 键与其他键组合功能	与字母 C 组合	从图形中复制选择集至剪贴板中
	与字母 D 组合	控制状态栏上的光标当前位置坐标显示的跟踪状态
	与字母 E 组合	在绘制轴等测图时的轮流选择作图平面
	与字母 G 组合	打开或关闭参考网格（Grid mode）
	与字母 O 组合	打开和关闭正交方式（旧版）或打开已有的图形文件（新版）
	与字母 P 组合	打印出图
	与字母 S 组合	打开和关闭网格捕捉方式（旧版）或保存图形文件（新版）
	与字母 T 组合	使数字化仪在图形输入板描图方式（Table mode）和屏幕指点方式（Screen pointing mode）之间切换
	与字母 K 组合	超级链接
	与字母 N 组合	新建图形文件
	与字母 V 组合	将剪贴板中内容粘贴到当前图形中
	与字母 X 组合	从图形中剪切选择集至剪贴板中
	与字母 Z 组合	连续取消刚执行过的命令，直至最后一次保存文件为止
	与 Shift 键组合	用来进行输入法选择
	与数字 1 组合	显示或关闭目标管理器
	与数字 2 组合	显示或关闭 AutoCAD 设计中心
	与数字 6 组合	显示或关闭数据库链接

（4）功能键：键盘上的 F1 至 F12 键称为功能键，AutoCAD 2012 和 AutoCAD 2004 对功能键赋予了特定的功能，具体内容见表 1 - 4 和表 1 - 5。通过 Windows 系统提供的功能键或者组合键，能够为用户提供方便快捷的操作。

表 1－4　功能键及其功能

键 名	主 要 功 能
F1	弹出 AutoCAD 窗口
F2	在绘图窗口与文本窗口之间切换
F3	打开和关闭实体捕捉功能
F4	使数字化仪在图形输入板描图方式（Table mode）和屏幕指点方式（Screen pointing mode）之间切换
F5	绘制轴等测时轮流选择作图平面
F6	控制状态栏上光标当前位置坐标显示的跟踪状态
F7	打开和关闭参考网络
F8	打开和关闭正交方式
F9	打开和关闭网格捕捉方式
F10	打开或关闭状态栏

表 1－5　快捷键及其功能

快捷键	功 能	快捷键	功 能
F1	帮助	F7	栅格开关
F2	打开文本窗口	F8	正交开关
F3	对象捕捉开关	F9	捕捉开关
F4	数字化仪开关	F10	极轴开关
F5	等轴测平面转换	F11	对象追踪开关
F6	坐标转换开关	F12	动态输入开关

1.2.2　AutoCAD 命令操作

1. 命令的启动

进入 AutoCAD 系统后，在命令窗口中会出现命令提示符：英文软件为英文单词"Command:"，汉化版为汉语"命令:"字样。当命令单词后面只有闪动光标而没有任何提示或单词时，才表明已启动命令，否则可以连续按 Esc 键，直到出现上述提示。

2. 命令的输入

当在命令窗口的命令提示符状态下，可以由键盘、菜单、工具栏的任何一种方式输入命令。当用键盘输入时，一般输入某一命令全名或命令单词缩写，命令全名大都与英文单词含义相同，如画圆的命令为 circle、画线的命令为 line 等；而命令缩写一般是这个单词的前 1~3 个字母，如画圆的命令缩写是 C，画线的命令缩写是 L，等等，命令缩写的字母可以是大写或小写字母，具体是由何种字母来代替这个命令的缩写，是由系统的"acad. pgp"文件来定义。

3. 命令的重复执行

当 AutoCAD 执行过某一个命令后，按键盘上的 Esc 键，命令窗口中再次出现命令提示符时，此时如再按回车键或空格键，就可以重复执行刚才已经输入过的这个命令。

4. 命令的中断

如果输入命令后需要取消或因故需要中断时，可以按键盘上的 Esc 键，直到命令窗口中再次出现命令提示符，表明前面命令已经中断。当命令执行效果不理想时，也可使用 Auto-CAD 的 Undo 命令来取消已经执行的命令，使图形恢复到该命令执行前的状态。操作时，选择菜单命令、工具栏图标或在命令的提示下用键盘输入 U 字母即可。

5. 命令的恢复

取消的命令如果再想恢复，可从标准工具栏中单击 Redo 命令图标或在命令行输入 Redo 命令。Redo 命令只能恢复最后一次使用的 Undo 命令取消的命令。

6. 命令提示和选项的响应

当在命令窗口的命令提示符状态下，用键盘输入时，一般输入某一命令全名或命令单词缩写时，便会在命令窗口中出现该命令的选项或提示。当选择选项或响应提示后，便会继续出现该选项或提示的下一级选项或提示。而且这种提示和选项是动态变化的，即命令提示或选项随命令的不同而异。一般而言，每一个选项或每一句提示是绘图或编辑图形方式中的一个条件。整个绘图和图形编辑的过程是不断响应命令选项或提示的过程。

为使初学者分别明确命令、命令选项和命令提示的概念，下面以在屏幕上画一条折线和一个圆为例说明。

首先，按键盘 Esc 键使得命令行出现命令"命令:"提示。此时如果画一条线，用键盘输入一个画线的英文单词"line"，接着系统提示"指定第一点:"，此时提示输入折线的第一个点的坐标（例如，100，200，其中 100 与 200 之间用逗号隔开，100 表示该点横坐标；200 表示该点纵坐标，以下各点含义相似），当用键盘输入坐标后，紧后提示是"指定下一点或 [取消（U）]:"，此时提示输入折线的下一个点的坐标（例如 300，400），当用键盘输入坐标后，紧后提示是"指定下一点或 [闭合（C）/取消（U）]:"，继续提示输入折线的下一个点的坐标。括号中的数字比上一句提示多了一句，这是因为此时已经画出折线的三条边，如用户可以将其首尾相连形成闭合曲线，就选 C，倘若取消操作就选 U。

如果是在命令提示符下画圆，则在命令提示符下输入画圆的英文单词（circle），回车后，英文版在提示区出现选项为"Specify Center of point circle or [2P/3P/TTR <tan tan radius >"，汉化版是"指定圆的圆心或 [两点（2P/）三点（3P）/相切、相切、半径（T）]:"。

上列英文版选项有两部分，即用中括号括起来的部分"[2P/3P/TTR <tan tan radius >"和未括起来部分"Specify Center of point circle or"，前者表示默认选项，当不做任何选择时，系统认为用户选择的就是这个选项；即用圆心和半径或直径的方式画圆；当输入圆的坐标（例如输入 50，90），就意味着指定了这种方式的其中一个条件。可想而知，接着系统应该是提示圆的半径或直径是多少（例如输入 100）。而选项"[2P/3P/TTR <tan tan radius >"的各项分别是用两点画圆、三点画圆、画公切圆的选项。表 1－6 是选择各选项后的紧后提示列表。

表1-6　画圆命令各选项及其提示信息

项　目	画圆（circle）命令提示			
命令选项或提示形式	Specify Center of point circle or ＜2P/3P/TTR＜tan tan radius＞ 指定圆的圆心或［两点（2P）/3点（3P）/相切、相切、半径］			
拆分后各选项或提示情况	Specify Center of point circle 指定圆的圆心	2P（两点画圆方式）	3P（3点画圆方式）	TTR＜tan tan radius＞（画公切圆方式）
首级紧后提示或第一句提示	Specify Radius of circle or ［Diameter］要求输入圆的直径或半径	Specify first end point of circle's Diameter 要求输入圆直径上两个端点的其中一个端点坐标——键盘输入坐标	Specify first point on circle 要求输入圆周上第一个点的坐标——键盘输入坐标	Specify point on object for first tangent of circle 要求选择一个与欲画圆相切的第一目标实体——鼠标指定实体
次级紧后提示或第二句提示	Specify Radius of circle 选择圆的半径	Specify second end point of circle's Diameter 要求输入圆直径上两个端点的另一个端点坐标——键盘输入坐标	Specify second point on circle 要求输入圆周上第二个点的坐标——键盘输入坐标	Specify point on object for second tangent of circle 要求选择一个与欲画圆相切的第二目标实体——鼠标指定实体
再一次提示或第三句提示			Specify third point on circle 要求输入圆周上第三个点的坐标——键盘输入坐标	Specify radius of circle 要求输入公切圆的半径——键盘输入半径
项　目	画线（line）命令提示			
首级紧后提示或第一句提示	Specify first point（指定第一点）：此时提示输入折线的第一个点的坐标			
次级紧后提示或第二句提示	当用键盘输入坐标后紧后提示是：Specify next point or ［Undo］（指定下一点或［取消（U）］） 此时提示输入折线的下一个点的坐标，当用键盘输入坐标后，紧后提示是：			
再一次提示或第三句提示	Specify next point or ［Close/ Undo］（指定下一点或［闭合（C）/取消（U）］）： 此时提示输入折线的下一个点的坐标，或选择闭合曲线，或取消命令			

　　从上述的画圆和画线命令可以看出，命令提示或选项是随着命令不同而异，而且这种提示是动态变化的。执行完上一句提示或选项，下一级提示内容由软件设计师根据行为分析自然给出，例如当使用圆心和半径画圆时，如果上一级提示是让用户指定圆心，那下一级必然是让用户指定圆的半径或直径，依此类推。这便是使用上的特点之一。

1.2.3　鼠标操作

1. 鼠标功能

　　鼠标是计算机与 Windows 应用程序用户进行信息交互的重要工具，几乎所有的计算机应用程序都要用到鼠标。鼠标是使用 AutoCAD 进行绘图、编辑等操作的重要工具。

　　AutoCAD 鼠标在屏幕上的显示位置，可以实时指示当前鼠标所在位置的三维坐标。鼠标在应用界面上不同位置和不同命令状态中会有不同的形状，表 1 - 7 列出了 AutoCAD 绘图环境在默认情况下各种光标形状及其含义。

表 1 - 7 默认情况下各种光标形状及其含义

光　标	意义	光标	意义
	正常选择		调整垂直大小
	正常绘图状态		调整水平大小
	输入状态		调整 "左上 - 右下"
	选择目标		调整 "右上 - 左下"
	等待符号		任意移动
	插入文本		帮助跳转符号
	视图动态缩放		帮助符号
	调整命令窗口大小		视图平移

鼠标有左右两个键，左键代表选择，右键代表确定，相当于键盘的回车键或空格键的功能。鼠标动作及其主要功能见表 1 - 8。

表 1 - 8 鼠标动作及其主要功能

序号	鼠标动作	主　要　作　用	
1	移动	把鼠标光标移动到某一工具图标上，系统自动显示图标的名称；状态栏显示该图标的帮助信息	
2	单击	选择目标	将鼠标移动到图线上单击表示选择这个目标
		移滚动条	按住鼠标左键并将鼠标放在滚动条上拖动，可水平、垂直移动绘图区的滚动条
		锁定位置	确定 10 字光标在绘图区的位置
		执行命令	单击工具栏，执行相应的命令；单击对话框中的命令按钮，可执行该命令
3	右键	快捷菜单调用	将鼠标光标移动到任意一个工具栏中的某一按钮上，单击鼠标右键，将弹出快捷菜单
		结束目标选择	当选择目标后，单击右键可结束目标选择
		完成后续操作	若是先执行命令后再选择目标，则将完成后续操作
		选择相关菜单	如果选择目标在未执行命令的情况下单击右键，将弹出与选择目标操作相关的快捷菜单，快捷菜单依所选目标不同而异
		重复上次操作	如果重复执行上一次操作的命令时，可在绘图区任意一处单击鼠标右键，此时相当于按回车键
3	双击	启动命令	启动命令或打开应用程序窗口
		更改状态变量	更改状态栏 SNAP、GRID、ORTHO、POLAR、OSNAP、OTRACK、MODEL、LWT 等开关变量
4	拖动	工具栏移位	拖动工具栏到合适位置
		动态平移视图	拖动鼠标可以将当前视图平移或缩放，而不改变图形的大小和位置
		滚动条操作	拖动滚动条使得当前图形在水平和竖直方向快速移动

2. 鼠标右键

AutoCAD 中，在用户界面上的不同位置单击鼠标右键可以获得不同的选项。

在绘图区域单击鼠标右键可以得到如图 1 – 17（a）所示的菜单，显示内容包括最近使用过的命令、常用的命令、撤销操作、视窗平移等。

在命令窗口单击鼠标右键，可以得到如图 1 – 17（b）所示的菜单，显示的是最近使用过的命令及选项等。

在状态栏空白处单击鼠标右键，可以得到如图 1 – 17（c）所示的设置选项。

在模型和布局处单击鼠标右键，可以得到如图 1 – 17（d）所示的快捷菜单。

（a）

（b）

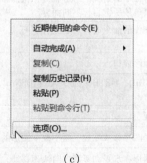

（c）

（d）

图 1 – 17

3. 拖动（Press and Drag）

移动光标到面板或对话框的标题栏，按住鼠标左键并拖动，可以将工具栏或对话框移动到新的位置。将光标放在用户界面的滚动条上，拖动滑块可以滚动当前屏幕视窗。

4. 中间滚轮（Middle-wheel）

将光标移动到绘图区域中，转动中间滚轮，图形显示将以该点为中心放大或缩小。按住鼠标中间滚轮，则变为平移工具，可以将视图上、下、左、右平移进行观察。

1.2.4　菜单操作

大多数应用程序都有菜单，所谓菜单实际上是应用程序编制时，把一组相关的命令或程序选项归纳为一个列表，以便使用和查询，这个列表称为菜单。菜单直观明确，一目了然，不用记忆那些较为冗长的命令，大多数场合被用户作为首选的人机对话方式。AutoCAD 有屏幕菜单、下拉菜单和热键菜单三种。其中屏幕菜单一般用户很少使用，通常被隐藏，必要时可调出；我们平常常用的是下拉菜单和热键菜单。菜单中有三个点的项将会引出一个对话框；带箭头的将会引出下一级菜单，菜单黑色明显显示的命令为有效命令；呈现灰色字符显示的是没有激活的无效命令。另外，有的菜单上还带有历史记录信息。有的菜单带有快捷键，不用打开菜单，只要按下它的快捷键就相当于选择了这个菜单上相应的命令。

1. 菜单的打开

用鼠标左键单击菜单名时表示选中该菜单项，即可打开菜单。同时按住 Alt 键和带下划线的字母键可以打开某一个相应菜单，如按住 Alt + E 或在编辑（Edit）菜单栏上单击鼠标左键为打开编辑（Edit）菜单，按住 Alt + M 或在修改（Modify）菜单栏上单击鼠标左键打开修改（Modify）菜单，依此类推。按住 Alt 键或 F10 键可以激活菜单栏，此时若用左右方向键选中菜单名，再按"回车"键，可打开菜单。

2. 菜单的选择

打开菜单后，单击菜单命令或使用上下方向键选取后，按回车键确定。若有子菜单可先用左右方向键或左右挪动鼠标光标打开，再用上下方向键或单击鼠标左键选取。有些快捷键的菜单命令，可以在不打开菜单的情况下用快捷键来直接执行，如 Ctrl + N 快捷键为新建图形文件命令；Ctrl + P 快捷键为打印命令等。

1.2.5　对话框操作

AutoCAD 软件自 R14 版开始的以后的各版本中，增设了大量的对话框，图 1 – 18（a）和图 1 – 18（b）分别是 AutoCAD 2004 和 AutoCAD 2012"文字样式"对话框，可见各版本之间对同一类命令操作弹出的对话框大同小异，掌握其中的一个版本，其他可触类旁通。利用对话框操作可以方便、直观地把复杂的信息变得更加清晰，方便用户操作。

(a)

(b)

图 1 - 18

1. 对话框的组成

对话框顶部也有标题栏，显示该对话框的名称，标题栏右侧有带有"?"号的"帮助"按钮和带有"×"号的"退出"按钮，单击"?"可以获得帮助。若将鼠标放到标题栏上的任意处拖动标题栏可移动对话框，AutoCAD 弹出的对话框一般大小固定，不能够调整。对话框主要包括以下几个部分。

（1）标题栏：位于对话框的顶部，右边是求助和退出控制按钮。

（2）选项组：对话框内又分为样式名、字样、效果、预览等多个区域，每个区域为一个选项组。各个选项组的对话方式又有不同，有的是按钮对话，有的是下拉列表对话。

（3）文本框：又叫编辑框，是用户输入信息的地方。

（4）复选框：图中效果选项组中的"颠倒"、"反向"、"垂直"前面的小方框，称为复选框。选中时小方框中出现"√"标记，否则是空白。

（5）命令按钮："文本样式"对话框的"新建"及右侧的"应用"、"取消"、"帮助"、"预览" 4 个按钮叫做命令按钮，表示执行一个命令项。"应用"表示确定对话框中的选择并关闭对话框，"取消"表示取消对这一个对话框操作；"帮助"按钮选择后会弹出这个对话框各项选择的帮助信息；"预览"按钮表示对选择结果提前查看。

2. 对话框的操作

1）激活对话框

（1）将鼠标光标移动到对话框选项上会产生一条虚线，表示激活了该对话框的这个选项组；也可以使用 Shift + Tab 键，使虚线复选框从左到右或从上到下依次选择选项组框。

（2）同一选项组中，可以直接用鼠标选择各个复选框或单击下拉列表；也可以利用 Tab 键配合键盘上的"↑"、"←"、"↓"、"→"箭头键，使得虚线从左到右或从上到下在各选项之间移动。

2）移动和关闭对话框

移动对话框时，只要将鼠标光标放到标题栏上，按住左键拖动就能把对话框移动到屏幕的任何地方，当拖到目的地后释放即可；关闭对话框时，单击控制命令按钮或单击"取消"按钮即可。

3）帮助对话框

大多数对话框提供了"帮助"按钮，单击这个按钮可以得到操作这个对话框的有关操作指导信息。

1.3　坐标输入和目标捕捉

根据点、线、面、体的关系，即体是由面构成、面是由线构成、线是由点构成的原理，无论绘制何种图形，都离不开点的输入。AutoCAD 中的坐标系有世界坐标系和用户坐标系两种，而点的输入有两类方法：其一是输入坐标；其二是目标捕捉。关于坐标系将在 1.4 节中叙述，这里只介绍在某一坐标系中的坐标输入。

1.3.1　数值与坐标

AutoCAD 绘制图形是按照点动成线、线动成面、面动成体的规则进行。所以无论绘制简单图形还是较为复杂的图形，都需要输入数据。在大多数命令被输入以后，还要为该程序执行提供必要的数据，用来指明动作的方向、位置及对象。例如，执行画线命令时，要求知道所画线段的起始位置和终止位置。

1.　数值的表达方式

利用 AutoCAD 绘制和编辑图形的过程中，许多提示符要求输入点和距离，甚至是角度的数值。如果从键盘上输入这些数值，经常用到如下字符：1，2，3，4，5，6，7，8，9，0，E，＋，－ 等。数值有整型和实型两种。有时需要输入整型数，例如输入行数和列数时，只能用整型数。整型数的表示如下：3，－5，8 和 0 等。有时需要输入实型数，例如半径值、角度值等。实型数通常用小数表示，如 8.5，－2.1 等。整型数和实型数，可用十进制计数法，也可以用科学计数法、分数计数法、勘测单位等表示。对于过大或过小的实数，可用科学计数法表达，例如 0.00000000925 用科学计数法表达成 9.25E－9，再如 0.75 可以用分数表达为 3/4；5.25 用分数表示法是 $5-\dfrac{1}{4}$，其中短线是整数与分数的分隔符。

2.　点的坐标输入方式

点的坐标输入方式有 4 种：① 通过键盘输入点的绝对坐标或相对坐标；② 用定点设备在屏幕上拾取点；③ 用键盘光标控制键在屏幕上拾取点；④ 用目标捕捉来指定现存图形上的点。

1.3.2　坐标的输入方法

坐标包括直角坐标和极坐标两类。直角坐标分为绝对直角坐标和相对直角坐标。极坐标分为球面坐标和柱面坐标，二者又分相对坐标输入和绝对坐标输入两种。

1.　绝对坐标

绝对坐标（Absolute Coordinate）是以原点（0，0，0）为基点定位所有的点，AutoCAD 推荐坐标原点位于绘图区的左下角。绝对坐标系又有绝对直角坐标系、绝对极坐标系、绝对球面坐标系、绝对柱面坐标系 4 种。

1）绝对直角坐标系

在绝对直角坐标系中，X 轴、Y 轴和 Z 轴三轴线在原点（0，0，0）相交，绘图区内的任何一点可以用绝对横坐标 X、纵坐标 Y、厚度 Z 表示。

绝对直角坐标的输入格式为：在输入命令后，会出现命令提示，在命令提示要求输入坐标的状态下，输入 X，Y，Z 表示绝对直角坐标；输入坐标时，各个坐标的中间用逗号隔开。

如图 1-19 所示的直角三角形，如果 A 的绝对横纵坐标分别为（100，50），则输入 B 点的绝对坐标为（500，50）。

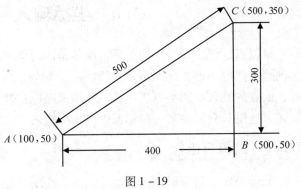

图 1-19

2）绝对极坐标系

绝对极坐标是由通过某点距当前用户坐标系统原点的距离及它在平面中的角度来确定这点的。

绝对极坐标的输入方法是在输入命令后，会出现命令提示，在命令提示要求输入坐标的状态下，首先输入长度距离，后跟一个"∠"符号，然后输入一个角度值来指明绝对极坐标。例如图 1-20 中，已知 A 点绝对坐标为（0，0），则 C 点的绝对极坐标为 200∠30。200 代表 C 点距离用户坐标系统原点距离为 200 个图形单位，30 是指 C 点在平面

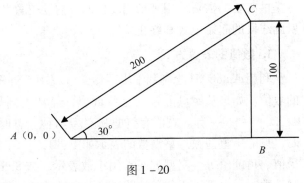

图 1-20

内相对于 X 轴的角度为逆时针旋转 30° 的坐标点。特别指出，正角度的旋转方向由 units 命令来设置，在此从略。

绝对极坐标输入格式为：命令提示→输入：长度∠角度→回车。

3）绝对球面坐标系

球面坐标是绝对极坐标格式在三维空间的推广。该格式描述点的位置用三个值：第一个值是该点距当前用户坐标原点的距离 L；第二个值是该点在 XOY 平面上与 X 轴的夹角 α；第三个值是该点相对于 XOY 平面的正旋转角度 β。将这三个值之间用"∠"隔开，即表示为 $L\angle\alpha\angle\beta$，如图 1-21 所示。例如，P 点距离用户坐标系统原点的距离为 125.94 个图形单位的距离，在 XOY 平面上与 X 轴的夹角 75°，相对于 XOY 平面的正旋转角度为 30°，则 P 点的绝对极坐标的输入格式为：125.94∠75°∠30°。

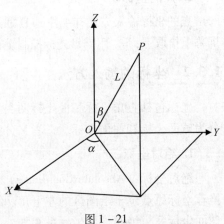

图 1-21

4）绝对柱面坐标系

柱面坐标是极坐标在三维空间的推广，该格式描述点的坐标也是用三个值：第一个值为待定点与当前用户坐标系统原点之间的距离 L，第二个值是该点在 XOY 平面内与 X 轴正向的夹角 α；第三个值是该点离开 XOY 平面的铅直距离 Z（即 Z 坐标值，亦称厚度）。

在命令输入后的命令提示要求输入坐标的状态下输入，格式是：长度∠角度，高度。即 L 与 α 之间用"∠"隔开；α 与 Z 之间用逗号隔开。

2. 相对坐标

相对坐标（Relative Coordinate）是某待定点（如 A 点）相对于某一已知点（如 B 点）之间的相对位置。在此，把上一操作点看作基准点，后续绘图操作点看作待定点。相对坐标实际上就是输入下一个待定点相对于上一基准点的坐标差。

相对坐标输入也是在命令提示要求输入坐标的状态下输入，也有相对直角坐标、相对极坐标、相对球面坐标和相对柱面坐标之分。相对坐标输入规则是，只要在拟输入的坐标值前加一个"@"符号即可。后续输入与采用的坐标系统相应的输入格式相同。如输入相对直角坐标的格式是：@ΔX，ΔY，ΔZ，可见，后面输入相对直角坐标实际上输入是的待定点与已知点之间的坐标增量；如输入相对极坐标的格式是：@$L \angle \alpha \angle \beta$，可见，后面输入相对极坐标实际上是输入待定点与已知点之间的相对距离和夹角。

【示例 1-3】分别用绝对直角坐标输入与相对直角坐标输入两种方法绘制如图 1-22（a）所示的直角三角形；再用相对直角坐标输入方法绘制如图 1-22（b）所示的直角三角形。

解：

（1）用绝对直角坐标法输入。

【命令】line∥输入 line 命令并回车确认

【提示】指定第一点：100,200∥输入 A 点的绝对直角坐标并回车确认

在命令第一句提示后输入的第一个数字 100 为 A 点的绝对横坐标，第二个数字 200 为 A 点的绝对纵坐标，横、纵坐标之间必须用逗号隔开。

【提示】指定下一点或［放弃(U)］：500,200∥输入 B 点的绝对直角坐标并回车确认

在命令提示后输入的第一个数 500 为 B 点的绝对横坐标，第二个数 200 为 B 点的绝对纵坐标，横、纵坐标之间必须用逗号隔开。

【提示】指定下一点或［放弃(U)］：500,500∥输入 C 点的绝对直角坐标并回车确认

在命令提示后输入的第一个 500 为 C 点的绝对横坐标；第二个 500 为 C 点的绝对纵坐标，横、纵坐标之间必须用逗号隔开。

【提示】指定下一点或［闭合(C)/放弃(U)］：C∥选择闭合选项并回车确认

选择的闭合选项使得画出的折线首尾相连。也可以不选闭合，重新输入 A 点坐标。

以上操作结果如图 1-22（a）所示。

（2）用相对直角坐标法输入。

【命令】line∥输入画线命令并回车确认

【提示】指定第一点：100,200∥输入 A 点的绝对直角坐标并回车确认

【提示】指定下一点或［放弃(U)］：@ 400,0∥输入 B 点相对于 A 点的坐标差并回车确认

相对坐标输入，实际上输入的是相邻两个点的坐标增量，在输入坐标前必须加一个@符号，接着输入坐标差，以上输入的 400 为 B 点相对于 A 点的横坐标值，0 为 B 点相对于 A 点的纵坐标值，中间用逗号隔开。

【提示】指定下一点或［放弃(U)］：@ 0,300∥输入 C 点相对于 B 点的坐标差并回车确认

【提示】指定下一点或［闭合(C)/放弃(U)］:C∥选择闭合选项并回车确认

以上操作结果如图 1-22（a）所示。

（3）用极坐标输入结合相对直角坐标输入法绘制如图 1-22（b）所示的三角形。

【命令】line∥输入画线命令并回车确认

【提示】指定第一点：100,10∥输入 A 点的绝对直角坐标并回车确认

【提示】指定下一点或［放弃(U)］：@ 200＜30∥输入 B 点相对于 A 点的相对极坐标并回车确认

以上输入为相对极坐标输入，首先输入一个"@"符号，在"@"后面输入的"200"为 C 点相对于 A 点的距离，"＜"为角度符号(使用键盘上逗号键的上档键输入)，"30"为拟画的 AC 边相对于水平线的夹角为 30°。

【提示】指定下一点或［放弃(U)］：@ 0,-100∥输入 C 点相对于 B 点的坐标差并回车确认

上述坐标中，0 是指拟画的 CB 线的 B 点相对于 C 点的横坐标差；-100 是指 B 点相对于 C 点的纵坐标差；AutoCAD 规定：横坐标从左向右为正，从右向左为负；纵坐标从下向上为正，从上向下为负。由于 C 点位于 B 点之上，故采用负值。

【提示】指定下一点或［闭合(C)/放弃(U)］:C∥选择闭合选项并回车确认

以上操作结果如图 1-22（b）所示。

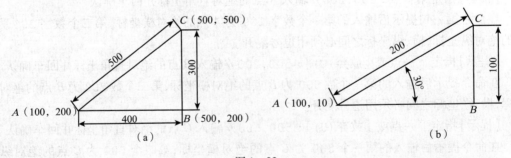

图 1-22

1.3.3　目标捕捉

当输入的点为已有图线的特征点时，不必再输入坐标，可利用目标捕捉功能。利用目标捕捉功能捕捉已有图形上的特征点相当于直接输入点坐标，它与输入坐标的效果相同。利用

目标捕捉有两种方式，其一是利用状态栏对象捕捉功能按钮打开捕捉；其二是利用目标捕捉快捷菜单进行目标捕捉，利用快捷菜单的方法在命令提示要求输入坐标的状态下，按住 Shift 键并单击鼠标右键，将弹出目标捕捉菜单（此菜单见后面的图 1 - 25）。这个菜单一般列出的是图上的特征点，如圆的圆心，象限点，直线的起、中、端点，两直线的交点，直线的垂足点，等，此时将鼠标光标移动到特征点菜单上，单击鼠标左键确认。与此同时，在命令提示后出现选中某种点的提示，表示已完成捕捉。目标捕获也可以预先设置目标捕捉功能，当命令提示捕捉目标时，把鼠标光标移动到目标特征点附近，会在图线上出现捕捉标记，这时只要单击鼠标左键就可捕捉到该点。

【示例 1 - 4】 用 AutoCAD 在系统默认层（0 层）上画出长度为 500、宽度为 270 个图形单位的图形，并做出对角线，从对角线交点作出左右边的中线和与底边的垂线，如图 1 - 23 所示，最后用 pedit 命令将矩形外边框加粗到两个图形单位，并将其存入 E 盘 Design 文件夹。文件名取自己姓名的首三个字母，拓展名为 DWG。

分析：

当用户第一次上机熟悉 AutoCAD 时，可用 AutoCAD 绘图命令中的最为简单的画线命令，画出如图 1 - 23 所示的边长为 500 和 270 的矩形，其次画出对角线，再做出一条通过对角线交点与左、右侧边中点的连线。最后通过对角线的交点做底边的垂线。将图形保存在 E 盘自己建立的文件夹中，文件名为自己姓名英文单词的前三个字母，扩展名为 DWG。

解：

（1）利用（line）画线命令画出矩形外边框。

【命令】：line∥输入 line 并回车

【提示】：指定第一点：0,0∥回车

【提示】：指定下一点或［放弃(U)］：500,0∥回车

【提示】：指定下一点或［放弃(U)］：500,270∥回车

【提示】：指定下一点或［闭合(C)/放弃(U)］：0,270∥回车

【提示】：指定下一点或［闭合(C)/放弃(U)］：C∥回车

上述操作结果如图 1 - 24 所示。

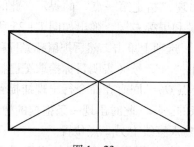

图 1 - 23

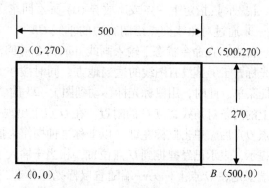

图 1 - 24

（2）利用视图缩放命令（zoom）调整图形至满屏幕。

【命令】：zoom∥输入 zoom 并回车

【提示】：指定窗口的角点，输入比例因子（nX 或 nXP），或者［全部（A）/中心（C）/动态（D）/范围（E）/上一个（P）/比例（S）/窗口（W）/对象（O）］＜实时＞：A∥选择全部选项并回车

（3）内部对角线的绘制。

对角线用目标捕捉方法绘制。

① 绘制 *AC* 对角线

首先，在命令状态下输入画线 line 命令回车后出现指定第一点的提示，此时把鼠标光标置于屏幕没有图线的适当地方，同时按住 Shift 键和鼠标右键，弹出如图 1-25 所示的快捷菜单。然后，把鼠标光标移动至"端点"项上单击，再把鼠标光标移到图形上的 *A* 点附近，在 *A* 点上出现一个小方框（称目标拾取靶），套住 *A* 后，单击鼠标左键（以下称这种操作为捕捉端点 *A*）。同时在命令行出现捕捉到 *A* 点的提示，表示已经捕捉到 *A* 点位置，相当于输入了 *A* 点的坐标。此时出现一条拖拽的橡皮筋，一端固定在 *A* 点上，另一端随着鼠标光标移动，等待输入直线上另一个端点位置。

当出现"指定下一点或［放弃（U）］："提示时，把鼠标光标置于屏幕没有图线的适当地方，同时按住 Shift 键和鼠标右键，再次弹出如图 1-25 所示的快捷菜单。此时，鼠标光标移动至"端点"项上单击，然后把鼠标光标移到图形上的 *C* 点附近，在 *C* 点上出现一个小方框（称目标拾取靶），套住 *C* 后，单击鼠标左键（以下称这种操作为捕捉端点 *C*）。这时拖拽的橡皮筋消失，并将 *A* 点与 *C* 点连成一条线，同时在命令行出现捕捉到 *C* 点的提示。此时表示已经捕捉到 *C* 点位置，相当于输入了 *C* 点的坐标。最后单击鼠标右键结束选择。至此，*AC* 对角线绘制完成。

| 临时追踪点（K） |
| 目（F） |
| 点过滤器（T）　　　▶ |
| **端点（E）** |
| 中点（M） |
| 交点（I） |
| 外观交点（A） |
| 延长线（X） |
| 圆心（C） |
| 象限点（Q） |
| 切点（G） |
| 垂足（P） |
| 平行线（L） |
| 节点（D） |
| 插入点（S） |
| 最近点（R） |
| 无（N） |
| 对象捕捉设置（O）... |

图 1-25

② 绘制 *BD* 对角线

仿照绘制 *AC* 对角线的方法绘制。即：

【命令】：line∥输入 line 并回车

【提示】：指定第一点：捕捉端点 *B*∥回车

【提示】：指定下一点或［放弃（U）］：捕捉端点 *D*∥回车

【提示】：指定下一点或［放弃（U）］：∥回车，绘制结果如图 1-26 所示

③ 通过对角线交点绘制底边的垂线 *OE*

首先，在命令状态下输入画线 line 命令并回车后出现"指定第一点"的提示，此时把鼠标光标置于屏幕没有图线的适当地方，同时按住 Shift 键和鼠标右键，弹出如图 1-25 所示的快捷菜单。此时，用鼠标光标移动到图 1-25 的"交点"选项上单击，然后把鼠标光标移到图形上的两条对角线交点 *O* 的附近，在 *O* 点上出现一个小"×"号（表明目标拾取靶已捕捉到交点 *O*）后，单击鼠标左键（以下称这种操作为捕捉交点 *O*）。同时在命令行出现捕捉到交点的提示，表示已经捕捉到 *O* 点位置，相当于输入了 *O* 点的坐标。此时出现一条拖拽的橡皮筋，一端固定在 *O* 点上，另一端随着鼠标光标移动，等待输入直线上另一点位置。

其次，在命令行出现"指定下一点或［放弃（U）］："的提示时，把鼠标光标置于屏幕没有图线的适当地方，同时按住 Shift 键和鼠标右键，再次弹出如图 1-25 所示的快捷菜单。此时，用鼠标光标移动到图 1-25 的"垂足"选项上单击，然后把鼠标光标移到图形

（图1-26）上 AB 边附近任意一点，在 AB 边上出现一个小"⊥"号（表明目标拾取靶已自动捕捉到垂足点 E）后，单击鼠标左键（以下称这种操作为捕捉垂足点 E），同时在命令行出现捕捉到垂足点的提示。此时拖曳橡皮筋消失，表示已经捕捉到垂足点 E 的位置，相当于输入了 E 点的坐标，并出现一条对角线交点 O 与底边 AB 垂直点的连线 OE。上述绘制结果如图1-27所示。操作的执行过程的书面表述如下。

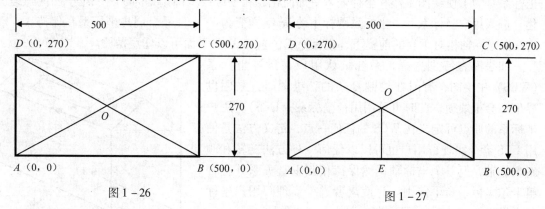

图 1-26　　　　　　　　　　　　　图 1-27

【命令】：line∥输入 line 并回车
【提示】：指定第一点：∥捕捉交点 O 并回车
【提示】：指定下一点或［放弃(U)］：∥捕捉底边 AB 的垂足点 E 并回车
【提示】：指定下一点或［放弃(U)］：∥回车

1.4　世界坐标与用户坐标

1.4.1　AutoCAD 使用的坐标系统

1. 笛卡尔坐标系统

采用三维笛卡尔坐标系统（Cartesian Coordinate System，CCS）来确定点的位置，在屏幕底部状态栏上实时动态显示的鼠标光标所在位置的坐标值，实际上就是三维笛卡尔坐标系统中的数值。

2. 世界坐标系统

世界坐标系统（World Coordinate System，WCS）是 AutoCAD 的基本系统，它由三个互相垂直并相交的坐标轴 X、Y 和 Z 组成。在绘制和编辑图形的过程中，WCS 是默认的坐标系统，其坐标原点和坐标轴方向都不会改变。这是一个右手定则确定的三维坐标系统，所谓右手定则，是将右手靠近屏幕，沿 X 轴正方向伸出大拇指，没 Y 轴正方向伸出食指，向下半曲其余三指，使得三指与拇指和食指所在平面垂直，则这三个手指的指向为 Z 轴的正方向。在此坐标系统下，用户可以通过输入图形特征点的坐标绘制和编辑图形。

在默认的情况下，世界坐标系统的 X 轴正方向为水平方向向右，Y 轴正方向为垂直向上，Z 轴正方向为垂直屏幕平面向外，指向用户。坐标原点在绘图区左下角。在坐标系图标上有一个 W 字样，表明是世界坐标系统。但必须指出的是：坐标系图标位置不一定就是坐标系原点位置，原点具体位置和坐标系图标位置的关系由坐标系图标管理命令 UCSICON 设置。

3. 用户坐标系

用户坐标系（User Coordinate System，UCS）是由用户自己定义的坐标系统。引入用户坐标系是为了使绘图工作和坐标输入更加简化，在三维绘图中则是为了将三维绘图向二维简化。进入用户坐标系后，坐标系图标中的 W 字样变为" + "号。用户坐标系在保持 X、Y、Z 三根坐标轴相对垂直的前提下，坐标原点位置和 XOY 平面可以任意摆放。

如果没有特别选择，系统默认用户在世界坐标系（WCS）中绘图，有时在绘制复杂的三维图时，采用世界坐标会很烦琐，此时可采用用户坐标系（UCS）。用户坐标系的原点可定义在 WCS 的任何一点，定义方法是使用 UCS 命令实现，用户也可以以任何一种方法旋转和倾斜坐标轴，但三个坐标轴仍然保持相互垂直关系并符合笛卡尔坐标系右手定则。为使读者进一步理解用户坐标与世界坐标的关系，下面举例说明。

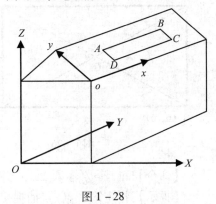

图 1 - 28

如图 1 - 28 所示，要在房屋的房顶上开一个天窗，如果使用世界坐标（XOY）时，则要计算 ABCD 四个点的三维坐标，才可画出。如果把坐标轴建立在屋顶斜面上，则绘制起来十分方便，这个屋顶斜面上的坐标系（xoy）就是用户坐标系，采用这种坐标系，天窗的四个角点坐标就变成二维坐标了，绘制天窗就会易如反掌。

建立用户坐标系使用 UCS 命令。为使得用户方便观测到用户坐标系建立和使用情况，常常配合用户坐标系图标管理命令（ucsicon 命令）来设置图标特性和状态。

1.4.2　UCSICON 坐标系图标管理

1. 命令功能

AutoCAD 在图纸空间和模型空间中显示不同的 UCS 图标。在两种空间中，当图标放置在当前 UCS 原点上时，将在图标的底部出现一个加号（ + ）。对于二维 UCS 图标，如果当前为世界坐标系时，则在图标的 Y 部分出现字母 W。对于三维 UCS 图标，如果 UCS 与世界坐标系相同，将在 XOY 平面的原点显示一个矩形。

对于二维 UCS 图标，如果俯视 UCS（沿 Z 轴正方向），则在图标的底部出现一个框。仰视 UCS 时方框消失。对于三维 UCS 图标，俯视 XOY 平面时，Z 轴是实线；仰视 XOY 平面时，则为虚线。如果 UCS 旋转使 Z 轴位于与观察平面平行的平面上，也就是说，如果 XOY 平面对观察者来说显示为边，那么二维 UCS 图标将被断铅笔图标所代替。三维 UCS 图标不使用断笔图标。

2. 使用方法

【命令】:ucsicon

【提示】:输入选项:[开(ON)/关(OFF)/全部(A)/非原点(N)/原点(OR)/特性(P)] < 当前选项 > :

"开（ON）"显示 UCS 图标，"关（OFF）"则关闭 UCS 图标的显示；全部（A）选项的含义是将对图标的修改应用到所有活动视口；否则，ucsicon 命令只影响当前视口。若选择"非原点（N）"选项，则坐标系图标位于屏幕左下角，而不在坐标系的原点；若选择"原点（OR）"选项，则坐标系图标位于坐标原点；当选择"特性（P）"选项时，在出现的后续提示或对话框中，可设置坐标系图标的样式和大小等。

【示例 1－5】 用 line 命令在屏幕上绘制一条经过 A、B 两点的直线，改变 UCS 图标的位置到屏幕左下角和坐标原点。

解：

【命令】:ucsicon∥输入 ucsicon 并回车

【提示】:输入选项[开(ON)/关(OFF)/非原点(N)/原点(OR)/特性(P)]]<当前>:N∥输入用户坐标系的非原点选项后看到屏幕用户坐标系图标在屏幕的左下角,如图 1－29 所示。

【命令】:line∥输入 line 并回车

【提示】:指定第一点:0,0∥输入直线 AB 之 A 点坐标

【提示】:指定第一点:300,150∥输入直线 AB 之 B 点坐标

【提示】:指定下一点[闭合(C)/放弃(U)]:∥回车结束画线,此时屏幕上可看到 AB 直线

按 Esc 键回到命令状态后,再次输入 ucsicon 命令并回车。

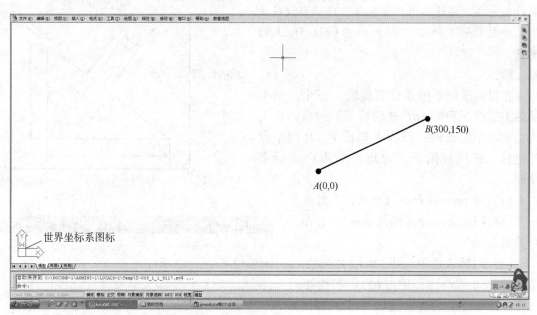

图 1－29

【提示】:输入选项[开(ON)/关(OFF)/非原点(N)/原点(OR)/特性(P)]]<当前>:OR　∥选择用户坐标系的原点选项后,看到屏幕用户坐标系图标在坐标原点,如图 1－30 所示。

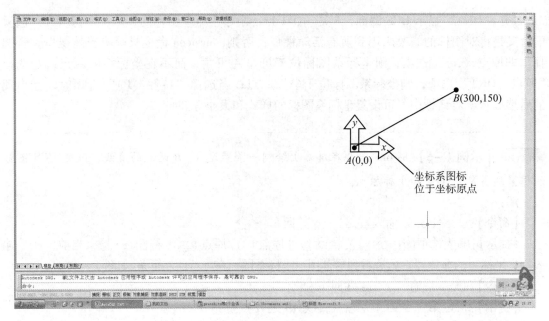

图 1－30

【示例1－6】在世界坐标系中画出ABC直角三角形，再建立用户坐标系、画出DEFG矩形，如图1－31所示。其中D为斜边AC上的中点。

解：

在世界坐标系中通过直接输入三个点的坐标的方式画三角形ABC比较容易。但再画出斜边上的那个矩形时，因为不知道E、D两个点的坐标，就比较困难，为此建立用户坐标系绘制。

（1）用ucsicon命令调整坐标系图标。

【命令】ucsicon//输入ucsicon命令并回车

【提示】输入选项［开(ON)/关(OFF)/全部(A)/非原点(N)/原点(OR)/特性(P)］<开>：P//选择特性P选项并回车，弹出如图1－32所示的对话框。在对话框中的"UCS图标样式"中选"二维"单选按钮。

（2）在世界坐标系中画出ABC直角三角形。

【命令】line

【提示】指定第一点：100,200　//指

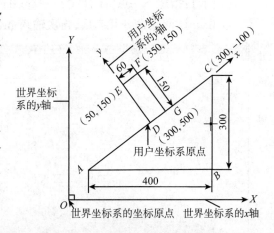

图 1－31

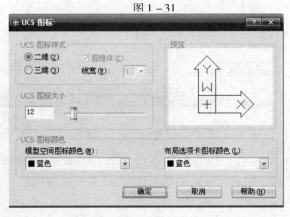

图 1－32

定 A 点坐标

【提示】指定下一点或 ［放弃 (U)］：@ 400,0　//输入 B 点相对于 A 点的相对横、纵坐标差，在两坐标差前面加"@"符号

【提示】指定下一点或 ［放弃 (U)］：@ 0,300　//输入 C 点相对于 B 点的坐标差，在坐标差前面加"@"符号

【提示】指定下一点或 ［闭合 (C) /放弃 (U)］：C　//选择闭合选项

（3）建立用户坐标系。

【命令】ucs

【提示】当前 UCS 名称：* 世界*

【提示】输入选项 ［新建 (N) /移动 (M) /正交 (G) /上一个 (P) /恢复 (R) /保存 (S) /删除 (D) /应用 (A) /？ /世界 (W)］ ＜世界＞：N　//选择 N 选项建立新坐标系

【提示】指定新 UCS 的原点或 ［Z 轴 (ZA) /三点 (3) /对象 (OB) /面 (F) /视图 (V) /X/Y/Z］ ＜0,0,0＞：3//选择三点方式建立用户坐标系

【提示】指定新原点 ＜0,0,0＞：＜对象捕捉关＞//用快捷菜单捕捉直角三角形斜边上的中点 D 并回车，中点作为新原点

【提示】在正 X 轴范围上指定点 ＜301.0000,350.0000,0.0000＞：//用快捷菜单捕捉直角三角形斜边上 DC 段任一点作为用户坐标系 x 轴的位置和正向

【提示】在 UCS XY 平面的正 Y 轴范围上指定点 ＜299.4000,350.8000,0.0000＞：//在直角三角形斜边上方任一点单击，作为用户坐标系的 y 轴的正向

以上操作建了用户坐标系，原点在 D 点，x 轴与 DC 边重合，正向为 DC 方向；y 轴与 DE 边重合，方向为 DE 方向。接下来用坐标系图标管理命令 ucsicon 调用坐标系图标到用户坐标系原点，可以看到用户坐标系的设置情况。

（4）在用户坐标系中画出斜边上的矩形。

【命令】line

【提示】指定第一点：//捕捉 D 点

【提示】指定下一点或 ［放弃 (U)］：@ 0,150　//输入 E 点相于 D 点的相对用户坐标

【提示】指定下一点或 ［放弃 (U)］：@ 60,0　//输入 F 点相对于 E 点的相对用户坐标

【提示】指定下一点或 ［闭合 (C) /放弃 (U)］：//捕捉斜边上与 FG 的垂足 G 点

【提示】指定下一点或 ［闭合 (C) /放弃 (U)］:C　//选择 C 闭合

1.5　几个常用的入门命令

本章前面几节阐述了一些基础知识。为了让读者能够快速入门，现在介绍几个常用的命令。这些命令包括 line（绘制折线）、erase（删除图线）、oops（删除恢复）、circle（绘制圆）、zoom（视图缩放）、vpoint（视点设置）、trim（剪切实体）。

1.5.1　绘制折线命令（line）

绘制折线命令 line 是图元绘制命令集中的一个。当在命令提示符下输入绘制折线命令

line 回车后，命令窗口首先出现的提示是线段起点，输入起点坐标后，接下来的提示是指定下一点，当输入下一点坐标后，就画出一段线段。后面的提示和第二句提示相似，只不过多了一个"闭合（C）"选项，如继续画线就在提示后输入下一点坐标，直到完成。

1. 命令功能

（1）创建直线段。

（2）可以单独编辑一系列线段中的所有单个线段而不影响其他线段。

（3）可以闭合一系列线段，将第一条线段和最后一条线段连接起来。

（4）可以用二维（2D）或三维（3D）坐标指定直线的端点。

2. 基本操作

1）命令输入

用以下 3 种方法之一启动画线命令：①"绘图"菜单：直线；②"绘图"工具：直线；③命令行：输入 line。

2）命令提示

指定第一点：其含义是要求用户输入第一点坐标。

指定下一点或放弃（U）：其含义是要求用户输入下一点坐标；如果输入有误则按放弃即 U 键。

指定下一点或[闭合（C）/放弃（U）]：与上一句提示相比多了个闭合选项，若首尾相连，则选闭合，如果继续画线，则再输入下一点坐标。

AutoCAD 绘制一条直线段并且继续提示输入点。可以绘制一系列连续的直线段，但每条直线段都是一个独立的对象。按 Enter 键结束命令。

【示例 1-7】 用 line 命令绘制一条单线段。

解：

【命令】：line∥输入 line 并回车

【提示】：指定第一点：10,20 ∥line 命令提示指定第一点的含义是让用户输入点 *A* 的坐标，此处输入（10,20）是点 *A* 的绝对坐标，10 与 20 之间用逗号隔开，向下箭头表示按回车键

【提示】：指定下一点或 [放弃（U）]：30,90∥输入点 *B* 的绝对坐标（30,90）后回车，提示比上一句多了一个括号，括号内写有"放弃（U）"二字，表明到此时如果继续输入坐标就是接着画线，倘若要结束画线就输入 U 字母

【提示】：指定下一点或 [闭合（C）/放弃（U）]：@ 45,-40∥输入点 *C* 相对于点 *B* 的相对坐标差（45,-40）后回车，此句提示又比上一句多了 [闭合（C）/放弃（U）]选项，括号内写有放弃二字，表明到此时要想结束画线，就输入 U 字母；倘若输入坐标，就是继续画线。如果使得下一段线段与第一段首尾相连，就选闭合（C）选项

【提示】：指定下一点或[闭合（C）/放弃（U）]：@ 100,0∥输入点 *D* 相对于点 *C* 的相对坐标差（100,0）后回车

【提示】：指定下一点或[闭合（C）/放弃（U）]：@ 0,10∥输入点 *E* 相对于点 *D* 的相对坐

标差(0,50)后回车

【提示】:指定下一点或［闭合(C)/放弃(U)］:@ 120∠30//输入点 *F* 相对于点 *E* 的相对极坐标,120 表示 *E* 到 *F* 的长度,30 表示 *EF* 线相对水平线的夹角是 30°,长度和角度之间用∠号隔开,输入结束后回车执行

【提示】:指定下一点或［闭合(C)/放弃(U)］://按 Enter 键结束命令输入

【提示】:指定点或从上一条线或圆弧继续绘制://继续按回车键彻底结束画线操作,回到命令状态

按上述步骤画出的为如图 1 – 33 所示的折线段。

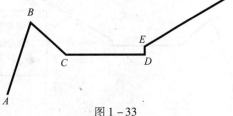

图 1 – 33

1.5.2　删除实体命令（erase）

删除实体命令 erase 是图形编辑命令集中的一个。图形编辑是指在绘图过程中对图形的修改，包括删除、恢复、移动、复制、修剪、延伸、镜像、阵列等。

凡是编辑命令，输入后首先出现的提示都是相同的，首先出现的是选择实体的提示，即要求选择实体（英文提示为：Select Object）的提示，同时鼠标光标由十字变为小方框，这个小方框叫做目标拾取靶。选取目标的方法有三种：其一是点选。点选方法是将目标拾取靶移动到图线上单击鼠标左键，此时图线将变虚，表示目标已选中。其二是框选。框选方法又分为矩形框选和多边形框选等多种选择方法。矩形框选是最常用的方法，它是将目标拾取靶首先移动到图线以外屏幕的左上角单击鼠标左键，然后拖动鼠标光标到图线屏幕以外的右下角单击鼠标左键，此时被框住的图线将变虚，表示目标已选中。其三是条件选择。利用多边形等其他框选是在复杂图形群中选择拟选对象的有效方法。使用时只要在选择实体的提示后键入一个英文字母，在屏幕上依次单击鼠标左键即可。

【示例 1 – 8】删除屏幕上已经绘制过的如图 1 – 33 所示的图形实体的 *DE* 和 *EF* 段。

解:

【命令】:erase//输入 erase 并回车

【提示】:选择实体://用目标拾取靶框选(见图 1 – 34)或点选(见图 1 – 35)中 *DE* 和 *EF* 线,回车确认。

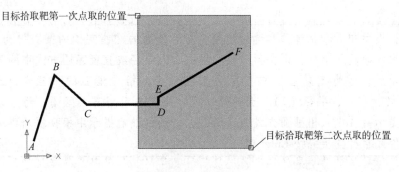

图 1 – 34

【提示】:选择实体: // 回车结束命令

删除后最后显示如图 1 – 36 所示。

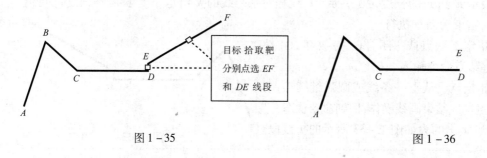

目标 拾取靶
分别点选 *EF*
和 *DE* 线段

图 1 – 35　　　　　　　　　　　　　　　　　图 1 – 36

1.5.3　恢复实体命令（oops）

1. 命令功能

恢复最后一次删除的实体。

2. 基本操作

【命令】:oops // 输入 oops 并回车

命令执行完毕后，屏幕上出现最后一次删除的实体。

1.5.4　画圆命令（circle）

1. 命令功能

AutoCAD 提供四种绘制圆的方法：其一，使用圆心坐标和直径（或半径）大小绘制圆；其二，用三点（3P）坐标绘制圆；其三，用两点坐标绘制圆（2P），其四，与两条线画相切的圆。默认方法是指定圆心和半径或直径绘制圆。

2. 操作方法

（1）在命令行输入 circle。

（2）回车后的命令提示为：指定圆的圆心或［三点（3P）/两点（2P）/相切、相切、半径（T）］:

> **提示**：提示中有默认选项和选择选项。括号外面的"指定圆的圆心"为默认选项，意味着如果此时输入坐标，则执行的是利用圆心或半径或直径画圆方式中的圆心位置坐标，它的紧后提示肯定是让用户指定半径或直径；括号里面的"三点（3P）/两点（2P）/相切、相切、半径（T）"为选择选项，分别表示用三点画圆、两点画圆、画公切圆，在提示后首先做出画圆方式的选择，在出现的继后提示中根据提示要求结合用户意图输入值或目标捕捉或按 Enter 键。

（1）使用圆心坐标和直径（或半径）值绘制圆。

【命令】:circle∥输入circle并回车

【提示】:指定圆的圆心或［三点(3P)/两点(2P)/相切、相切、半径(T)］:70,90 ∥输入圆心位置 P 点的坐标后回车

【提示】:指定圆的半径或［直径(D)］:100　∥输入圆的半径后回车

上述操作绘制结果为图 1 – 37 左上角的圆。

（2）直径两个端点的坐标值绘制圆。

【命令】:circle∥输入 circle 并回车

【提示】:指定圆的圆心或［三点(3P)/两点(2P)/相切、相切、半径(T)］:2P　∥选择两点画圆

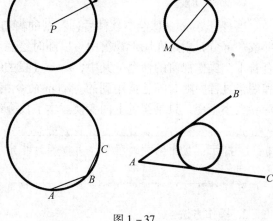

图 1 – 37

【提示】:指定圆周上的第一点:50,200　∥输入 M 点坐标按回车确认

【提示】:指定圆周上的第二点:@ 80,90　∥输入 N 点相对于 M 点的相对坐标(80,90)并回车

上述操作绘制结果为图 1 – 37 中通过 M、N 点的圆。

（3）用圆周上三个点的坐标值绘制圆。

【命令】:circle∥输入 circle 并回车

【提示】:指定圆的圆心或［三点(3P)/两点(2P)/相切、相切、半径(T)］:3P　∥选择三点画圆

【提示】:指定圆周上的第一点:50,50　∥输入 A 点坐标

【提示】:指定圆周上的第二点:@ 80,30　∥输入 B 点相对于 A 点的相对坐标并回车

【提示】:指定圆周上的第三点:@ 30,60　∥输入 C 点相对于 B 点的相对坐标并回车

上述操作绘制结果为图 1 – 37 中通过 A、B、C 的圆。

（4）绘制与两个目标相切的圆。

【命令】:circle∥输入 circle 并回车

【提示】:指定圆的圆心或［三点(3P)/两点(2P)/相切、相切、半径(T)］:T　∥选择相切画圆选项

【提示】:指定第一个相切目标:　∥将目标拾取靶移动到 AC 线上当出现相切符号后,单击鼠标左键

【提示】:指定第二个相切目标:　∥将目标拾取靶移动到 AB 线上当出现相切符号后,单击鼠标左键

【提示】:指定圆半径:50　∥输入半径 50 后回车确认

上述操作绘制结果为图 1 – 37 中与∠BAC 的 AB 和 AC 边相切的圆。

1.5.5 缩放视图命令（zoom）

1. 命令功能

当打开 AutoCAD 绘图软件后，看到的窗口叫做视窗。通过这个窗口可以看到图形的全部或一部分，用户在图形视窗中可以随时绘制和观测图形。视窗中可以显示二维和三维图。有若干个操作视窗的命令。其中，zoom（视图缩放）和 pan（视图平移）这两个命令是绘图和编辑过程中随时随地要用到的。zoom 命令相当于用放大镜观看图形，但图在图纸中的位置和大小不变，只是视觉上的变换。本节仅介绍 zoom 命令的最常见操作。

> **提示**：视图缩放过程中，可以通过指定要查看区域的两个对角，以放大指定的矩形区域。

2. 操作方法

1）输入命令

【命令】：zoom∥输入 zoom 回车

2）命令提示

全部(A)/中心点(C)/动态(D)/范围(E)/上一个(P)/比例(S)/窗口(W)：<窗口(W)>

3）提示说明

上述提示分别为命令选项，现将各选项含义说明如下。

"全部"：全部缩放，将当前屏幕上看得见及屏幕外看不见的图形全部显示在当前窗口中，并尽可能最大化地显示出来。

"中心点"：中心缩放，指定一个中心点，将该点作为视口中图形显示的中心，即可以将图形中的指定点移动到绘图区域的中心。用于调整对象的大小并将其移动到视口的中心，可以通过输入垂直图形单位数或相对于当前视图的放大比例指定大小。图1-38和图1-39分别显示了使用"中心缩放"以相同尺寸和两倍尺寸显示视图的效果。

"动态"：实时放大，可以通过向上或向下移动定点设备进行动态缩放。单击右键，可以显示包含其他视图命令的快捷菜单。动态缩放功能集成了视图平移 pan 和视图缩放命令提示中的全部（A）和窗口（W）选项的功能。当使用该选项时，系统显示一个平移选择框，可以拖动它到适当位置并单击鼠标左键，此时在框边缘出现一个向右的箭头，可以调整观察框的大小。如果再单击鼠标左键，还可以移动观察框。此时按回车键或单击鼠标右键，在当前视口中将显示观察框中的部分内容。

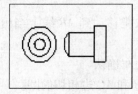
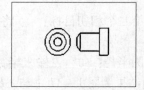

图1-38　　　　　　　　图1-39

"**范围**"：范围缩放，将图形在当前视口中最大化地显示，以尽可能大的可包含图形中所有对象的放大比例显示视图。此视图包含已关闭图层上的对象，但不包含冻结图层上的对象。

"**上一个**"：在当前视窗中恢复上一个视口内显示的图形。

"**比例**"：将当前视窗中的图形放大或缩小时，按照一定的显示比例显示在屏幕上，可以通过输入垂直图形单位数或相对于当前视图的放大比例指定大小。选择该选项，系统会提示输入比例因子，输入大于 1 的数为放大，输入小于 1 的数为缩小。如输入 2 将放大一倍显示，输入 0.5 则缩小 1 半显示。XP 选项为相对图纸空间的放大或缩小的比例因子。

"**窗口**"：通过指定要查看区域的两个对角，可以快速缩放某个矩形区域。所指定区域的左下角成为新视图的左下角；而指定区域的右上角将成为新视图的右上角。指定缩放区域的形状不必严格符合新视图，但新视图必须符合视口的形状。

【**示例 1 - 9**】先用画圆命令 CIRCLE 在屏幕左下角画一个圆的坐标为 100，- 100，半径分别为 300 和 400 的同心圆。然后在屏幕右上角画一个圆的坐标为 400，300 半径为 200 的圆。操作如下：按 ESC 键再按回车键，输入 CIRCLE 回车，出现提示：指定圆的圆心或两点（2P）/3 点（3P）/相切、相切、半径（TTP）输入 100，- 100 回车：继后出现提示：半径（或直径）输入 300 回车。再次回车重复出现画圆命令提示。即指定圆的圆心，用键盘输入 400，300 回车，出现提示：指定圆的半径 [或直径]：输入 200 后回车。目前屏幕上的显示如图 1 - 40 所示，图中外边的方框代表全屏幕大小和现状，屏幕左下角有一个同心圆图案，但当前屏幕看不到整个图形。右上角有一个圆，但当前屏幕只能看到其中一部分。请用 zoom 命令进行视图缩放，达到以下效果：

（1）将屏幕内能够看到的和屏幕外看不到的图形调到当前屏幕上，全部看得见；

（2）将中间的同心圆放到全屏幕观看；

（3）再次将所有图形调到当前屏幕并缩小一半（实际图形不缩小，只是视觉效果缩小一半）。

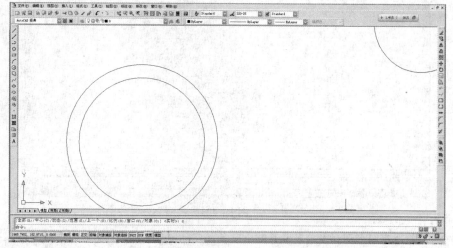

图 1 - 40

解：

（1）将屏幕内能够看到的和屏幕外看不到的图形调到当前屏幕上，使得全部看得见

【命令】：zoom // 输入 zoom 并回车

【提示】：全部(A)/中心点(C)/动态(D)/范围(E)/上一个(P)/比例(S)/窗口(W)：<窗口(W)>:A // 输入 A 回车确认

以上操作结果如图 1－41 所示。

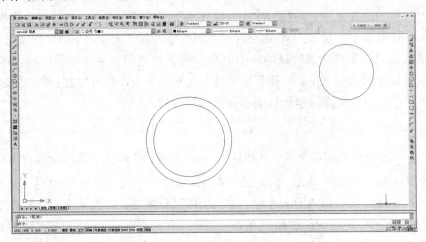

图 1－41

（2）将中间的同心圆放到全屏幕观看。

【命令】：zoom // 输入 zoom 并回车

【提示】：全部(A)/中心点(C)/动态(D)/范围(E)/上一个(P)/比例(S)/窗口(W)：<窗口(W)>:W // 输入 W 回车。

此时屏幕出现目标拾取靶，用框选方式选择同心圆，即用鼠标单击图形以外的屏幕左上角和右下角框住图形，单击鼠标右键确认。放到全屏幕操作结果如图 1－42 所示。

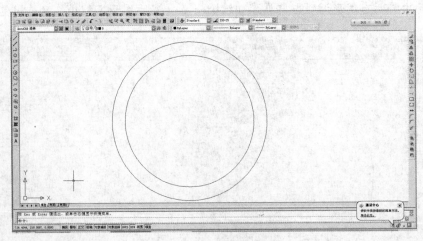

图 1－42

（3）再次将所有图形调到当前屏幕并缩小一半（实际图形不缩小，只是视觉效果缩小一半）。

【命令】：zoom // 输入 zoom，回车

【提示】:全部(A)/中心点(C)/动态(D)/范围(E)/上一个(P)/比例(S)/窗口(W):
<窗口(W)>:A　//显示仍然如图1-38所示。

【提示】:全部(A)/中心点(C)/动态(D)/范围(E)/上一个(P)/比例(S)/窗口(W):
<窗口(W)>:S　//输入S后,设置放大倍数为0.5,屏幕显示如图1-43所示。

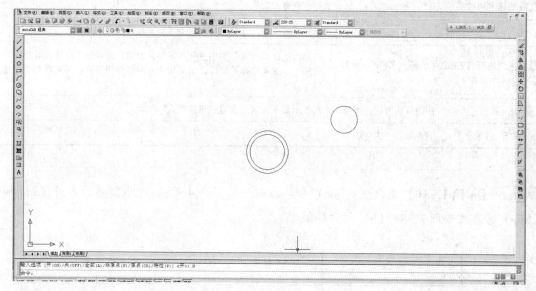

图 1-43

1.5.6　修剪图线命令(trim)

1. 命令功能

本命令如同剪刀一样,将图以某一条线为界,把图形中多余的部分去掉。输入此命令后,出现选择对象实体剪切边界的提示,用点选方法选择实体,且当图线变虚(表示选中目标)后,紧接着软件提示选样将被修剪的对象,然后拖动鼠标到图线上并单击鼠标左键修剪完成。使用该命令时,要求用户首先定义一个剪切边界,然后再用此边界剪去实体的一部分。

2. 基本操作

【命令】:trim　//回车确认

【提示】:当前设置:投影=UCS　边=无

【提示】:选择剪切边…

【提示】:选择对象…

【提示】:选择要修剪的对象或[投影(P)/边(E)/放弃(U)]:E

【提示】:输入投影选项[无(N)/UCS(U)/视图(V)]<无>

【提示】:选择要修剪的对象或[投影(P)/边(E)/放弃(U)]

【提示】:输入隐含边延伸模式[延伸(E)/不延伸(N)]<不延伸>

表1-9为trim命令提示及相关说明。

表1-9　trim 命令提示及相关说明

命 令 提 示	提 示 说 明
选择剪切边…	提示选择剪切边,选择对象作为剪切边界
选择要修剪的对象	选择欲修剪的对象
投影(P)	按投影模式剪切,选择该选项后出现输入投影选项的提示
输入隐含边延伸模式〔延伸(E)/不延伸(N)〕<不延伸>	定义隐含边延伸模式,如果选择不延伸,即剪切边界和要修剪的对象必须显式相交。如果选择了延伸,则剪切边界和修剪的对象在延伸后有交点也可以
边(E)	按边模式剪切,选择该项后提示要求输入隐含边的延伸模式
放弃(U)	放弃最后一次剪切

【**示例1-10**】用画线(line)命令画出如图1-44(a)所示图形,再用剪切命令(trim)修剪成如图1-44(b)所示的图形。

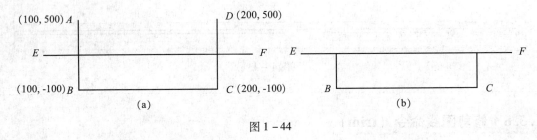

图1-44

解:

(1) 用画线命令画出 *ABCD* 半开口矩形。

【命令】line//输入画线命令并回车

【提示】指定第一点:100,500//输入 *A* 点坐标并回车

【提示】指定下一点或〔放弃(U)〕:@ 0,-600//输入 *B* 点相对于 *A* 点的相对坐标并回车

【提示】指定下一点或〔放弃(U)〕:@ 200,00//输入 *C* 点相对于 *B* 点的相对坐标并回车

【提示】指定下一点或〔闭合(C)/放弃(U)〕:@ 0,600//输入 *D* 点相对于 *C* 点的相对坐标并回车

(2) 用画线命令画出 *EF* 线。

【命令】line//输入画线命令并回车

【提示】指定第一点:50,150//输入 *E* 点坐标并回车

【提示】指定下一点或〔放弃(U)〕:@ 300,0//输入 *F* 点相对于 *E* 点的相对坐标并回车

【提示】指定下一点或〔放弃(U)〕//:回车结束画线操作,得到如图1-44(a)所示图形

(3) 用剪切命令(trim)修剪图形。

【命令】命令:trim

【提示】当前设置:投影=UCS,边=无

选择剪切边…

【提示】选择对象：//用点选方法选择 *ABCD* 和 *EF* 线,此时所选线条变虚线,然后回车

【提示】选择要修剪的对象,或按住 Shift 键选择要延伸的对象,或［投影(P)/边(E)/放弃(U)］：//用点选方法分别单击 *EF* 线以上的 *AB* 和 *CD* 部分,回车后得到如图 1 - 44 (b)所示的图形

1.5.7　改变视点命令（vpoint）

1. 命令功能

当观看立体图时，从不同的方向观测，看到的图形效果是不同的，例如一个长方体，无论从上往下看，还是从左往右看，都是一个矩形，而从左前方往右后方看或从其他角度看，才能观看到立体效果。要实现这样的效果，需要用户把三维空间内任意一点作为观测图形的视点，通常主要用平行投影图（轴测图）和透视图。

图形显示命令 vpoint 具有视图观测功能，可将二维或三维图进行不同角度的立体显示或将三维图形以不同视图方向进行显示。vpoint 用来确定视线的方向，观测目标点为当前用户的原点，在当前视窗中的视图为 3D 模型的平行投影，但此命令不能在二维图纸空间采用。

2. 基本操作

1）命令提示

【命令】：vpoint　//输入命令回车确认

【提示】：指定视点或［旋转(R)］,显示坐标球和三轴架］：//如果选择 R,则提示如下：

输入 XY 平面中与 X 轴的夹角＜当前值＞：

输入与 XY 平面的夹角＜当前值＞：

2）提示含义

（1）［旋转（R）］需要使用两个角度指定新的方向：

① 输入 *XY* 平面中与 *X* 轴的夹角＜当前值＞：指定观看图形时的视线方向在 *XY* 平面中与 *X* 轴的夹角；

② 输入与 *XY* 平面的夹角＜当前值＞：指定观看图形时的视线方向与 *XY* 平面的夹角，这个夹角可在 *XY* 平面的上方或下方。

（2）显示坐标球和三轴架：如果在 vpoint 命令后的第 1 个提示中直接按回车键，将在屏幕上出现如图 1 - 45 所示的坐标球和三轴架。在屏幕上角的坐标球是一个球体的二维显示，中心点是北极（0，0，*n*）坐标，其内环是赤道（*n*，*n*，0），整个的外环是南极（0，0，−*n*），球上出现小十字光标，可以使用定点设备将光标移动到球体的任意位置上，移动光标时，三轴架根据坐标球指示的观测方向旋转。如果要选择一个观测方向，将光标移动到球体的合适位置上，单击鼠标左键即可。

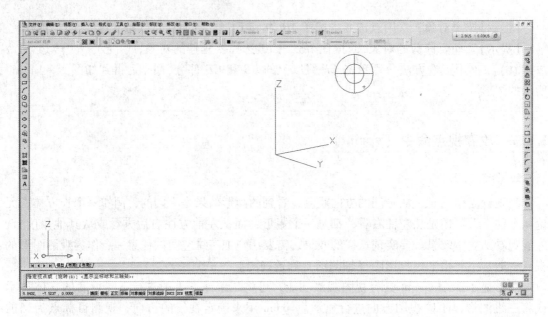

图 1－45

如果在命令提示符下输入 vpoint 命令回车确认后，便可以在行提示区出现提示文字"指定视点或［旋转（R）］，显示坐标球和三轴架］:"，如果直接输入视点位置坐标或输入特殊视点位置代码，回车后即可显示出相应观看图的方式所对应的立体图形，这些特殊位置代码列于表 1－10。

表 1－10　特殊位置代码

代　码	视点位置	看图方位	代　码	视点位置	看图方位
0，0，1	正上方	从上往下看	0，1，0	正后方	从后往前看
0，0，－1	正下方	从下往上看	0，－1，0	正前方	从前往后看
－1，0，0	左侧方	从左往右看	1，0，0	右侧方	从右往左看
－1，－1，0	西南方向	从左前往右后看	1，1，1	东北方向	从右后往左前看
1，－1，1	东南方向	从右前往左后看	－1，1，1	西北方向	从左后往右前看

也可 DDVPOINT 命令，用对话框方式，即"视点预置"对话框来设置视点，如图 1－46 所示。在该对话框中确定参改坐标系和视线方向完成视点设置。

首先，确定参照坐标系打开"相对于 WCS（W）"单选按钮，则相对于 WCS 设置视线方向；打开"相对于 UCS（U）"单选按钮，则相对于当前 UCS 设置视线方向。

其次，确定视线方向。视线（视点与原点的连线）的方向由两个角度确定。要改变视线的投影与参照坐标系正 X 轴的夹角，可以单击左边的图像、改变刻度盘指针的位置或在"X 轴的角

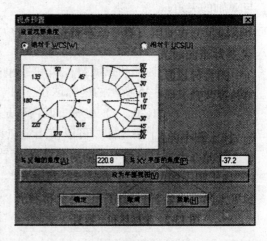

图 1－46

度"文本框中输入角度值。要改变视线与参照坐标系 *XOY* 平面的夹角，可以单击右边的图像、改变刻度盘指针的位置或在"与 *XOY* 平面的角度"文本框中输入角度值。

每个图像和它下面的编辑框是连动的。改变指针位置，对应的角度显示在文本框。

【示例 1 - 11】 用画线（line）命令通过长方体八个角点的三维坐标输入画出如图 1 - 47 所示的立体图形，并用 vpoint 命令改变视点观看。注意，争取一笔画成立方体，否则需要在 vpoint 命令后的立体显示模式下补足其余线条。

解：

（1）用画线命令画出长方体轮廓。

【命令】：line//输入画线命令并按回车键

【提示】指定第一点：0,0,0//输入 *A* 点坐标后回车

【提示】指定下一点或［放弃(U)］：120,0,0//输入 *B* 点坐标后回车

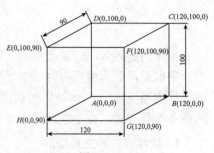

图 1 - 47

【提示】指定下一点或［放弃(U)］：120,100,0//输入 *C* 点坐标后回车

【提示】指定下一点或［闭合(C)/放弃(U)］：0,100,0//输入 *D* 点坐标后回车

【提示】指定下一点或［闭合(C)/放弃(U)］：0,100,90//输入 *E* 点坐标后回车

【提示】指定下一点或［闭合(C)/放弃(U)］：120,100,90//输入 *F* 点坐标后回车

【提示】指定下一点或［闭合(C)/放弃(U)］：120,0,90//输入 *G* 点坐标后回车

【提示】指定下一点或［闭合(C)/放弃(U)］：0,0,90//输入 *H* 点坐标后回车

【提示】指定下一点或［闭合(C)/放弃(U)］：0,0,0//输入 *A* 点坐标后回车

【提示】指定下一点或［闭合(C)/放弃(U)］：0,100,0//输入 *D* 点坐标后回车

（2）设置视点观看立体效果。

【命令】：vpoint//输入 vpoint 命令并回车

【提示】当前视图方向：VIEWDIR = 0.0000,0.0000,1.0000

【提示】指定视点或［旋转(R)］ < 显示坐标球和三轴架 >：1,1,1//输入视点方向并回车

【提示】正在重生成模型

以上操作结果如图 1 - 48 所示。

（3）补画其他线条。

【命令】：line//输入画线命令并回车

【提示】指定第一点：//捕捉 *C* 点

【提示】指定下一点或［放弃(U)］：//捕捉 *D* 点

【提示】指定下一点或［放弃(U)］：//回车

【命令】：line//输入画线命令并回车

【提示】指定第一点：// 捕捉 *E* 点

【提示】指定下一点或［放弃(U)］：//捕捉 *H* 点

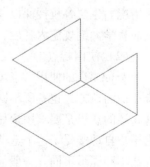

图 1 - 48

【提示】指定下一点或［放弃(U)］：//回车

【命令】line∥输入画线命令并回车

【提示】指定第一点：∥ 捕捉 *F* 点

【提示】指定下一点或［放弃(U)］：∥捕捉 *G* 点

【提示】指定下一点或［放弃(U)］：∥回车

以上操作结果如图 1 - 47 所示。

1.6 本章小结

本章内容为入门的基础知识，目的是让首次学习计算机辅助设计的用户尽快进入学习环境，掌握规律，为后续内容的学习奠定基础。本章主要解决三个方面问题：其一是计算机辅助设计中通用软件 AutoCAD 的功能和使用界面及使用特点；其二是用户与软件对话方法中的命令执行方式、命令输入与命令选项的响应方法；其三是屏幕与图形之间的关系。

1. 软件安装和主要功能

通用软件 AutoCAD 的安装方法与其他软件类似，也是将安装盘放到光驱内并按照路径找到安装文件，双击后安装开始，之后的程序是按照提示进行。但要提醒读者注意的是安装前要阅读光盘安装说明并明确与之匹配的软硬件条件。本书因篇幅所限安装部分和本软件需要的软硬件条件没有介绍。大学生掌握的重点应是直接绘图、图形编辑和尺寸标注的内容。

2. 使用 AutoCAD 绘图的步骤

利用 AutoCAD 软件绘图必须按照图 1 - 49 的步骤进行。而实现人机对话是本章重点，选择菜单、输入命令和单击工具任何一种方式均可，但初学用户必须学会输入命令方式。

3. 软件界面与用法总结

（1）软件界面

理论上讲，学习 AutoCAD 这个软件的学生不应受到版本更新的限制，而命令输入方式基本不受版本限制，每次增加的功能相对于前一版本而言微乎其微。

本章使用界面分别对最新版本 AutoCAD 2012 和比较成熟且各地反映比较好用的常用版本 AutoCAD 2004 两种版本分别予以介绍，目的是让读者大致了解版本变化后的用户界面变化情况。建议各校授课以 AutoCAD 2004 版本教学比较适合，因为它是承前启后的版本。待完成教学大纲规定内容后，用少量课时稍微介绍最新版本即可。

（2）使用特点

AutoCAD 的使用特点可概括为"输入命令→出现提示→作出响应"。命令选项和提示既有相似的地方，也有所不同。凡是用反斜杠分割的为命令选项，命令提示一般只有一句话，这句话的意思是要求用户做某个操作。命令选项中分为默认选项（如果不做其他选择，认为用户自动接受了这个选项）。当选择选项时，有时会出现下一级选项和提示，不同的命令的选项和提示不同。一般而言，每一个选项或提示是绘制或编辑图形操作过程中的一个条件。只有当不断执行这些选项和提示后，才构成一个完整的作图条件，此时图形随即完成。

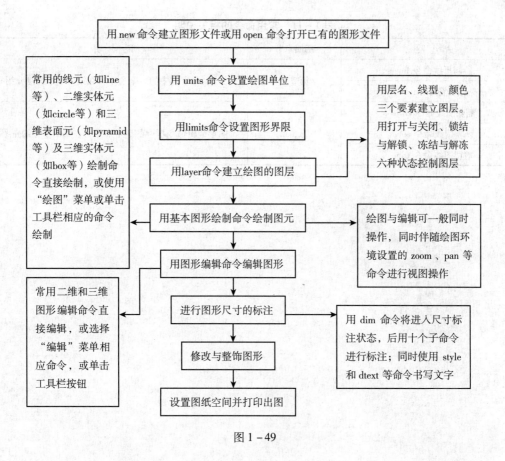

图 1-49

（3）坐标输入与目标捕捉

点的输入有输入坐标和目标捕捉两种方式，坐标之间用逗号"，"隔开；相对坐标实际上输入的是两点之间的坐标差，即坐标增量。输入时只要在输入的坐标值前加上一个"@"符号即可。

目标捕捉针对目前屏幕上已有图形，捕捉已有图形的特征点，这样就省去重新计算和输入坐标带来的不便。作为初学者，可采用热键菜单捕捉方法。此外，还可以在状态栏单击鼠标右键调出"目标捕捉"对话框来设定是否打开捕捉开关或主要捕捉哪些类型的点，关于这个问题将在第 4 章中详细地予以阐述。

4. 几个常用的命令

为让初次使用 AutoCAD 的读者能有一个动手的机会，本章介绍的几个命令只是让初学者体会学习规律，从而自觉掌握。本章介绍的常用命令和与其他章节的关系，以及引入意图列于表 1-11 中，供总结参考。

表 1 – 11　常用命令的相关说明

命　　令	所属章节	说　　明
绘制折线命令 line	第 2 章	图元绘制命令群中的 2 个命令，在第 2 章中详细介绍
画圆命令 circle		
删除图线命令 erase	第 3 章	图形编辑命令群中的 3 个命令，在第 3 章详细介绍
恢复图线命令 oops		
剪切图线命令 trim		

第 2 章

二维图元和三维基本图形绘制

一张图由若干个图元构成，如图 2-1 所示是由弧 *ABC*、椭圆 *O*、四个小圆以及矩形 *CDEA* 等构成。因此，只要会画上述的图元，并将其作妥善的摆放和连接，就可以绘制出整个图形。

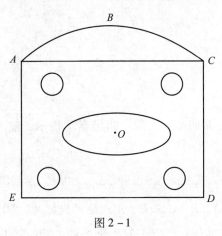

图 2-1

2.1 二维点和二维线条图元绘制

2.1.1 画点命令（point）

1. 命令功能

画点命令 point 用于画点。按照"点动成线，线动成面，面动成体"的原理，画任何图形都离不开画点。有时画线、圆等基本图元时，可以先画出点，然后在命令行输入基本图元绘制命令，当出现需要输入点的提示时，通过目标捕捉的方法输入点位。因系统默认点很小，直接绘制看不清楚，所以画点前需要先选择点样式。

2. 基本操作

1）选择点样式

如图 2-2（a）所示，在命令行输入 ddptype 命令或选择"格式"菜单中的"点样式"命令，弹出如图 2-2（b）所示的"点样式"对话框，从中选取合适的点样式。

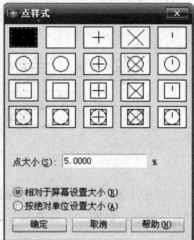

（a）　　　　　　　　　　　　　　　　（b）

图 2 - 2

2）画点

在命令状态下输入 point 并回车，出现"指定点"提示，输入点的坐标，即可画出点。

3）操作示例

【示例 2 - 1】 画出 A、B、C 三点。A 点绝对坐标为（50，100）；B 点在 A 点右上方 30 度角且距离为 100 个图形单位处。C 点在 B 的正右方距离 200 个图形单位处。

解： 首先，选择点样式。在命令行输入 ddptype 命令或选择"格式"菜单中的"点样式"命令，弹出如图 2 - 2（b）所示的"点样式"对话框，从中选取第四行第三列的点样式。其次，在命令行输入 point 命令并回车确认，在命令提示输入点的状态下输入个点坐标。

【命令】ddptype //输入 ddptype 命令并回车。

【命令】正在重生成模型。自动保存到 C:\Documents and Settings\Administrator\Local Settings\Temp\Drawing1_1_1_8467.svMYM…

【命令】point

【提示】当前点模式：PDMODE = 98　PDSIZE = 0.0000

【提示】指定点：50,100 //输入 A 点坐标并回车确认

回车重复执行画点命令。

【命令】point

【提示】当前点模式：PDMODE = 98　PDSIZE = 0.0000

【提示】指定点：@ 100 < 30 //输入 B 点相对于 A 点的相对坐标并回车确认。

【命令】:point

【提示】当前点模式：PDMODE = 98　PDSIZE = 0.0000

【提示】指定点：@ 200,0 ∥输入 C 点相对于 B 点的相对坐标并回车确认。

操作结束后，屏幕界面如图 2 - 3 所示。

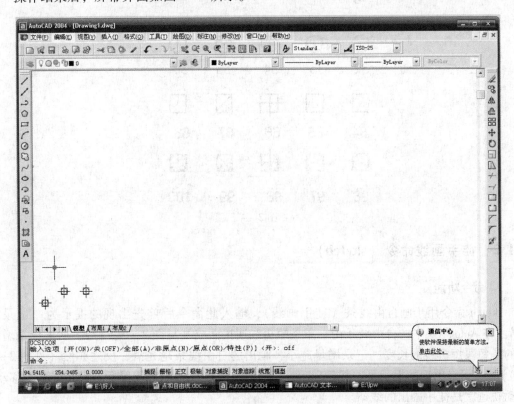

图 2 - 3

3. 用法说明

（1）点可以作为捕捉对象的节点。输入坐标时，可以指定点的全部三维坐标，如果省略 Z 坐标，则假定 Z 坐标为当前标高。

（2）PDMODE 和 PDSIZE 系统变量控制点对象的外观。PDMODE 取值 0、2、3 和 4，用于指定表示点的图形，值 为 1 时不显示任何图形，将值指定为 32、64 或 96，则除了绘制通过点的图形外，还可以选择在点的周围绘制图形。PDSIZE 控制点图形的大小（PDMODE 系统变量为 0 和 1 时除外）。如果 PDSIZE 设置为 0，将按绘图区域高度的百分之五的尺寸生成点对象。正的 PDSIZE 值指定点图形的绝对尺寸，负的 PDSIZE 值将解释为视口尺寸的百分比，重生成图形时将重新计算所有点的尺寸。修改 PDMODE 和 PDSIZE 后，AutoCAD 下次重生成图形时将改变现有点的外观。PDMODE 系统变量的取值及对应的点形状如图 2 - 4 所示。

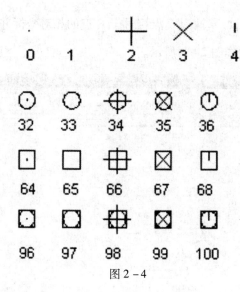

图 2 - 4

2.1.2 徒手画线命令（sketch）

1. 命令功能

sketch 命令用于画自由线条（徒手画线），输入此命令后首先出现的提示为"记录增量"。在 AutoCAD 中，自由线条由一条条短折线连接而成（见图 2 - 5（a）），所谓记录增量指的是每段短折线的长度，记录增量越小，画出的自由线条越光滑，反之亦然（见图 2 - 5（b））。接下来出现的提示是"提笔"和"落笔"，提笔状态下按住鼠标左键在屏幕上移动，移动轨迹就是徒手画出的线条。

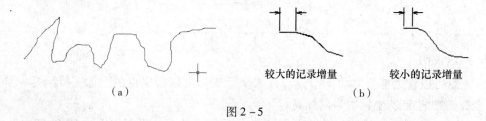

（a）　　　　　　　　　较大的记录增量　　　　较小的记录增量　　（b）

图 2 - 5

2. 基本操作

1）输入命令

【命令】sketch　//输入 sketch 命令并回车

2）命令提示

【提示】记录增量 ＜当前＞　//指定记录增量或按回车键接受默认值

【提示】徒手画[画笔(P)／退出(X)／结束(Q)／记录(R)／删除(E)／连接(C)]//输入选项或按指针按钮

3）提示说明

（1）画笔：在用定点设备选取菜单项前必须提笔。落笔后，继续从上次所画的线段的端点画线，或从上次删除的线段的端点开始画线。

（2）退出：记录及报告临时徒手画线段数并结束 sketch 命令。

（3）结束：放弃从开始调用 sketch 命令或上一次使用"记录"选项时所有临时的徒手画线段，并结束 sketch 命令。

（4）记录：永久保存临时线段且不改变画笔的位置，并用下面的提示报告线段的数量：已记录 nnn 条直线。

（5）删除：删除临时线段的所有部分，如果画笔已落下则提起画笔。

（6）连接：使得鼠标光标移动到直线端点。

3. 用法说明

（1）记录增量值定义直线段的长度。定点设备移动的距离必须大于记录增量才能生成线段。

（2）AutoCAD 将徒手画线段捕捉为一系列独立的线段。当 SKPOLY 系统变量设置为一个非零值时，将为每个连续的徒手画线段（而不是多个线性对象）生成一个多段线。

（3）用 sketch 命令绘图时可以使用定点设备来控制屏幕上的画笔。sketch 命令可用于输入贴图轮廓、签名或者其他徒手画图形，绘制完成后进行记录时，这些徒手画线段才会加到图形中。在执行 sketch 命令的过程中，不能使用标准数字化仪按钮菜单。

2.1.3　绘制射线命令（ray）

1. 命令功能

射线是一端固定，另一端无限延伸的直线。当输入命令后，系统会提示输入射线其中一端的坐标，当输入或指定坐标后接着又提示输入射线上任意一点的坐标，输入完毕回车后，在屏幕上出现一条射线，如图 2-6 所示为画出的 4 条射线，即 AB、AC、AD、AE，它们的一端都汇交于一点 A，而另一端无限延长。

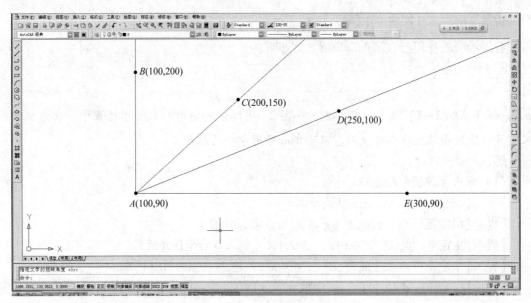

图 2-6

2. 基本操作

1）输入命令

【命令】：ray　//输入射线命令并用回车键确认

2）响应提示

（1）指定起点：100,90//输入起点 *A* 坐标并按回车键确认

（2）指定另一点：260,100//输入射线上其他另外一点（例如 *D* 点的坐标）坐标,则自动弹出一条一端固定、另一端无限延伸的射线。

2.1.4　绘制折线命令（line）

1. 命令功能

绘制直线段。输入此命令后首先出现的提示是线段起点，在命令提示后输入起点坐标后，接下来的提示是指定下一点，当输入下一点坐标后，就画出一段线段。后面的提示和第二句相似，只不过多增加了闭合（C）选项，如继续画线就在提示后输入下一点坐标，直到完成。

2. 基本操作

1）输入命令

【命令】：line//输入 line 命令并回车确认

2）响应提示

指定第一点：

指定下一点或［放弃(U)］：

指定下一点或［放弃(U)］：

指定下一点或［闭合(C)/放弃(U)］：

各提示项的作用已在第 1 章介绍，此处略。

3. 操作示例

【示例 2－1】 用画线命令画出如图 2－7 所示的图形。在绘图过程中，注意坐标输入、目标捕捉和正交方式的使用，以及 trim 修剪命令的配合。

解：

（1）画出主视图外轮廓线。

【命令】line：//输入 line 并回车

【提示】指定第一点：400,200//输入 *A* 点坐标并回车

【提示】指定下一点或［放弃(U)］：@ 0,100//输入 *B* 点坐标并回车

【提示】指定下一点或［放弃(U)］：@ 40,0//输入 *C* 点坐标并回车

【提示】指定下一点或［闭合(C)/放弃(U)］：@ 0, −40//输入 *D* 点相对于 *C* 点的相对坐标并回车

【提示】指定下一点或［闭合(C)/放弃(U)］：@ 40,0//输入 *E* 点相对于 *D* 点的相对坐

标并回车

【提示】指定下一点或［闭合(C)/放弃(U)］：＠0,40//输入 *F* 点相对 *E* 点的相对坐标并回车

【提示】指定下一点或［闭合(C)/放弃(U)］：＠40,0//输入 *G* 点坐标并回车

【提示】指定下一点或［闭合(C)/放弃(U)］：＠0,-100//输入 *H* 点坐标并回车

【提示】指定下一点或［闭合(C)/放弃(U)］：C//选择闭合选项并回车

（2）画主视图 *IJ* 线。

【命令】：line//输入画线命令并回车

【提示】指定第一点：捕捉 *A* 点

【提示】指定下一点或［放弃(U)］：＠0,20//输入 *H* 点坐标并回车

【提示】指定下一点或［放弃(U)］://捕捉 *GH* 线与 *IJ* 线的垂足点 *J*

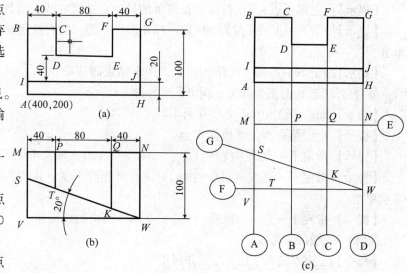

图 2-7

【提示】指定下一点或［闭合(C)/放弃(U)］://回车结束画线操作

（3）画俯视图。

① 打开状态栏的正交开关，画 *MV* 线的参考线

【命令】line//输入画线命令并回车

【提示】指定第一点://捕捉主视图中 *A* 点

【提示】指定下一点或［放弃(U)］://向下拉足够的长度在屏幕上任意点单击

【提示】指定下一点或［放弃(U)］://回车结束画线操作

② 打开状态栏的正交开关，画 *PT* 线的参考线

【命令】line//输入 line 命令并回车

【提示】指定第一点://捕捉主视图中 *D* 点

【提示】指定下一点或［放弃(U)］://向下拉足够的长度在屏幕上任意点单击

【提示】指定下一点或［放弃(U)］://回车结束画线操作

③ 打开状态栏的正交开关，画 *QK* 线的参考线

【命令】line//输入 line 命令并回车

【提示】指定第一点://捕捉主视图中 *E* 点

【提示】指定下一点或［放弃(U)］://向下拉足够的长度在屏幕上任意点单击

【提示】指定下一点或［放弃(U)］://回车结束画线

④ 打开状态栏的正交开关，画 *NW* 线的参考线

【命令】line//输入 line 命令并回车

【提示】指定第一点://捕捉主视图中 *H* 点

【提示】指定下一点或［放弃(U)］：//向下拉足够的长度在屏幕上任意点单击

【提示】指定下一点或［闭合(C)/放弃(U)］：//回车结束画线操作

⑤ 打开状态栏的正交开关，画 *MN* 线的参考线

【命令】line//输入 line 命令并回车

【提示】指定第一点：//用目标捕捉菜单的最近点选项在线上选择一点 *M*

【提示】指定下一点或［放弃(U)］：//打开正交开关，向右拉足够的长度，在屏幕上任意点单击

【提示】指定下一点或［放弃(U)］：//回车结束画线操作

⑥ 打开状态栏的正交开关，画 *WV* 线的参考线

【命令】line //输入 line 命令并回车

【提示】指定第一点：//捕捉 *N* 点

【提示】指定下一点或［放弃(U)］：@ 0，-100//输入 *W* 点相对于 *N* 点的坐标

【提示】指定下一点或［放弃(U)］：//打开正交开关，向左拉足够的长度在屏幕上任意点单击

【提示】指定下一点或［放弃(U)］：//回车结束画线操作

⑦ 画 *SW* 线的参考线

【命令】line//输入 line 命令并回车

【提示】指定第一点：捕捉 *W* 点

【提示】指定下一点或［放弃(U)］：@ 200 <160//输入相对极坐标得到 *SW* 线的参考线

【提示】指定下一点或［放弃(U)］：//回车结束画线操作

⑧ 用修剪命令（trim）修剪图形

【命令】trim//输入 trim 命令并回车

【提示】当前设置：投影 =UCS,边 =无

【提示】选择剪切边…

【提示】选择对象：//选择图形 2 -7(c)中的所有图线

【提示】选择对象：找到 1 个,总计 7 个

【提示】选择对象：//回车结束选择

【提示】选择要修剪的对象，或按住 Shift 键选择要延伸的对象，或［投影(P)/边(E)/放弃(U)］：//分别单击 *MN* 以上的各条细线

【提示】选择要修剪的对象，或按住 Shift 键选择要延伸的对象，或［投影(P)/边(E)/放弃(U)］：//分别单击 *WV* 以下的各条细线

【提示】选择要修剪的对象，或按住 Shift 键选择要延伸的对象，或［投影(P)/边(E)/放弃(U)］：//分别单击 *MV* 以左的各条细线

【提示】选择要修剪的对象，或按住 Shift 键选择要延伸的对象，或［投影(P)/边(E)/放弃(U)］：//回车结束剪切操作,得到如图 2 -7(b)所示的形式

----

4. 特别说明

（1）借助图层，同样使用 line 命令，不但可画实线，而且可以绘制虚线、点划线等。

（2）使用该命令绘制的线条宽度为零，在绘图仪上可以通过颜色设置来变成不同颜色

的线条，但当用打印机出图时，则应利用多段线编辑命令 pedit 将编辑成多段线，再用该命令的 W 选项设置成所需的宽度。

> **注意**：画线命令绘制出的线段为一段接着一段的线条，它们之间相互连接，但不是一个整体，可以用多段线编辑命令将其编辑成多段线。

2.1.5　绘制圆弧线命令（arc）

1. 命令功能

输入此命令首先出现的是各种画弧方式的选项。AutoCAD 提供 9 种画弧方式：用位于弧上的点的条件，利用半径条件、利用弦长条件和起始点的切线条件。选择每一个选项后，出现其选项提示，每一句提示是所选画弧方式的一个条件，如继续画弧就在提示后输入下一点坐标，直到完成。系统提示的画弧方式有 11 种，见表 2 - 1。

表 2 - 1　11 种画弧方式

序号	画弧代码	画弧方式	序号	画弧代码	画弧方式
1	3 - point	三点方式画弧。起点、弧上任意一点和端点方式画弧	7	S、E、D	用起点、端点和起始方向画弧
2	S、C、E	用起点、圆心和端点方式画弧	8	C、S、E	用圆心、起点、端点方式画弧
3	S、C、A	用起点，圆心、包含角方式画弧	9	C、S、A	用圆心、起点和包含角方式画弧
4	S、C、L	用起点、圆心和弦长方式画弧	10	C、S、L	用圆心、起点和弦长方式画弧
5	S、E、A	用起点、端点和包含角方式画弧	11	CONTIN	用线与弧的连接方式画弧
6	S、E、R	用起点、端点和半径方式画弧			

2. 基本操作

1）输入命令

【命令】：arc∥输入 arc 命令回车确认

2）响应提示

指定圆弧的起点或[圆心(C)]：

指定圆弧的第二点或[圆心(C)/端点(E)]：

指定圆弧的端点

3）提示说明

上述提示第一句"指定圆弧的起点"，第二句"指定圆弧的第二点"以及第三句"指定圆弧的端点"三句话构成了一个完整的画弧方式，即三点画弧方式，该方式是系统默认方式。直接在每句提示后输入坐标后便显示经过这三个点的弧。而每句提示后的选项则是其余的画弧方式，选择后又有下一级提示或选项。继后的提示执行后必定是表 2 - 1 中的九种画弧方式之一。用户可根据需要去选择。

3. 操作示例

以下各示例（示例 2 – 2 至示例 2 – 12）在操作过程中，由于坐标和长度值均较小，如果直接输入坐标，将会发现图线很小，看不清，只能将图放大后才能看清。为了立即看到所绘图形，建议在做以下示例时，应先用 limits 命令将绘图界限设为（12，9），以便直接观看到绘制效果。

 【示例 2 –2】 用弧上三点方式画弧。

解：

三点定弧是画弧的默认方式，第一点为弧的起点，第二点为弧上任意一点，第三点为弧的端点，可以顺时针也可以逆时针两个方向画弧。

【命令】：arc　//在命令提示符状态下输入画弧命令并回车确认

【提示】：指定圆弧的起点或［圆心（C）］：6,5　//输入圆弧起点的坐标并回车确认

【提示】：指定圆弧的第二个点或［圆心（C）/端点（E）］：5,6　//输入圆弧第二点的坐标并回车确认

【提示】：指定圆弧的端点：5,4　//输入圆弧端点的坐标并回车确认

上述操作绘制圆弧结果如图 2 – 8（a）所示。

 【示例 2 –3】 用起点、圆心和端点方式画弧。

解：

用起点、圆心和端点方式画弧，但端点只是用来确定弧所含的圆心角，弧结束在该角度上。如果该点与圆心的距离大于半径值，则端点在圆弧外；如果该点与圆心的距离小于半径值，则端点在圆弧内；只有该点与圆心的距离等于半径值，端点才在圆弧上。半径是由起点和圆心决定的。规定按逆时针方向从起点到端点画弧。

【命令】：arc//在命令提示符状态下输入画弧命令并回车确认

【提示】：指定圆弧的起点或［圆心（C）］：2,1//输入画弧起点的坐标并回车确认

【提示】：指定圆弧的第二个点或［圆心（C）/端点（E）］：C//选择圆心选项并回车确认

【提示】：指定圆弧的圆心：1,1//输入画弧圆心的坐标并回车确认

【提示】：指定圆弧的端点或［角度（A）/弦长（L）］：1,2//输入画弧端点的坐标并回车确认

上述操作绘制圆弧结果如图 2 – 8（b）所示。有时，先给出圆心是方便的，然后用极坐标给出半径、始角及终角，也可绘制，例如：

【命令】：arc//在命令提示符状态下输入画弧命令并回车确认

【提示】：指定圆弧的起点或圆心：C//选择圆心选项并回车确认

【提示】：指定圆弧的圆心：2,1//输入画弧圆心的坐标并回车确认

【提示】：指定圆弧的起点：@1<0//输入圆弧的起点并回车确认

【提示】：指定圆弧的端点或［角度（A）/弦长（L）］：@1<90//输入圆弧的终点并回车确认

上述操作绘制圆弧结果如图 2 – 8（c）所示。

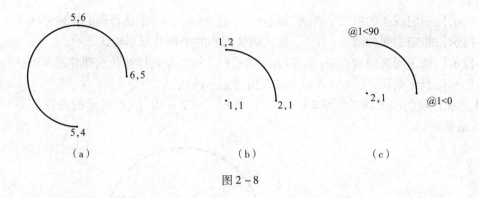

图 2-8

【示例 2-4】 用起点、圆心和包含角方式画弧。

解：

【命令】：arc// 在命令提示符状态下输入画弧命令并回车确认

【提示】：指定圆弧的起点或［圆心（C）］：2,1// 输入画弧起点的坐标并回车确认

【提示】：指定圆弧的第二个点或［圆心（C）/端点（E）］：C// 选择圆心选项并回车确认

【提示】：指定圆弧的圆心：1,1// 输入画弧圆心的坐标并回车确认

【提示】：指定圆弧的端点或［角度（A）/弦长（L）］：A// 选择角度选项并回车确认

【提示】：指定包含角：90// 输入角度并回车确认

上述操作绘制圆弧结果如图 2-9（a）所示。图 2-9（b）和图 2-9（c）分别是夹角 -90°和包含角 270°的情形。

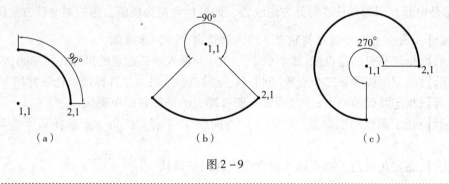

图 2-9

 【示例 2-5】 用起点、圆心和弦长方式画弧。

解：

利用起点和圆心，再加上弦长来确定弧。其中，弦长是连接弧的两端点的直线，根据给定弦长可以确定端点角度；规定从起点开始按逆时针方向画弧。弦长有正负之分，弦长为正值时画小弧；弦长为负值时画大弧；所谓小弧是圆心角小于 180°的弧；所谓大弧是圆心角大于 180°的弧。

【命令】：arc// 在命令提示符状态下输入画弧命令并回车确认

【提示】：指定圆弧的起点或［圆心（C）］：2,1// 输入画弧起点的坐标并回车确认

【提示】:指定圆弧的第二个点或[圆心(C)/端点(E)]:C∥选择圆心选项并回车确认

【提示】:指定圆弧的圆心:1,1∥输入画弧圆心的坐标并回车确认

【提示】:指定圆弧的端点或[角度(A)/弦长(L)]:L∥选择弦长选项并回车确认

【提示】:指定弦长:1.414∥输入弦长值并回车确认

上述操作绘制圆弧结果如图2-10（a）所示。图2-10（b）所示的是弦长为-1.414的画弧结果。

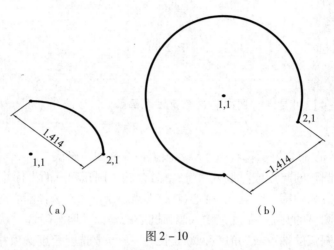

（a）　　　　　　　　　　（b）

图 2-10

【示例2-6】用起点、端点和包含角方式画弧。

解:

通常是由起点到端点按逆时针方向画弧，如果包含角为负值，则按顺时针方向画弧。

【命令】:arc∥在命令提示符状态下输入画弧命令并回车确认

【提示】:指定圆弧的起点或[圆心(C)]:2,1∥输入画弧起点的坐标并回车确认

【提示】:指定圆弧的第二个点或[圆心(C)/端点(E)]:E∥选择端点选项并回车确认

【提示】:指定圆弧的端点:1,2∥输入圆弧端点的坐标并回车确认

【提示】:指定圆弧的端点或[角度(A)/方向(R)/半径(R)]:A∥选择角度选项并回车确认

【提示】:指定包含角:90∥输入包含角值并回车确认

上述操作绘制圆弧结果如图2-11（a）所示。图2-11（b）所示为包含角为-90°的结果。

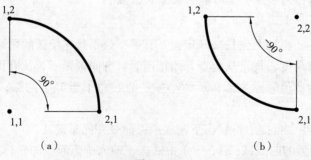

（a）　　　　　　　　　　（b）

图 2-11

【示例 2 – 7】用起点、端点和半径方式画弧。

解：

用起点、端点和半径画弧，通常是由起点开始按逆时针方向画弧，半径有正负之分，半径为正值画小弧，半径为负值画大弧。

【命令】：arc∥在命令提示符状态下输入画弧命令并回车确认

【提示】：指定圆弧的起点或［圆心（C）］：2,1∥输入画弧起点的坐标并回车确认

【提示】：指定圆弧的第二个点或［圆心（C）/端点（E）］：E∥选择端点选项并回车确认

【提示】：指定圆弧的端点：1,2∥输入画弧端点的坐标并回车确认

【提示】：指定圆弧的圆心或［角度（A）/方向（D）/半径（R）］：R∥选择半径选项并回车确认

【提示】：指定圆弧的半径：1∥输入半径值并回车确认

上述操作绘制圆弧结果如图 2 – 12（a）所示，图 2 – 12（b）是半径为 – 1 的绘制结果。

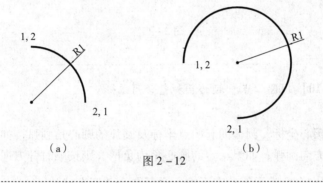

（a）　　　　　　　　　　　　　　（b）

图 2 – 12

【示例 2 – 8】用起点、端点和起始方向方式画弧。

解：

所谓起始方向是指起点的切线方向，用这种方式可以绘制与另一个实体相切的圆弧。

【命令】：arc∥在命令提示符状态下输入画弧命令并回车确认

【提示】：指定圆弧的起点或［圆心（C）］：2,1∥输入画弧起点的坐标并回车确认

【提示】：指定圆弧的第二个点或［圆心（C）/端点（E）］：E∥选择端点选项并回车确认

【提示】：指定圆弧的端点：1,2∥输入画弧端点的坐标并回车确认

【提示】：指定圆弧的圆心或［角度（A）/方向（D）/半径（R）］：D∥选择起始方向选项并回车确认

【提示】：指定圆弧的起点切向：90∥输入方向并回车确认

上述操作绘制圆弧结果如图 2 – 13（a）所示，图 2 – 13（b）是起始方向为 – 90°的结果。

【示例 2 – 9】用圆心点、起始点和端点画弧。

解：

按照圆心点坐标，从起始点到端点按逆时针方向画弧。

【命令】:arc∥在命令提示符状态下输入画弧命令并回车确认

【提示】:指定圆弧的起点或［圆心(C)］:C∥输入圆心选项并回车确认

【提示】:指定圆弧的圆心:1,1∥输入圆心坐标并回车确认

【提示】:指定圆弧的起点:2,1∥输入圆弧起点坐标并回车确认

【提示】:指定圆弧的端点或［角度(A)/弦长(L)］:1,2∥输入圆弧端点坐标并回车确认

上述操作绘制圆弧结果如图2-13（c）所示。

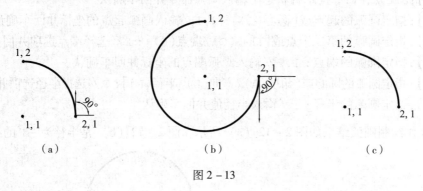

（a）　　　　　　　　　　（b）　　　　　　　　（c）

图2-13

 【示例2-10】 用圆心点、起始点和包含角画弧。

解:

根据所指定的圆心坐标、圆弧的起始点坐标及圆弧的圆心角画弧，如果给定的圆心角为正值，则按逆时针方向画弧；如果给定的圆心角为负值，则按顺时针方向画弧。

【命令】:arc∥在命令提示符状态下输入画弧命令并回车确认

【提示】:指定圆弧的起点或［圆心(C)］:C∥输入圆心选项并回车确认

【提示】:指定圆弧的圆心:1,1∥输入圆心坐标并回车确认

【提示】:指定圆弧起点:2,1∥输入圆弧起点坐标并回车确认

【提示】:指定圆弧的端点或［角度(A)/弦长(L)］:A∥输入圆弧角度选项并回车确认

【提示】:指定包含角:90∥输入包含角并回车确认

上述操作绘制圆弧结果如图2-14（a）所示，图2-14（b）是圆心角为-90°的画弧结果。

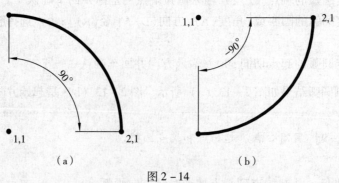

（a）　　　　　　　　　（b）

图2-14

【示例 2 – 11】用圆心点、起点和弦长画弧。

解：

确定圆心和起点坐标后，通过给定弦长来绘制圆弧。

【命令】:arc∥在命令提示符状态下输入画弧命令并回车确认

【提示】:指定圆弧的起点或[圆心(C)]:C∥输入圆心选项并回车确认

【提示】:指定圆弧的圆心:1,1∥输入圆心坐标并回车确认

【提示】:指定圆弧起点:2,1∥输入圆弧起点坐标并回车确认

【提示】:指定圆弧的端点或[角度(A)/弦长(L)]:L∥输入弦长选项并回车确认

【提示】:指定弦长:2∥输入圆弧的弦长并回车确认

上述操作绘制圆弧结果如图 2 – 15（a）所示。

【示例 2 – 12】CONTIN 线与弧的衔接画弧。

解：

这种方式相当于画一条直线后，再绘制一条与该直线按相切关系连接的圆弧，实际上是相当于按（S，E，D）方式画弧，而以所绘制的直线起点至端点的切线方向为新弧起点方向，这时只需要一个端点便可画出弧来了。

例如先画一条直线：

【命令】:line∥在命令提示符下输入画线命令并回车确定

【提示】:指定第一点:1,1　∥输入起点 A 的坐标

【提示】:指定下一点或[放弃(U)]:@ 5,0　∥输入端点 B 的相对坐标

【提示】:指定下一点或[放弃(U)]闭合(C):回车结束命令再画圆弧,命令如下:

【命令】:arc∥在命令提示符状态下输入画弧命令并回车确认

【提示】:指定圆弧的起点或[圆心(C)]:∥按回车键,弧线起点自动跳到直线端点 B

【提示】:指定圆弧的端点:9,6∥输入圆弧端点 C 坐标并回车确认

上述操作绘制圆弧结果如图 2 – 15（b）所示。

[上机操作练习题]

用画弧命令的九种不同的画弧方式分别画出图 2 – 16 中的 AB、BC、AD、AE 弧段。

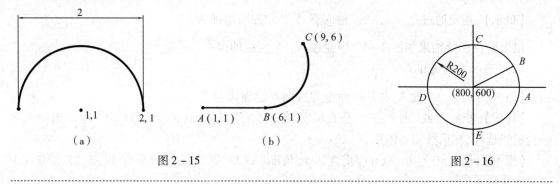

图 2 – 15

图 2 – 16

2.1.6　绘制构造线命令（xline）

1. 命令功能

xline 命令用于绘制水平的、垂直的、与水平线成某一角度的、平行等距离的及角的平分构造线。用户选择选项是通过选择选项中的大写字母进行的，如选择二等分角度，继后提示为三句话：第一句是让指定角度的顶点；第二句是指定角度中一条边上的其中一个点；第三句是指定角度中另一条边上的其中一个点。逐句响应便可作出角分线。使用此命令多与 trim 命令连用，在工程设计中，常用来绘制表格。

2. 基本操作

1）输入命令

【命令】：xline∥输入 xline 命令并回车确认

2）响应提示

指定点或[水平(H)/垂直(V)/角度(A)/二等分(B)/偏移(O)]：

3）选项含义

（1）"水平"选项：绘制与 X 轴平行的水平线。
（2）"垂直"选项：绘制与 Y 轴平行的垂直线。
（3）"角度"选项：绘制与 X 轴正向顺时针角或相对某一条线成一定角度的构造线。
（4）"偏移"选项：绘制平行等距的构造线。
（5）"二等分"选项：绘制一个角的平分线。

3. 操作示例

 【示例2-13】用 xline 命令绘制如图2-17所示的表格。

解：

（1）通过两点画构造线。

【命令】：xline∥输入 xline 命令并回车确定
【提示】：指定点或[水平(H)/垂直(V)角度(A)/二等分(B)/偏移(O)]：5,6∥输入 K 点坐标并回车确定
【提示】：指定通过点：20,12∥输入 N 点坐标并回车确认

以上操作所绘结果如图2-17中通过 K、N 两点的线。

（2）画水平构造线。

【命令】：xline∥输入 xline 命令并按回车键确认
【提示】：指定点或[水平(H)/垂直(V)/角度(A)/二等分(B)/偏移(O)]：H∥选择画水平构造线选项,然后按回车键确认
【提示】：指定点或[水平(H)/垂直(V)/角度(A)/二等分(B)/偏移(O)]：5,12∥输入 M 点坐标并按回车键

【提示】:指定通过点:20,12//绘制通过 K 点的水平构造线

画出通过 M、N 两点的构造线,如图 2-17 中通过 M、N 两点的第⑤条线所示

(3) 画垂直构造线。

【命令】:xline//输入 xline 命令并按回车键

【提示】:指定点或[水平(H)/垂直(V)/角度(A)/二等分(B)/偏移(O)]:V//选择画垂直构造线选项,然后回车确认

【提示】:指定通过点:5,6//输入 K 点的坐标

【提示】:指定通过点://按回车键确认,画出通过 K 点的垂直构造线,如图 2-17 中的第①条线所示

(4) 画平行的构造线。

【命令】:xline//输入 xline 命令并按回车键

【提示】:指定点或[水平(H)/垂直(V)/角度(A)/二等分(B)/偏移(O)]:O//选择画彼此平行的构造线选项,然后回车确认

【提示】:指定偏移距离或通过(T)〈通过〉:5//输入 5 为偏移距离后回车确认

【提示】:选择直线对象://用鼠标左键点选①线按回车键确认

以上操作得到平行于第①条平行线的构造线②,仿此操作可分别得到构造线③、④、⑦。

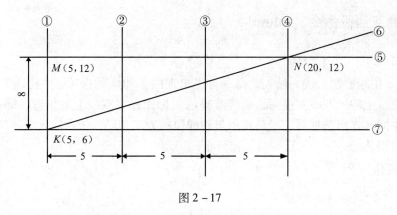

图 2-17

 【示例 2-14】 画平分一个角的构造线。

解:

【命令】:xline//输入 xline 命令并按回车键

【提示】:指定点或[水平(H)/垂直(V)/角度(A)/二等分(B)/偏移(O)]:B//输入绘制二等分构造线选项并回车

【提示】:指定角的顶点:　//用目标捕捉的办法捕捉角的顶点 A,具体做法是按住 Shift 键和鼠标右键,出现热键菜单后单击"交点"选项,然后把鼠标光标移动到 A 点附近,在 A 点附近出现一个黄色"×"号,表示已经捕捉住 A 点

【提示】:指定角的起点: ∥用目标捕捉的办法捕捉角的一条边如 *AB* 上任一点,具体做法是按住 Shift 键和鼠标右键,出现热键菜单后单击"最近点"选项,然后把鼠标光标移动到 *AB* 线附近,在该线上出现一个"⊠",表示已经捕捉住 *AB* 线上任一点,按鼠标左键确认,此时弹出一条带橡皮筋的动态角分线指示线,要求输入角的端点。

【提示】:指定角的端点: ∥用目标捕捉的办法捕捉角的另一条边如 *AC* 上任一点。具体做法是按住 Shift 键和鼠标右键,出现热键菜单后单击"最近点"选项,然后把鼠标光标移动到 *AC* 线附近,在该线上出现上述目标捕捉标记,表示已经捕捉住 *AC* 线上任一点,按鼠标左键确认,此时出现一条角分线,即∠*BAC* 角分线完成,如图 2-18 所示。

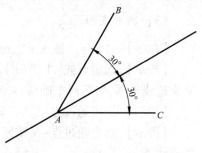

图 2-18

[上机操作练习题]

画出如图 2-19 所示的通过一个 30°等边角,过两个端点作一个与两条边 *AB*、*AC* 相切的圆,切点为 *B*、*C* 两点。[提示:先作 *AB* 和 *AC* 的垂线,两垂线交点即为圆心,找到此圆心后,再用画圆命令绘制过 *A*、*B* 两点且与 *A*、*B* 相切的圆]

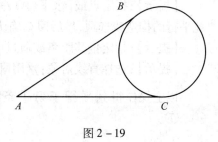

图 2-19

2.1.7 绘制双线段命令（mline）

1. 命令功能

mline 命令用于绘制双线。输入此命令首先出现的是相应的选项。"比例"选项是要求指定双线宽度。当输入双线宽度后,紧接着提示鼠标光标在双线上的位置,即在双线顶部、底部还是在中间。作出选择后,紧后提示与画线段的方式相同,依次输入双线经过的各个点位,便可完成操作。

2. 基本操作

1) 输入命令

【命令】:mline∥输入 mline 命令并回车确认

2) 响应提示

指定起点或[对正(J)/比例(S)/样式(ST)]

表 2-2 列出了 mline 命令的首级和次级选项及其含义。

表 2-2 mline 命令的选项含义

	选　项	含　义
首级选项	对正（J）	选择多线的对正方式,即设置基准对正位置
	比例（S）	设定多线的比例,即两条多线之间的距离值
	样式（ST）	输入采用的多线样式名,默认为 STANDARD

续表

次级 选项	上（T）	顶对正方式，以多线的外侧为基准位置绘制多线
	无（Z）	中对正方式，以多线的中心为基准，即 0 偏移位置绘制多线
	下（B）	下对正方式，以多线的内侧线为基准位置绘制多线

3. 操作示例

【示例 2 - 15】沿如图 2 - 20（a）所示的 *ABCD* 路径绘制间距为 20 个图形单位双线。

解：

（1）用顶对正方式绘制多线间距为 20 个图形单位的双线。

【命令】:mline　//输入画多线命令并回车确认

【提示】:当前设置:对正 = 上,比例 = 1.00 样式 = STANDARD　//显示当前设定多线方式

【提示】:指定起点或[对正(J)/比例(S)/样式(ST)]:S　//选择比例选项并回车

【提示】:输入多线比例:20　//选择多线的比例并按回车键确认

【提示】:指定起点或[对正(J)/比例(S)/样式(ST)]:J　//选择对正选项并回车

【提示】:输入对正类型[上(T)/无(Z)/下(B)]:T　//选择以多线的顶部为基准的对齐方式

【提示】:当前设置:对正 = 上,比例 = 20　样式 = STANDARD　//显示当前设定的多线方式

【提示】:指定起点或[对正(J)/比例(S)/样式(ST)/放弃(U)]:30,50　//输入 *A* 点坐标并回车确认

【提示】:指定下一点:30,100　//输入 *B* 点坐标并回车确认

【提示】:指定下一点或[闭合(C)/放弃(U)]:@ 120,0　//输入 *C* 点坐标并回车确认

【提示】:指定下一点或[闭合(C)/放弃(U)]:@ 0,-50　//输入 *D* 点坐标并回车确认

【提示】:指定下一点或[闭合(C)/放弃(U)]:　//按回车键结束命令输入,显示如图 2 - 20(b)所示。

（2）用中对齐方式绘制多线间距为 20 个图形单位的双线。

【命令】:mline　//输入画多线命令并回车确认

【提示】:当前设置:对正 = 上,比例 = 20 样式 = STANDARD　//显示当前多线方式

【提示】:指定起点或[对正(J)/比例(S)/样式(ST)]:J　//设定对正并回车

【提示】:输入对正类型上(T)/无(Z)/下(B)]:Z　//选择以多线的中间为基准的对齐方式

【提示】:当前设置:对正 = 无,比例 = 20 样式 = STANDARD　//显示当前设定多线方式

【提示】:指定起点或[对正(J)/比例(S)/样式(ST)]:30,50　//输入 *A* 点坐标并回车确认

【提示】:指定下一点或[放弃(U)]:30,100　//输入 *B* 点坐标并回车确认

【提示】:指定下一点或[闭合(C)/放弃(U)]:@ 120,0　//输入 *C* 点坐标并回车确认

【提示】:指定下一点或[闭合(C)/放弃(U)]:@ 0,-50　//输入 *D* 点坐标并回车确认

【提示】:指定下一点或[闭合(C)/放弃(U)]:　//按回车键结束命令输入,显示如图 2 - 20(c)所示

（3）用底对齐方式绘制多线间距为20个图形单位的双线。

【命令】:mline　//输入画多线命令并回车确认

【提示】:当前设置:对正=上,比例=20　样式=STANDARD　//显示当前多线方式

【提示】:指定起点或[对正(J)/比例(S)/样式(ST)]:J　//设定对正并回车

【提示】:输入对正类型[上(T)/无(Z)/下(B)]:B　//选择以多线的底部为基准的对齐方式

【提示】:指定起点或[对正(J)/比例(S)/样式(ST)]:30,50　//输入 A 点坐标并回车确认

【提示】:指定下一点或[放弃(U)]:30,100　//输入 B 点坐标并回车确认

【提示】:指定下一点或[闭合(C)/放弃(U)]:@ 120,0　//输入 C 点坐标并回车确认

【提示】:指定下一点或[闭合(C)/放弃(U)]:@ 0,-50　//输入 D 点坐标并回车确认

【提示】:指定下一点或[闭合(C)/放弃(U)]:　//按回车键结束命令输入,显示如图2-20(d)所示

（4）用无对正方式分别绘制多线间距为20个图形单位和10个图形单位的双线。

按上述步骤,改变当前设置:对正=无,比例=20　样式=STANDARD,绘制双线间距为20个图形单位,结果如图2-20（e）所示。绘制间距为10个单位的多线命令如下:

【命令】:mline　//输入画多线命令并回车确认

【提示】:当前设置:对正=无,比例=20 样式=STANDARD　//显示当前多线方式

【提示】:指定起点或[对正(J)/比例(S)/样式(ST)]:S　//设定比例并回车

【提示】:输入多线比例〈20〉:10　//选择多线的比例并按回车键确认

【提示】:当前设置:对正=无,比例=10　样式=STANDARD　//显示当前设定多线方式

【提示】:指定起点或[对正(J)/比例(S)/样式(ST)]:30,50　//输入 A 点坐标并回车确认

【提示】:指定下一点或[放弃(U)]:30,100　// 输入 B 点坐标并回车确认

【提示】:指定下一点或[闭合(C)/放弃(U)]:@ 120,0　//输入 C 点坐标并回车确认

【提示】:指定下一点或[闭合(C)/放弃(U)]:@ 0,-50　//输入 D 点坐标并回车确认

【提示】:指定下一点或[闭合(C)/放弃(U)]:　//按回车键结束命令输入,显示如图2-20(f)所示

（5）用顶对齐方式绘制多线间距为20个图形单位的闭合双线。

【命令】:mline　//输入画多线命令并回车确认

【提示】:当前设置:对正=上,比例=1.00 样式=STANDARD　//显示当前多线方式

【提示】:指定起点或[对正(J)/比例(S)/样式(ST)]:S　//设定比例并回车

【命令】:当前设置:对正=上,比例=20　样式=STANDARD　//显示当前多线方式

【提示】:指定起点或[对正[J]/比例(S)/样式(ST)]:J

【提示】:输入对正类型上(T)/无(Z)/下(B):T　//选择以多线的上侧为基准的对齐方式

【提示】:指定起点或[对正(J)/比例(S)/样式(ST)]:30,50　//输入 A 点坐标并回车确认

【提示】:指定下一点或[放弃(U)]:30,100　//输入 B 点坐标并回车确认

【提示】:指定下一点或[闭合(C)/放弃(U)]:@ 120,0　//输入 C 点坐标并回车确认

【提示】:指定下一点或[闭合(C)/放弃(U)]:@ 0,-50　//输入 D 点坐标并回车确认

【提示】:指定下一点或[闭合(C)/放弃(U)]:C　//输入闭合 C 选项,按回车键结束命令输入,显示如图2-20(g)所示

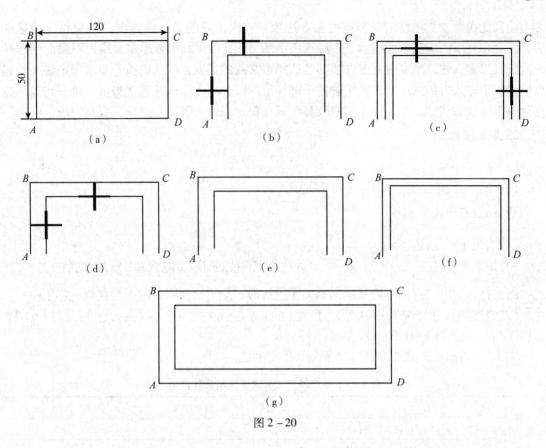

图 2 – 20

2.1.8　绘制多义线命令（pline）

1. 命令功能

多义线是连为一个整体的线条，实际上是一系列具有宽度性质的直线段或圆弧组成的单一实体，可整体变宽或分小段变宽。整条多义线可分成若干个小段，每一小段可设定为首尾宽度相同或不同。图 2 – 21 给出了一些多义线的实例。

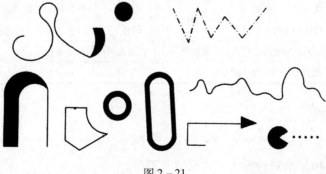

图 2 – 21

输入此命令首先出现的是相应的命令选项。首次出现的是一级选项，当做相应的选择后，便会出现下一级选项或提示。一级选项中的 Arc 选项可画出弧形多义线，不做此项选择则为折线形多义线。半宽或宽度选项都是选择多义线的宽度，默认选项是要求指定多义线起点位置。当输入首级选项后，紧接着提示选择下一级选项，出现其选项提示，每一句提示是这种画多义线方式的一个条件，如继续画线就在提示后输入下一点坐标，直到完成。

2. 基本操作

1）输入命令

【命令】:pline∥输入 pline 命令并回车确认

2）响应提示

［首级提示］:指定起点:

［首级选项］:指定下一个点或［圆弧（A）/半宽（H）/长度（L）/放弃（U）/宽度（W）］

当选择 A，以"圆弧"方式绘制圆弧多段线时，提示绘制圆弧的系列参数，如下:

【二级选项】:指定圆弧的端点或［角度（A）/圆心（C）/方向（D）/半宽（H）/直线（L）/半径（R）/第二个点（S）/放弃（U）/宽度（W）］:

表 2 - 3 给出了多义线首级和次级选项及其含义。

表 2 - 3　多义线首级和次级选项及其含义

	选项	各项含义		选项	各项含义
首级选项	圆弧	选择绘制弧形多段线方式			
	半宽	指定多义线一半的宽度			
	长度	指定下一段多义线的长度			
	放弃	从某点开始放弃绘制多义线			
	宽度	输入多义线的全宽			
次级选项	宽度	输入绘制圆弧的端点	角度	输入绘制圆弧的角度
	圆心	输入绘制圆弧的圆心	闭合	将多义线首尾相连
	方向	确定圆弧方向	半宽	输入多义线一半的宽度
	直线	转化成直线绘制方式	半径	输入圆弧的半径
	第二个点	输入决定圆弧的第二点	放弃	放弃最后绘制的圆弧
	宽度	输入多义线的宽度	闭合	将多义线首尾相连封闭图形
	长度	输入欲绘制的直线长度，其方向与前一直线相同或与前一弧相切			
	放弃	放弃最后绘制的一段多义线			

3. 操作示例

 【示例 2 - 16】绘制如图 2 - 22 所示的图形。

解:

【命令】:pline　∥输入绘制多义线命令并按回车键确认

【提示】:指定起点:50,100   //输入 A 点坐标并按回车键

【提示】:当前线宽为 0.0000

【提示】:指定下一个点或[圆弧(A)/半宽(H)/长度(L)/放弃(U)/宽度(W)]:   //选择 W 选项并按回车键确认

【提示】:指定起点宽度〈0.0000〉:10//输入 10 并按回车键,这里输入的 10 是指将要绘制的多义线起始宽度

【提示】:指定端点宽度〈0.0000〉:10 //输入 10 并按回车键,这里输入的 10 是指将要绘制的多义线终点宽度

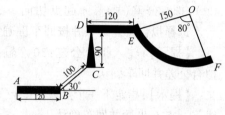

图 2-22

【提示】:指定下一个点或[圆弧(A)/闭合(C)/半宽(H)/长度(L)/放弃(U)/宽度(W)]:@ 120,0   //输入 B 点相对于 A 点的相对坐标并按回车键确认

以上操作可画出 AB 线段,其他线段绘制分别选择不同的选项由读者自行完成。

2.1.9   绘制样条曲线命令（spline）

1. 命令功能

样条曲线是弯曲平滑的、连为一个整体的线条,在数学上称为均匀有理 B 样条。在工程设计中常用来绘制等高线。

输入此命令首先出现的是一级选项,当做相应的选择后,便会出现下一级选项或提示。一级选项中的默认选项是要求指定样条曲线起点位置和所经过点的位置。

2. 基本操作

【命令】:spline   //输入画样条曲线命令并按回车键确认

【提示】:指定第一个点或[对象(O)]://输入样条曲线起点坐标并按回车键确认

【提示】:指定下一个点: //输入样条曲线下一点坐标并按回车键确认

【提示】:指定下一个点或[闭合(C)/拟合公差(F)] <起点切向>   //继续输入下一点坐标或直接按回车键

当整段样条曲线绘制完毕首次按回车键后,鼠标光标由终点跳回到样条曲线的起点,要求指定样条曲线的起点的切线方向,指定切线方向后,按回车键确认,此时鼠标光标又由起点跳到样条曲线的终点,要求指定样条曲线的终点的切线方向,指定切线方向后,按回车键确认,样条曲线绘制完成。

3. 操作示例

【示例 2-17】 绘制如图 2-23 所示的图形。

解:

【命令】:spline   //输入绘制样条曲线命令并按回车键确认

【提示】:指定第一个点或[对象(O)]:50,60   //输入样条曲线起点 A 坐标并按回车键确认

【提示】：指定下一个点:100,120 //输入样条曲线下一点 B 坐标并按回车键确认

【提示】：指定下一个点或［闭合(C)/拟合公差(F)］<起点切向>:F //选择拟合公差选项并按回车键确认

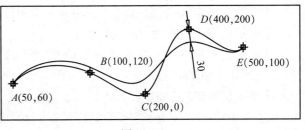

图 2 - 23

【提示】：输入拟合公差:30 //输入拟合公差并回车确认

【提示】：指定下一个点或［闭合(C)/拟合公差(F)］〈起点切向〉:200,0 //输入样条曲线下一点 C 坐标并回车确认

【提示】：指定下一个点或［闭合(C)/拟合公差(F)］<起点切向>：400,200 //输入样条曲线下一点 D 坐标并按回车键确认

【提示】：指定下一个点或［闭合(C)/拟合公差(F)］<起点切向>:500,100 //输入样条曲线下一点 E 坐标并按回车键确认

【提示】：指定下一个点或［闭合(C)/拟合公差(F)］<起点切向>： //直接按回车键

【提示】：指定起点切向://在起点 A 处单击屏幕上任意一点作为起点的切线方向并按回车键

【提示】：指定端点切向://在端点 E 处单击屏幕上任意一点作为端点的切线方向并按回车键

上述操作结果如图 2 - 23 所示。

2.1.10 绘制轨迹线命令（trace）

1. 命令功能

轨迹线是具有一定宽度的线段，即宽线。可绘制空心（见图 2 - 24（a））或实心（见图 2 - 24（b））的轨迹线。轨迹线是二维不透明实体，是一条有顶有底且为非零厚度的封闭柱面。但开始点可以指定 Z 坐标，确定其标高。trace 命令提示和 line 命令提示相同，区别是前者只能画直细（零宽度）的直线段，而 trace 可画非零宽度的线段，即填充矩形区域。

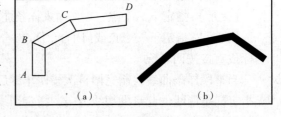

图 2 - 24

2. 基本操作

1）命令与提示

【命令】:trace //输入宽线绘制命令并按回车键确认

【提示】:指定宽线宽度<当前线宽>:

【提示】:指定起点:

【提示】:指定下一点:

【提示】:指定下一点:

2）选项含义

（1）指定轨迹线宽度 < 当前线宽 >：要求用户输入轨迹线的宽度。

（2）指定起点：要求输入轨迹线起点坐标。

（3）指定下一点：要求输入轨迹线经过的下一点坐标。

（4）指定下一点：继续上述提示重复出现，直到按回车或空格键结束。

3）用法说明

（1）轨迹线绘制过程中的提示与 line 命令相同，但 line 命令画线过程中立即显示所画线段，而 trace 则不立即显示正在画的线，当下一段绘制完才显示出上一段的绘制结果。原因是由于 trace 命令在绘制首尾相连的轨迹线时，要经过自动计算连接轨迹线的下一段使用的斜角后才显示出来，故不立即显示正在画的线段。

（2）轨迹线定位线是其中心线，起点和端点均位于中心线上。

（3）轨迹线有实心和空心两种。绘制命令相同，用系统变量 FILLMODE 或 FILL 命令来设置空心的轨迹线是否被填充为实心。

3. 操作示例

【示例 2 – 18】轨迹线绘制。

解：

【命令】:trace　//在命令提示符下输入绘制轨迹线命令并回车确认

【提示】:指定宽线宽度 <10 >:10　//指定线宽

【提示】:指定起点:30,50　//输入 A 点坐标

【提示】:指定下一点:@ 0,10　//输入 B 点相对于 A 点的相对坐标并回车

【提示】:指定下一点:@ 10,10　//输入 C 点相对于 B 点的相对坐标并回车

【提示】:指定下一点:@ 25,5　//输入 D 点相对于 C 点的相对坐标并回车

上述操作绘制轨迹线结果如图 2 – 24 （a）所示。

2.1.11　绘制云线命令（revcloud）

此命令供学生自己练习，了解命令与提示响应，摸索规律，总结操作步骤。

【上机操作练习题】

1. 利用 ray、circle 等命令画出如图2 – 25 （a）所示的图形。

2. 分别利用 arc、ray 等命令画出如图 2 – 25（b）所示的弧段。

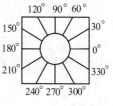

（a）　　　　　　　（b）

图 2 – 25

2.2 二维实体图元绘制

2.2.1 画圆命令（circle）

1. 命令功能

画圆命令已在第1章中介绍，这里为全面介绍二维实体图元绘制，这里再次讲解。输入此命令后首先出现的是画圆的选项，这些选项分别为：指定圆的圆心或［三点（3P）/两点（2P）/相切、相切、半径（T）］。每一个选项是一种画圆方式。默认选项是利用圆心和半径或直径画圆。上述的"两点"和"三点"选项，分别是指用圆周上的两点和三点位置（坐标）画圆，画出的圆分别经过指定的两个点或三个点；当选择此选项时，便会相继出现要求用户输入第一、第二、第三个点的坐标的提示，按提示输入后便会出现符合给定条件的圆。"相切、相切、半径（T）"选项是指画两条线的公切圆。当选择此选项后，鼠标光标会变作一个小方框，拖动鼠标光标到一条拟与圆相切图线上单击鼠标左键，就会出现一个带有一短横线和三个小点的小圆圈，这表明开始自动寻找切点；用同样的方法，再在另一条线上做相同的操作后，出现另一个带有一短横线和三个小点的小圆圈，继而出现提示输入圆的半径或直径，按提示输入后便会出现一个符合给定条件的圆。

2. 基本操作

1）输入命令

【命令】:circle∥输入 circle 命令并回车确认

2）命令与提示

在命令行输入 circle，回车后的紧后提示为：

指定圆的圆心或［三点(3P)/两点(2P)/相切、相切、半径(T)］:

AutoCAD 可以使用四种绘制圆的方法：其一，使用圆心坐标和直径（或半径）大小绘制圆；其二，用三点（3P）坐标画圆；其三，用两点（2P）坐标画圆；其四，与两条线画相切（T）的圆。默认方法是指定圆心和半径或直径绘制圆。

3. 操作示例

 【示例2-19】使用圆心坐标和直径（或半径）值绘制圆。

解：

【命令】:circle∥输入 circle,并回车确认

【提示】:指定圆的圆心或［三点(3P)/两点(2P)/相切、相切、半径(T)］:70,90 ∥输入圆心坐标

【提示】:指定圆的半径或［直径(D)］:30 ∥输入半径

上述操作绘制结果，如图2-26左上角的小圆所示。

【示例 2 – 20】 使用圆周上三点的坐标值绘制圆。

解：

【命令】:circle//输入 circle,并回车确认

【提示】:指定圆的圆心或［三点(3P)/两点(2P)/相切、相切、半径(T)］:3P　//输入 3P 选项

【提示】:指定圆周上的第一点:0,0　//输入 A 点坐标

【提示】:指定圆周上的第二点:173.21,100　//输入 B 点坐标

【提示】:指定圆周上的第三点:173.21,0　//输入 C 点坐标

上述操作绘制结果，如图 2 – 26 中通过 A、B、C 的大圆所示。

 【示例 2 – 21】 绘制与两个目标相切的圆。

解：

【命令】:circle//输入 circle,并回车确认

【提示】:指定圆的圆心或［三点(3P)/两点(2P)/相切、相切、半径(T)］:T　//输入 T 选项

【提示】:指定对象与圆的第一个切点:　//将目标拾取靶移动到 AC 线上单击鼠标左键

【提示】:指定对象与圆的第二个切点:　//将目标拾取靶移动到 AB 线上单击鼠标左键

【提示】:指定圆半径:20　//输入半径 20 个图形单位

上述操作绘制结果为图 2 – 26 中的 △ABC 中与 AB 和 AC 边相切的小圆。

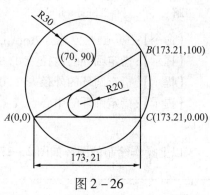

图 2 – 26

2. 2. 2　画圆环命令（donut）

1. 命令功能

输入画圆环命令 donut 后，首先出现的是画圆环的提示，这些提示分别要求用户输入圆环的内径和外径值。按提示要求输入后便会出现符合给定条件的圆环。当输入内径为零时可画实心圆。

2. 基本操作

1）输入命令

【命令】:donut//输入画圆环命令

2）命令与提示

指定圆环的内径 ＜0.5000＞：

指定圆环的外径 ＜1.0000＞：

指定圆环的中心点或 ＜退出＞：

表 2 － 4 绘出绘制圆环命令的提示信息及其含义。

表 2 － 4 绘制圆环命令的提示信息及其含义

提示信息	含 义
指定圆环的内径	要求输入圆环的内半径值
指定圆环的外径	要求输入圆环的外半径值
指定圆环的中心点或 ＜退出＞	要求输入圆环的中心点坐标，可输入坐标或进行目标捕捉

3. 操作示例

【示例 2 － 22】绘制内径为 80、外径 100、中心点坐标为（60，90）的圆环。

解：

【命令】：donut //输入 donut 并回车确认

【提示】：指定圆环的内径 ＜0.5000＞：80 //输入圆环的内半径值并按回车键确认

【提示】：指定圆环的外径 ＜1.0000＞：100 //输入圆环的外半径值并按回车键确认

【提示】：指定圆环的中心点或 ＜退出＞：60,90 //输入圆环的中心点坐标并按回车键确认

以上操作绘制的圆环如图 2 － 27（a）所示。

【示例 2 － 23】绘制外径为 100、内径为 0、中心点坐标为（240，90）的实心圆环。

解：

【命令】：donut //输入 donut 并回车确认

【提示】：指定圆环的内径 ＜0.5000＞：0 //输入圆环的内半径值并按回车键确认

【提示】：指定圆环的外径 ＜1.0000＞：100 //输入圆环的外半径值并按回车键确认

【提示】：指定圆环的中心点或 ＜退出＞：240,90 //输入圆环的中心点坐标并按回车键确认

以上操作绘制的实心圆环如图 2 － 27（b）所示。

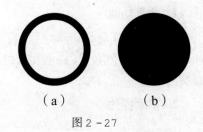

（a）　　　　（b）

图 2 － 27

2.2.3　画矩形命令（rectangle）

1. 命令功能

此命令用于绘制矩形、圆角矩形、倒角矩形和长方体，并可指定矩形四条边的宽度。

输入此命令后首先出现的是选项，这些选项分别为：指定第一个角点或［圆角（F）/倒角（C）/标高（E）/圆角（F）/厚度（T）/宽度（W）］。用这个命令不但可以画二维矩形，还可以绘制三维长方体表面。默认选项是指定矩形的角点。上述选项中，圆角和倒角选项分别绘制圆角和倒角矩形；标高和厚度选项用以绘制三维长方体表面，标高指长方体的底面相对于 XOY 平面的竖向距离，厚度指长方体在 Z 轴方向的高度。

2. 基本操作

1）输入命令

【命令】：rec//输入 rec 命令并回车确认

2）命令与提示

指定第一个角点或[倒角(C)/标高(E)/圆角(F)/厚度(T)/宽度(W)]:

3）选项含义

（1）指定第一个角点：默认方式画矩形，用对角线上的两个点画矩形。
（2）倒角：画出的矩形四个角为缺角矩形。
（3）标高：指定矩形底面的 Z 坐标，与"厚度"选项组合画长方体。
（4）圆角：画出的矩形四个角为圆弧形。
（5）厚度：指定矩形底、顶面的 Z 坐标差，与"标高"选项组合画长方体。
（6）宽度：画出的矩形的框宽度不为零。

3. 操作示例

【示例 2 - 24】 用两个角点位置绘制矩形。

解：

【命令】：rec　//输入 rectangle 命令的缩写并回车确认

【提示】：指定第一个角点或[倒角(C)/标高(E)/圆角(F)/厚度(T)/宽度(W)]: 0,0 //输入矩形左下角坐标并回车

【提示】：指定另一个角点或[面积(A)/尺寸(D)/旋转(R)]: 90,120//输入矩形右上角坐标并回车

矩形绘制结果如图 2 - 28（a）所示。

【示例 2 - 25】 绘制倒角矩形。

解：

【命令】：rec　//输入 rectangle 命令的缩写并回车确认

【提示】:指定第一个角点或[倒角(C)/标高(E)/圆角(F)/厚度(T)/宽度(W):C　//选择倒角方式绘制矩形

【提示】:指定矩形的第一个倒角距离:10　//输入第一倒角距离并回车

【提示】:指定矩形的第二个倒角距离:20　//输入第二倒角距离并回车

【提示】:指定第一个角点或[倒角(C)/标高(E)/圆角(F)/厚度(T)/宽度(W):0,0　//输入倒角矩形的左下角坐标并回车

【提示】:指定另一个角点或[面积(A)/尺寸(D)/旋转(R)]:90,120　//输入矩形的右上角坐标并回车

绘制的倒角矩形如图2-28（b）所示。

【示例2-26】绘制圆角矩形。

解:

【命令】:rec　//输入rectangle命令的缩写并回车确认

【提示】:指定第一个角点或[倒角(C)/标高(E)/圆角(F)/厚度(T)/宽度(W):F　//选择圆角方式绘制矩形

【提示】:指定矩形的圆角半径:20　//输入圆角半径并回车

【提示】:指定第一个角点或[倒角(C)/标高(E)/圆角(F)/厚度(T)/宽度(W):0,0　//输入矩形的左下角坐标并回车确认

【提示】:指定另一个角点或[面积(A)/尺寸(D)/旋转(R)]:90,120　//输入矩形的右上角坐标并回车确认

绘制的圆角矩形如图2-28（c）所示。

【示例2-27】绘制宽边矩形。

解:

【命令】:rec　//输入rectangle命令的缩写并回车确认

【提示】:指定第一个角点或[倒角(C)/标高(E)/圆角(F)/厚度(T)/宽度(W):W　//选择宽边矩形

【提示】:指定矩形的线宽〈0.0000〉:10

【提示】:指定第一个角点或[倒角(C)/标高(E)/圆角(F)/厚度(T)/宽度(W):0,0　//输入矩形的左下角坐标并回车确认

【提示】:指定另一个角点或[面积(A)/尺寸(D)/旋转(R)]:90,120　//输入矩形的右上角坐标并回车确认

绘制的宽边矩形如图2-28（d）所示。

【示例2-28】用"标高"和"厚度"选项绘制长方体。

解:

【命令】:rec　//输入rectangle命令的缩写并回车确认

【提示】:指定第一个角点或[倒角(C)/标高(E)/圆角(F)/厚度(T)/宽度(W):E　//选择标高选项

【提示】:指定矩形的标高:100　//输入矩形的标高值(底面的标高)并回车

【提示】:指定第一个角点或[倒角(C)/标高(E)/圆角(F)/厚度(T)/宽度(W):T　//选择"厚度"选项

【提示】:指定矩形的厚度〈0.0000〉:50//输入矩形厚度值并回车

【提示】:指定第一个角点或[倒角(C)/标高(E)/圆角(F)/厚度(T)/宽度(W):0,0　//输入倒角矩形的左下角坐标并回车确认

【提示】:指定另一个角点或[面积(A)/尺寸(D)/旋转(R)]:90,120　//输入倒角矩形的右上角坐标并回车确认

绘制的矩形如图2-28(e)所示。使用vpoint命令做图形显示的视点改变,可将上述长方体进行不同角度的立体显示,或将其在二维不同视图方向进行显示,如图2-28(f)所示。

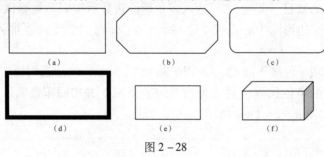

图 2-28

2.2.4　画正多边形命令（polygon）

1. 命令功能

这个命令的功能是绘制圆的内接和外切正多边形。输入此命令后首先出现的是选项,这些选项分别为:内接（I）/外切（C）。无论是圆的内接或外切多边形,上述选项中,都提供两种画法:① 利用多边形其中一条边的方位和长度画正多边形,② 用外切或内接圆的圆心和半径画正多边形。

2. 基本操作

1) 命令与提示

【命令】:polygon　//输入画正多边形的命令并按回车键确认

【提示】:输入边的数目:

【提示】:指定正多边形的中心点或[边(E)]:

【提示】:输入选项[内接于圆(I)/外切于圆(C)]<I>:

【提示】:指定圆的半径:

2) 选项含义

(1) 输入边的数目:输入正多边形的边数,最大为1 024,最小为3。

(2) 指定正多边形的中心点或[边（E）]:"指定正多边形的中心点"选项为默认选

项，即利用参考内接或外切圆画正多边形。"边（E）"则利用正多边形的一条边两个点的位置画正多边形，选择后会出现指定边两个端点的位置的提示，按提示作回应即可。

（3）"输入选项［内接于圆（I）/外切于圆（C）］＜I＞"，各项含义如下：

- 内接于圆（I）：绘制的多边形是一个虚拟圆（参照圆）的内接正多边形；
- 外切于圆（C）：绘制的多边形是一个虚拟圆（参照圆）的外切正多边形。

（4）指定圆的半径：指定上述虚拟圆（参照圆）的半径。

3. 操作示例

【示例2－29】利用参考内接或外切圆画正多边形。

解：

【命令】：polygon//输入命令并按回车键确认

【提示】：输入边的数目 ＜4＞：5//输入多边形的边数后按回车键确认

【提示】：指定正多边形的中心点或［边(E)］：212.49,114.38//输入多边形的中心点坐标

【提示】：输入选项［内接于圆(I)/外切于圆(C)］＜I＞：C//选用外切圆方式画多边形

【提示】：指定圆的半径：600//输入外切圆的半径600并按回车键确认

上述操作结果如图2－29（a）所示。

【示例2－30】利用一条边长度及其方位画正多边形。

解：

【命令】：polygon//输入命令并按回车键确认

【提示】：输入边的数目 ＜4＞：5//输入多边形的边数后按回车键确认

【提示】：指定正多边形的中心点或［边(E)］：E//选择用指定一条边绘制多边形的方式

【提示】：指定边的第一个端点：100,200//输入多边形一条边的一个端点 *A* 坐标并按回车键确认

【提示】：指定边的第二个端点：@500,100//输入多边形一条边的另一个端点 *B* 坐标并按回车键确认

上述操作结果见图2-29（b）所示。

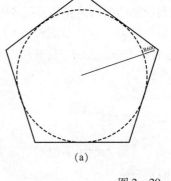
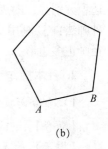

(a)   (b)

图2－29

2.2.5 画椭圆命令（ellipse）

1. 命令功能

ellipse 命令既可以画椭圆也可以画椭圆弧。输入此命令后首先出现的是绘制椭圆和椭圆

弧的选项，括号中默认选项是绘制椭圆。软件提供 3 种绘制椭圆的方法：① 利用长轴上的两个端点和偏心距画（简称两点一距画）；② 利用椭圆的圆心和长轴或短轴上的一个端点及偏心距画（简称一点一心一距画）；③ 利用旋转角度画，旋转角度画椭圆认为椭圆是由一个圆旋转一个角度再投影到平面上形成的。若在首先出现的选项中选择 A 即进入绘制椭圆弧方式。绘制椭圆弧的方式亦有 3 种：① 即利用起始角度和结束角度画；② 利用起始角度和包含角度画；③ 利用起始参数和结束参数画。

2. 基本操作

1）命令与提示

【命令】：ellipse∥输入画椭圆的命令并按回车确认

【提示】：指定椭圆的轴端点或［圆弧(A)/中心点(C)］：

【提示】：指定轴的另一个端点：

【提示】：指定另一条半轴长度或［旋转(R)］：

【提示】：指定圆的半径：

2）选项含义

（1）指定椭圆的轴端点或［圆弧（A）/中心点（C）］：括号外面的选项是默认选项，系统默认为两点一距画椭圆，即采用长轴或短轴的两个端点位置和偏心距画椭圆。

（2）指定轴的另一个端点：直接输入第一个端点位置后，接下来会出现上述另一个端点提示。

（3）指定另一条半轴长度或［旋转（R）］：另一个半轴长度的提示，依次响应即可完成。

（4）［旋转（R）］："旋转"选项画椭圆，认为椭圆是一个水平放置的圆绕着通过圆心的轴线旋转一定角度后再在投影到水平面上形成的，这个旋转角度越小，则画出的椭圆越扁；反之亦然。

（5）圆弧（A）：绘制椭圆弧的选项，选择此选项出现的子提示共有三句：第一句为：指定椭圆弧的轴端点或［中心点（C）］；第二句是：指定轴的另一个端点；第三句为：指定另一条半轴长度或［旋转（R）］。这三句话是提示用户在画椭圆弧的时候首先把椭圆绘出，响应这些提示会看到一个虚线的椭圆。接着出现以下一些开始画椭圆弧的提示：

● 指定起始角度或［参数（P）］：输入椭圆弧的起始角度，当输入起始角度后，接着提示：

● 指定终止角度或［参数（P）/包含角度（I）］：输入椭圆弧的终止位置对应角度或结束位置对应包含的角度大小。

如果在"指定起始角度或［参数（P）］"提示下选择 P，则是以参数方式绘制椭圆弧，接下来会出现子提示"指定起始参数（P）"以及"指定终止参数（P）"。起始参数和终止参数并不是起始角度和结束角度，而是使用下述参数方程计算起点、端点和包含角：

$$P(\xi) = [(X + a \cdot \cos \xi] \cdot \boldsymbol{i} + [(Y + b \cdot \sin \xi] \cdot \boldsymbol{j}$$

式中，X、Y 分别为椭圆二维中心点坐标，参数 a 为长半轴的长度，参数 b 为短半轴的长度，ξ 为 $0° \sim 360°$ 之间的任意角度，参数 $\boldsymbol{i}$ 和 $\boldsymbol{j}$ 分别为 X 和 Y 方向的单位矢量。

上述参数计算结果是用来确定从椭圆第一轴端点开始至参数确定点的椭圆扇形面积与全椭圆面积的比值。系统把用户的参数代入参数方程后，自动求出椭圆弧的开始点和结束点，然后按逆时针方向从开始点到结束点画弧。

3. 操作示例

【示例2-31】画椭圆。

解:

（1）用两点一距画。

【命令】:ellipse

【提示】:指定椭圆的轴端点或［圆弧(A)/中心点(C)］:50,80//输入长轴或短轴一个端点 A 坐标

【提示】:指定轴的另一个端点:@200,0//输入长轴或短轴另一个端点 B 坐标

【提示】:指定另一条半轴长度或［旋转(R)］:60//输入另一条半轴长度(此长度称偏心距)

上述操作结果如图2-30（a）所示。

（2）用一点一心一距画。

【命令】:ellipse

【提示】:指定椭圆的轴端点或［圆弧(A)/中心点(C)］:C

【提示】:指定椭圆的中心点:500,80//输入中心点 C 坐标

【提示】:指定轴的端点:@120,0//输入端点 B 的坐标

【提示】:指定另一条半轴长度或［旋转(R)］:200

上述操作结果如图2-30（b）所示。

（3）用旋转角度画。

解:

【命令】:ellipse

【提示】:指定椭圆的轴端点或［圆弧(A)/中心点(C)］:600,90//输入轴端点 A 坐标

【提示】:指定轴的另一个端点:@250,0//输入第一端点 B 坐标

【提示】:指定另一条半轴长度或［旋转(R)］:R//输入旋转项 R

【提示】:指定绕长轴旋转的角度:30//输入旋转角度

上述操作执行结果见图2-30（c）所示。

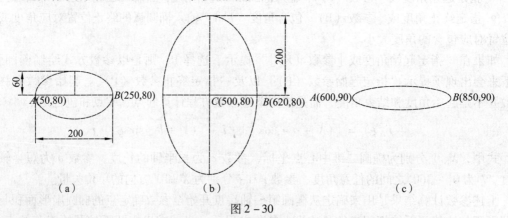

图2-30

【示例 2-32】画椭圆弧。

解：

（1）用起始角度和终止角度画。

【命令】：ellipse

【提示】：指定椭圆的轴端点或 [圆弧(A)/中心点(C)]：A

【提示】：指定椭圆弧的轴端点或 [中心点(C)]：210,10　　//输入 A 点坐标

【提示】：指定轴的另一个端点：10,10　　//输入 B 点坐标

【提示】：指定另一条半轴长度或 [旋转(R)]：60　　//输入半轴长度

【提示】：指定起始角度或 [参数(P)]：30　　//输入起始角度

【提示】：指定终止角度或 [参数(P)/包含角度(I)]：90　　//输入终止角度

上述操作执行结果见图 2-31（a）所示。

（2）用起始参数和终止参数画。

【命令】：ellipse

【提示】：指定椭圆的轴端点或 [圆弧(A)/中心点(C)]：A　　//画圆弧选项

【提示】：指定椭圆弧的轴端点或 [中心点(C)]：210,10　　//输入 A 点坐标回车确认

【提示】：指定轴的另一个端点：10,10　　//输入 B 点坐标

【提示】：指定另一条半轴长度或 [旋转(R)]：60　　//输入半轴长度

【提示】：指定起始角度或 [参数(P)]：P　　//选择用参数方式画椭圆弧

【提示】：指定起始参数或 [角度(A)]：30　　//输入起始参数值

【提示】：指定终止参数或 [角度(A)/包含角度(I)]：90　　//输入终止参数值

上述操作执行结果见图 2-31（b）所示。

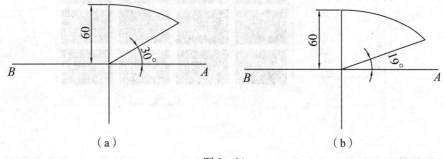

（a）　　　　　　　　　　　　　　　（b）

图 2-31

【上机操作练习题】

利用 ellipse 绘制通过下列 A、B、C 三个点的椭圆图形和 AB 椭圆弧，如图 2-32 所示。

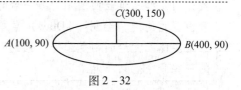

图 2-32

2.3 三维基本形体表面图元绘制

由于复杂的三维实体是由一些简单的三维实体元通过对其组合或抽取分解而形成，这种组合和分解实际上就是三维图形的编辑与三位布尔运算。因此在绘制三维图形时首先要学会基本三维实体图元的绘制。

三维图形亦称三维模型，其表达方式由轴测图、曲面、实体等。轴测图是用二维图形来示意三维图形的框架，本身属于平面图形，并非三维体。曲面表示的三维图形只有面，内部是空的；实体建立的模型则可以认为是真正的实体。

AutoCAD 提供了基本形体函数库，用户可以通过"绘图"菜单打开"三维对象"对话框（见图 2–33），从中选择三维对象类型，也可以输入命令执行。

在图 2–33 所示的对话框中，列出了 9 种三维对象，包括长方体表面（box）、棱锥表面（pyramid）、楔体（wedge）、上半球（dome）、球面（sphere）、圆锥面（cone）、圆环面（torus）、下半球（hemisphere）、网络（mesh）形体。单击这些形体的某一个面，命令行弹出相应的命令并显示相应的提示，只要按照提示执行即可绘制。下面介绍这些三维对象的绘制方法。

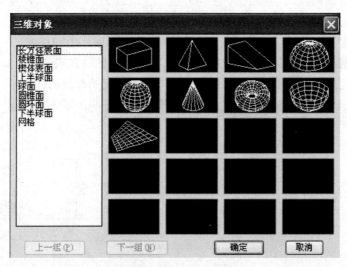

图 2–33

> **提示**：三维表面形体图元绘制命令基本上就是这些形体的英语单词名称。一些三维实体图元和三维表面图元的命令名称是相同的，在选择菜单时应注意区分，凡绘制三维表面图元使用"绘制"（Draw）菜单中"三维表面"（Surface）子菜单的命令；而基本三维实体图元绘制则是选择"绘制"（Draw）菜单中"三维实体"（Solids）子菜单中的一些命令。切莫混淆。

2.3.1 绘制长方体表面命令（ai_box）

1. 命令功能

绘制出一个长方体表面，相当于一个空盒子。

2. 基本操作

在 AutoCAD 12 及以上版本中三维表面实体图元绘制均是在命令行输入 mesh（三维网格），之后提示为：当前平滑度设置为：输入选项［长方体（B）/圆锥体（C）/圆柱体（CY）/棱锥体（P）/球体（S）/楔体（W）/圆环体（T）/设置（SE）］＜长方体＞，用户选择选项便会出现该选项相应提示，用户按提示完成即可。

在 AutoCAD 2004 版中，其命令和提示如下。

1）命令与提示

【命令】:ai_box//输入绘制长方体表面命令并按回车键确认

【提示】:指定第一个角点或[中心(C)]:

【提示】:指定其他角点或[立方体(C)/长度(L)]:

【提示】:指定高度或[两点(2P)]:

2）选项含义

（1）指定第一个角点或［中心（C）］：指定长方体的角点是系统的默认选项，要求输入长方体的顶点坐标。"中心（C）"是选择输入长方体的中心点坐标。

（2）指定其他角点或［立方体（C）/长度（L）］：选项中的"指定其他角点"与首级提示的默认选项配成完整的一对构图条件，即要求输入另一个角点坐标。"立方体（C）"创建一个长、宽、高相等的实体。"长度（L）"定义长方体的长度。

（3）指定高度或［两点（2P）］：指定长方体的高度，即 Z 轴方向的厚度。也可以通过"两点（2P）"选项指定两点来确定长方体的厚度。

3. 操作示例

【示例 2 – 33】 绘制如图 2 – 34 所示的长方体表面。

【命令】: ai_box
【提示】:指定第一个角点或[中心(C)]:0,0,0
【提示】:指定其他角点或[立方体(C)/长度(L)]:@ 270,340,0
【提示】:指定高度或[两点(2P)]:400

上述操作结果是一个长方体，如图 2 – 34 （a）所示；用"西南等轴侧视图"改变视点后，如图 2 –34 （b）所示。

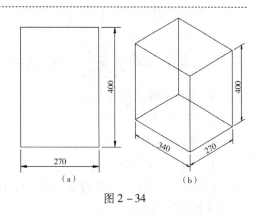

图 2 –34

2.3.2　绘制球体表面命令（ai_sphere）

1. 命令功能

绘制一个空心球体表面。

2. 基本操作

从 AutoCAD 2012 版开始，球体表面绘制用 mesh（三维网格）命令，在之后的选项中，用户只要在选项中选择"球体"后按提示完成操作即可，在 AutoCAD 2004 版中如下所述。

1）命令与提示

【命令】：ai_sphere

【提示】：指定中心点或［三点(3P)/二点(2P)/相切、相切、半径(T)］：

【提示】：指定半径或［直径(D)］：

2）选项含义

（1）指定中心点或［三点（3P）/二点（2P）/相切、相切、半径（T）］：要求指定球体中心位置坐标。

（2）指定半径或［直径（D）］：要求输入球体的半径或直径值。

3. 操作示例

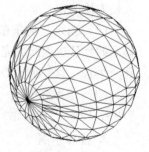

【示例2-34】 绘制中心点坐标为（200，200，0）、半径为 500 个图形单位的球面。

解：

【命令】：ai_sphere

【提示】：指定中心点或［三点(3P)/二点(2P)/相切、相切、半径(T)］:200,200,0

【提示】：指定半径或［直径(D)］:500

上述操作执行结果如图 2-35 所示。

图 2-35

2.3.3　绘制圆锥面命令（ai_cone）

1. 命令功能

绘制圆锥体表面。

2. 基本操作

从 AutoCAD 2012 版开始，圆锥面绘制是用 mesh（三维网格）命令，在其后的选项中选择"圆锥体"选项，之后按该选项相应的提示操作完成。但在 AutoCAD 2004 版等一些版本中基本操作如下所述。

1）命令与提示

【命令】:ai_cone

【提示】:指定底面的中心点或[三点(3P)/二点(2P)/相切、相切、半径(T)/椭圆(E)]:

【提示】:指定底面半径或[直径(D)]:

【提示】:指定高度或[两点(2P)/轴端点(A)/顶面半径(T)]:

2）选项含义

（1）指定底面的中心点或［三点（3P）/二点（2P）/相切、相切、半径（T）/椭圆（E）］：默认选项是输入圆锥体底面的中心位置坐标，其中括号里的选项是画椭圆锥面的选项，选择此项并按其子提示操作，画出的将是椭圆锥面。

（2）指定底面半径或［直径（D）］：定义圆锥体底面的半径或直径值。

（3）指定高度或［两点（2P）/轴端点（A）/顶面半径（T）］：指定或输入圆锥体的高度或顶点的三维坐标或顶面半径。

3. 操作示例

【示例2-35】绘制中心点坐标为（100，100，0）、半径为400、高度为500个图形单位的圆锥体表面。

解：

【命令】: ai_cone

【提示】:指定底面的中心点或[三点(3P)/二点(2P)/相切、相切、半径(T)/椭圆(E)]:100,100,0

【提示】:指定底面半径或[直径(D)]:400

【提示】:指定高度或［两点（2P）/轴端点（A）/顶面半径（T）］:500

上述操作结果如图2-36所示。

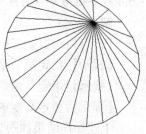

图2-36

2.3.4 绘制楔体表面命令（ai_wedge）

1. 命令功能

绘制楔体表面。

2. 基本操作

从 AutoCAD 2012 版开始，使用 mesh（三维网络）命令绘制楔体表面，在其后的选项中选择"楔体"选项，之后再按该选项相应的提示操作完成。在 AutoCAD 2004 版等一些低版本中，基本操作如下所述。

1）命令与提示

【命令】: ai_wedge

【提示】:指定第一个角点或[中心(C)]:

【提示】:指定其他角点或[立方体(C)/长度(L)]:

【提示】:指定高度或[两点(2P)]:

2）选项含义

（1）指定第一个角点或［中心（C）］：默认选项是输入楔体底面的第一个点坐标，其中括号里的选项是利用底面中心点绘制的选项，选择此项并响应其子提示，将按照底面中心点位置绘制。

（2）指定其他角点或［立方体（C）/长度（L）］：选项中的"指定其他角点"与首级提示的默认选项配成完整的一对构图条件，即要求输入楔体底面另一个角点坐标。"立方体（C）"子选项是指创建一个长、宽、高相等的实体。"长度（L）"子选项是定义楔体底面边的长度。

（3）指定高度或［两点（2P）］：指定楔体的高度，即 Z 轴方向的厚度。或通过"两点（2P）"选项指定高度。

3. 操作示例

【示例 2－36】绘制底面宽度和长度分别为 200，500，高度为 400 个图形单位的楔体表面。

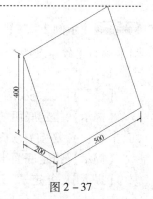

解：

【命令】：ai_wedge

【提示】：指定第一个角点或［中心(C)］:0,0,0

【提示】：指定其他角点或［立方体(C)/长度(L)］:@ 200,500

【提示】：指定高度或［两点(2P)］:400

上述操作结果如图 2－37 所示。

图 2－37

2.3.5 绘制圆环面命令（ai_torus）

1. 命令功能

绘制圆环体表面。

2. 基本操作

从 AutoCAD 2012 版开始，绘制圆环体表面时用 mesh（三维网格）命令，在其后的选项中选择"圆环"选项，之后按照该选项相应的提示操作完成。但在 AutoCAD 2004 等一些低版本中其基本操作如下所述。

1）命令与提示

【命令】：ai_torus

【提示】：指定中心点或［三点(3P)/两点(2P)/相切、相切、半径(T)］:

【提示】：指定半径或［直径(D)］:

【提示】：指定圆管半径或［两点(2P)/直径(D)］:

2）选项含义

（1）指定中心点或［三点（3P）/二点（2P）/相切、相切、半径（T）］：指定圆环体中心点的坐标。

（2）指定半径或［直径（D）］：输入圆环体中心线的半径或直径。

（3）指定圆管半径或［两点（2P）/直径（D）］：输入圆环体的圆管半径或直径。

3. 操作示例

【**示例 2－37**】绘制中心坐标为（0，0，0）、中心线半径为 200、圆管半径为 20 个图形单位的圆环体表面。

解：

【命令】：ai_torus

【提示】：指定中心点或［三点(3P)/二点(2P)/相切、相切、半径(T)］：0,0,0

【提示】：指定半径或［直径(D)］:200

【提示】：指定圆管半径或［两点(2P)/直径(D)］:20

上述操作结果如图 2－38 所示。

图 2－38

以上介绍的是一部分规则三维表面实体元绘制，可见绘图规律大同小异。读者可以仿照前面介绍的几种图元绘制规律，学习其他规则表面图元的绘制方法，在此由于本书篇幅所限，兹不详述。

2.4　绘制基本三维实体

基本三维实体是三维绘图中的基本实体图元，也是构成复杂实体的基础。基本三维实体包括长方体（box）、圆柱体（cylinder）、圆锥体（cone）、棱锥体（pyramid）、楔体（wedge）、球体（sphere）、圆环（torus）等。

2.4.1　绘制长方体命令（box）

1. 命令功能

绘制长方体。

2. 基本操作

1）命令与提示

【命令】:box

【提示】:指定第一个角点或［中心(C)］:

【提示】:指定其他角点或［立方体(C)/长度(L)］:

【提示】:指定高度:

2）选项含义

（1）指定第一个角点或［中心（C）］：指定长方体的角点是系统的默认选项，要求输入长方体的顶点坐标。括号中的"中心（C）"需要选择长方体的中心点坐标。

（2）指定其他角点或［立方体（C）/长度（L）］：选项中的"指定其他角点"为默认选项，是用两个角点位置确定长方体底面大小选项，它与第一句提示正好配成完整的一对构图条件。"立方体（C）"选项是指创建一个长、宽、高相等的正方体。"长度（L）"选项是指用长方体的长度、宽度和高度确定长方体大小的选项。

（3）指定高度：指定长方体的高度，即 Z 轴方向的厚度。

3. 操作示例

【示例2-38】绘制一个长为5、宽为6、高为7个图形单位的长方体。

解：

【命令】：box

【提示】：指定第一个角点或［中心(C)］：

【提示】：指定其他角点或［立方体(C)/长度(L)］：L

【提示】：指定长度：5

【提示】：指定宽度：6

【提示】：指定高度：7

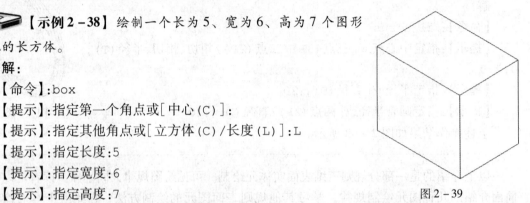

图2-39

将上述操作绘制结果用"西南等轴侧视图"观看，如图2-39所示。

2.4.2　绘制圆柱体命令（cylinder）

1. 命令功能

绘制圆柱体。

2. 基本操作

1）命令与提示

【命令】：cylinder

【提示】：指定底面的中心点或［三点(3 P)/二点(2P)/相切、相切、半径(T)/椭圆(E)］：

【提示】：指定底面半径或［直径(D)］：

【提示】：指定高度或［两点(2P)/轴端点(A)］：

2）选项含义

（1）指定底面的中心点或［三点（3P）/二点（2P）/相切、相切、半径（T）/椭圆（E）］：默认选项是输入圆柱体底面的中心点坐标，其中括号里的选项是画椭圆柱面的选项，选择此项并响应其子提示，画出的将是椭圆柱体。

（2）指定底面半径或［直径（D）］：定义圆柱体底面的半径或直径。

（3）指定高度或［两点（2P）/轴端点（A）］：指定圆柱体的高度或顶面圆心点的三维坐标，或用两点方式指定高度。

3. 操作示例

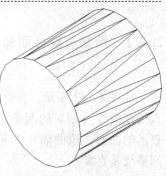

【示例 2 - 39】 绘制中心点坐标为（0，0，0）、底面半径 100、高 200 个图形单位的圆柱体。

解：

【命令】：cylinder

【提示】：指定底面的中心点或［三点（3P）/二点（2P）/相切、裙切、半径（T）/椭圆（E）］：0,0,0

【提示】：指定底面半径或［直径（D）］：100

【提示】：指定高度或［两点（2P）/轴端点（A）］：200

将上述操作绘制结果用"西南等轴侧视图"观看，如图 2 - 40 所示。

图 2 - 40

2.4.3　绘制圆球体命令（sphere）

1. 命令功能

绘制圆球体。

2. 基本操作

1）命令与提示

【命令】：sphere

【提示】：指定中心点或［三点（3P）/二点（2P）/相切、相切、半径（T）］：

【提示】：指定半径［或直径（D）］：

2）选项含义

（1）指定中心点或［三点（3P）/二点（2P）/相切、相切、半径（T）］：指定球体中心点位置，或选择其他绘制选项。

（2）指定半径［或直径（D）］：输入球体的半径或直径，默认选项是输入半径。

3. 操作示例

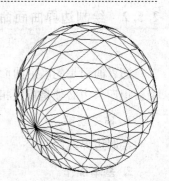

【示例 2 - 40】 绘制中心点坐标为（100，200，300）、半径为 500 个图形单位的圆球体，如图 2 - 41 所示。

解：

【命令】：sphere

【提示】：指定中心点或［三点（3P）/二点（2P）/相切、相切、半径（T）］：100,200,300

【提示】：指定半径［或直径］：500

上述操作绘制球体结果如图 2 - 41 所示。

图 2 - 41

2.5　绘制特殊曲面

2.5.1　绘制直纹曲面命令（rulesurf）

如图 2-42 所示，直纹曲面是指由两条指定的直线或曲线为相对的两条边而生成的用三维网格表示的曲面，该曲面在两相对直线或曲线之间的网格线是直线。

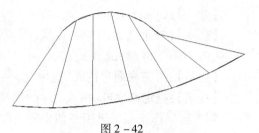

图 2-42

1. 命令功能

绘制直纹曲面。

2. 基本操作

【命令】：rulesurf

【提示】：选择第一条定义曲线：

【提示】：选择第二条定义曲线：

3. 操作示例

【示例2-41】 当前屏幕上有一条直线和一条曲线形多段线，用这两条线绘制直纹曲面。

解：

【命令】：rulesurf

【提示】：选择第一条定义曲线：

【提示】：选择第二条定义曲线：

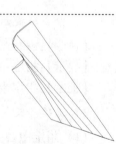

图 2-43

至此，直线曲面生成，视觉上是由面轮廓线直接连接两条线，如图 2-43 所示。

2.5.2　绘制边界曲面命令（edgesurf）

边界曲面是先确定曲面的四条边，再用四条边来生成曲面。创建曲面的四条边可以不共面。但四条边必须是首尾相连的封闭图形，作为边的曲线可以是直线、圆弧及多段线。

1. 命令功能

绘制边界曲面。

2. 基本操作

【命令】：edgesurf

【提示】:选择用作曲面边界的对象 1:

【提示】:选择用作曲面边界的对象 2:

【提示】:选择用作曲面边界的对象 3:

【提示】:选择用作曲面边界的对象 4:

3. 操作示例

【示例 2 - 42】 *AB*、*BC*、*CD*、*DA* 四条线绘制边界曲面。

解:

（1）绘制空间曲线四边形。

① 绘制一条平面多段线边。

在水平面内用 pline 命令绘制一条弧线，如图 2 - 44 所示的 *AB* 段。

② 绘制另外三条空间直线边。

在命令提示符下启动 line 画线命令画一条三维直线。

【命令】:line

【提示】:指定第一点:0,0,0 // 输入

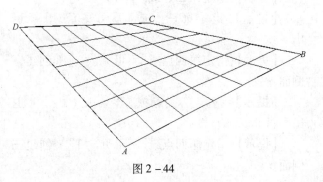

图 2 - 44

B 点三维坐标

【提示】:指定下一点或[闭合(C)/取消(U)]:@ 5,0,8 // 输入 *C* 点三维坐标

【提示】:指定下一点或[闭合(C)/取消(U)]:@ 1,2,3 // 输入 *D* 点三维坐标

【提示】:指定下一点或[闭合(C)/取消(U)]:@ -4,3,8 // 输入 *A* 点三维坐标

【提示】:指定下一点或[闭合(C)/取消(U)]: // 回车结束画线

上述操作绘得封闭的三维曲线，如图 2 - 44 所示。

（2）绘制边界曲面。

【命令】:edgesurf

【提示】:选择用作曲面边界的对象 1:选择 *AB*

【提示】:选择用作曲面边界的对象 2:选择 *BC*

【提示】:选择用作曲面边界的对象 3:选择 *CD*

【提示】:选择用作曲面边界的对象 4:选择 *DA*

上述操作执行结果如图 2 - 44 所示。

2.5.3　绘制任意三维面命令（3dface）

利用 3dface 命令可以构建三维空间任意位置的三维面，3dface 命令绘制是由三到四个顶点作为一个小平面，整个绘制过程实际上是一个小平面接着一个小平面绘制，最后相互连接，构成大平面（见图 2 - 45）。平面顶点可以有不同的 *X*、*Y*、*Z* 坐标，但不超过 4 个顶

点。只有当 4 个顶点共面时，这 4 个顶点确定的平面存在。在第一次输入完毕 4 个顶点后，系统自动将最后两个顶点当作下一个三维平面的第一个、第二个顶点，继续出现提示符，要求用户输入下一个平面的第三个和第四个顶点坐标。

1. 命令功能

绘制任意三维面。

2. 基本操作

【命令】:3dface

【提示】:指定第一点或[不可见(I)]:

【提示】:指定第二点或[不可见(I)]:

【提示】:指定第三点或[不可见(I)]＜退出＞:

【提示】:指定第四点或[不可见(I)]＜创建三侧面＞:

【提示】:指定第三点或[不可见(I)]＜退出＞:

【提示】:指定第四点或[不可见(I)]＜创建三侧面＞:

……

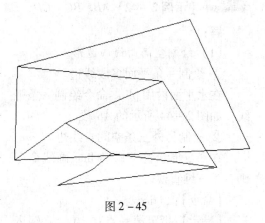

图 2-45

3. 操作示例

【示例 2-43】用 3dface 命令绘制一个长方体表面。

解:

【命令】:3dface

【提示】:指定第一点或[不可见(I)]:3,3,0

【提示】:指定第二点或[不可见(I)]:8,3,0,

【提示】:指定第三点或[不可见(I)]＜退出＞:8,8,0

【提示】:指定第四点或[不可见(I)]＜创建三侧面＞:3,8,0

【提示】:指定第三点或[不可见(I)]＜退出＞:3,8,5

【提示】:指定第四点或[不可见(I)]＜创建三侧面＞:8,3,5

【提示】:指定第三点或[不可见(I)]＜退出＞:3,3,5

【提示】:指定第四点或[不可见(I)]＜创建三侧面＞:8,8,5

【提示】:指定第三点或[不可见(I)]＜退出＞:3,3,0

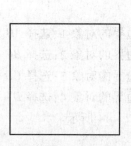

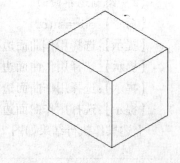

图 2-46   图 2-47

【提示】:指定第四点或[不可见(I)]<创建三侧面>:8,3,0
【提示】:指定第三点或[不可见(I)]<退出>:3,3,0∥回车退出
上述操作结果为正方体外壳（见图2-46），用改变视点命令观看，结果如图2-47所示。

2.6　本章小结

图元是构成复杂图形的基础。本章介绍了常用的 11 个二维点、线图元绘制命令，若干二维实体元、三维表面元、三维实体元绘制命令，以及二维图元中唯一的一个可以同时绘制三维和二维图形的 rec 命令。

绘制三维图元时，可以通过 vpoint 命令使其三维显示，否则无法准确判断绘制结果。每个命令都是按照"输入命令→出现提示→响应提示"的步骤进行操作，不同的命令出现的提示是不同的。注意执行时选择默认选项与选择另外选项的区别。不管哪一种，只有当该选项所有提示都执行完毕后才可以执行新选项。选项、提示和响应方法是：当有选项时，先选择选项，没有选项而只有提示时，则直接响应提示。大部分的提示是要求指定点位，可通过输入坐标或采用目标捕捉方法响应。输入命令时可以输入命令全名，也可以输入命令缩写。命令缩写由 AutoCAD 中"PGP"文件定义，这个文件中指定哪个（或几个）字母是哪个命令的缩写。

第 3 章

图 形 编 辑

3.1 图形编辑命令及其使用特点

3.1.1 图形编辑与常用编辑命令

图形编辑是指在绘图过程中对图形的修改，包括删除、恢复、移动、复制、修剪、延伸、镜像、阵列等。常用的图形编辑命令列于表 3－1。

表 3－1 常见的图形编辑命令

序号	命令	基本功能	序号	命令	功 能	序号	命令	功能
1	erase	删除实体	18	array	阵列实体	35	interfere	三维干涉
2	oops	恢复实体	19	rotate	旋转实体	36	mirror3d	三维图形镜像
3	move	移动实体	20	extend	延伸实体	37	solidedit	三维高级编辑
4	copy	复制实体	21	chamfer	图形倒角	38	dimedit	修改尺寸标注文本
5	scale	变比实体	22	fillet	图形圆角	39	dimstyle	修改尺寸标注类型
6	offset	偏移实体	23	mledit	多线编辑	40	splinedit	编辑样条曲线
7	stretch	拉伸实体	24	insertobj	插入对象	41	dimscale	改变尺寸比例
8	lengthen	延长实体	25	align	三维对齐	42	pedit	多义线编辑
9	explode	分解实体	26	slice	三维剖切	43	ddedit	编辑文字内容
10	measure	测量实体	27	section	三维剖面	44	linetype	线型编辑
11	mirror	镜像实体	28	chamfer	三维倒角	45	dimreassociate	关联尺寸标注
12	change	改变实体	29	fillet	三维圆角	50	scaletext	调整文字比例
13	join	合并图形	30	union	三维并集	51	properties	特性修改
14	color	颜色编辑	31	subtract	三维差集	52	matchprop	特性匹配
15	trim	剪切实体	32	intersect	三维交集	53	style	文字字体编辑
16	break	打断实体	33	3darray	三维阵列	54	area	面积计算
17	divide	等分实体	34	attdef	图块编辑	55	cal	列式计算

3.1.2 编辑命令的使用特点

凡是编辑命令，输入后首先出现的提示都是相同的，即要求选择实体（英文提示为：Select Object；中文提示为：选择对象）的提示，同时鼠标光标由十字变为小方框，这个小方框叫做目标拾取靶。选取目标的方法有三种：其一是点选；其二是框选；其三是条件选择。框选是在复杂图形群中选择拟选对象的有效方法，使用时只要在选择实体的提示后键入英文字母 PL，即在命令窗口出现条件选择的提示，酌情选择。

3.2　常用的二维图形编辑命令

3.2.1　删除实体命令（erase）

1. 命令功能

删除指定的实体。

2. 基本操作

1）输入命令

【命令】：erase∥输入删除图线命令 erase 并回车确认

2）响应提示

【提示】：选择对象：选择对象提示后输入拟删除的对象

此时屏幕上的鼠标光标由"十"变为"□"，这个小方框叫做目标拾取靶，其含义是等待用户在屏幕上选择实体，选择的办法是把这个目标拾取靶点移动到图线上任意一点后单击鼠标左键（点选目标），或把拾取靶移动到图线外左上角点单击鼠标左键，再移动到图线外右下角点单击鼠标左键（框选目标），目标图线变成虚线状态，表示已经选中目标。

3. 操作示例

【示例 3-1】如图 3-1 所示，当前屏幕上有一个椭圆、一个正多边形和一个同心圆，请使用 erase 命令，将其中的椭圆和正多边形从当前屏幕上删除。

解：

【命令】：erase∥输入删除图线命令 erase 并回车确认

【提示】：选择对象：用点选方法选择椭圆，方法是将目标拾取靶移动到椭圆周上任意一点后单击鼠标左键，椭圆变虚，表明已经选中，如图 3-2 所示

【提示】：选择对象：∥回车确认对象删除。屏幕上的椭圆消失，如图 3-3 所示

【命令】：erase∥输入删除图线命令 erase 并回车确认

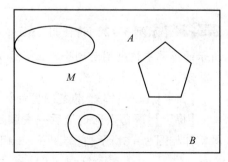

图 3-1

【提示】：选择对象：用框选方法选择正多边形，方法是鼠标光标单击 A，再单击 B，如图 3-4 所示。多边形变虚，表明已经选中

【提示】：选择对象：∥回车确认对象删除。屏幕上的正多边形消失，如图 3-5 所示

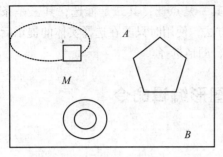

图 3 - 2

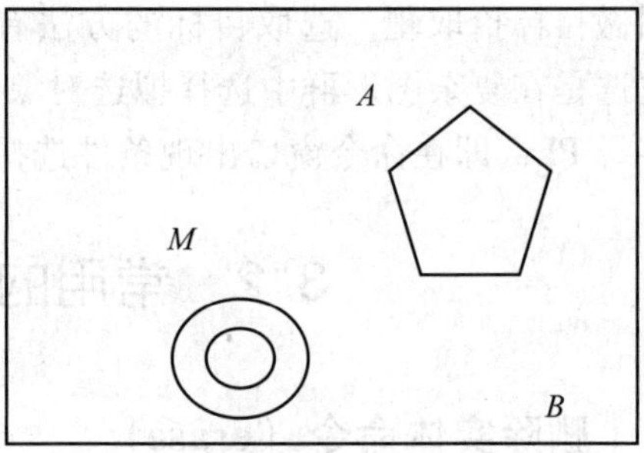

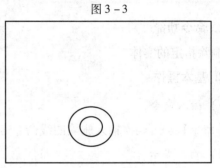

图 3 - 3

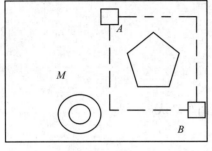

图 3 - 4

图 3 - 5

3.2.2　恢复实体命令（oops）

1. 命令功能

恢复最后一次删除的实体。

2. 基本操作

1）输入命令

【命令】：oops∥输入恢复图线命令 oops 并回车确认

2）响应提示

没有提示。

3. 操作示例

【示例 3 - 2】请使用 oops 命令，在如图 3 - 5
所示的屏幕中恢复刚刚删除的正多边形实体。

　　解：

　　【命令】：oops∥输入恢复图线命令 oops 并回车确认
　　【提示】：屏幕上出现最后一次删除的实体,被恢复
的实体如图 3 - 6 所示,它与图 3 - 3 相同。

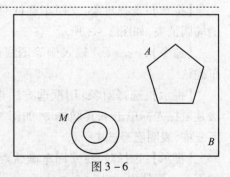

图 3 - 6

4. 注意事项

（1）oops 命令与 U 命令恢复删除的图形并不相同，U 命令必须紧跟在删除命令之后执行，如果是恢复建块时删除的图形，同时也将所建的块及其定义删除，oops 命令可以在删除命令执行过后较长一段时间后来恢复最后一次被删除的图形。如果是恢复建块时的图形，并不会改变已经建立好的块及其定义。

（2）oops 不能恢复图层上被 purge 命令删除的对象。

3.2.3　复制实体命令（copy）

复制实体是指对图形中相同或相近的对象，不论其复杂程度如何，只要完成一个后，便可以通过复制命令产生若干个。利用复制命令可以避免同样的图形反复绘制，减少重复工作。

1. 命令功能

从一个位置向另一个位置复制实体。

2. 基本操作

1）输入命令

在命令提示符下输入 copy 命令并回车确认。

2）命令与提示

【提示】:选择对象:

【提示】:指定基点或位移 < 位移 >:

【提示】:指定第二个点或 < 使用第一个点作为位移 >

【提示】:指定第二个点或［退出（E）/放弃（U）］< 退出 >:

3）提示含义

选择对象：选取欲复制的对象，此时十字光标变为目标拾取靶，用户可用点选或框选的方法选取目标。

基点：复制对象的参考点，可用目标捕捉或输入坐标的方法响应。

位移：原对象和目标对象之间的位移，可用目标捕捉或输入坐标的方法响应。

指定第二个点：指定第二点来确定位移，第一点就是基点。

使用第一个点作为位移：在提示输入第二点时回车，则系统自动以第一点的坐标作为位移基点。

3. 操作示例

- -

【示例 3 - 3】如图 3 - 7 所示，当前屏幕上 *M* 点处有一个正多边形，其下面有一条直线 *AB*，将这个正多边形分别复制到直线的左端点 *A*、中点 *C* 和右端点 *B* 处。

解:

（1）一次复制一个实体。

【命令】:copy//在命令提示符下输入 copy 命令并回车确认

【提示】:选择对象:用点选或框选法选择正多边形

【提示】:选择对象: ∥回车结束选择

【提示】:指定基点或位移＜位移＞:用目标捕捉的方法捕捉正多边形上特征点 M

【提示】:指定第二个点或＜使用第一个点作为位移＞:捕捉 AB 直线的中点 C,见图 3 - 7(a)

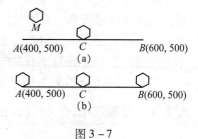

图 3 - 7

（2）一次复制多个实体。

【命令】:copy∥在命令提示符下输入 copy 命令并回车确认

【提示】:指定基点或位移＜位移＞:用目标捕捉的方法捕捉正多边形上特征点 M

【提示】:指定第二个点或＜使用第一个点作为位移＞:捕捉 AB 直线左端点 A

【提示】:指定第二个点或＜使用第一个点作为位移＞:捕捉 AB 直线中点 C

【提示】:指定第二个点或＜使用第一个点作为位移＞:捕捉 AB 直线右端点 B

以上操作结果如图 3 - 7（b）所示。

----

4. 注意事项

（1）复制实体关键要善于使用目标捕捉方法，捕捉时要善于利用各种选择目标的方法。

（2）为提高绘图速度和精度，要正确利用辅助绘图功能，如对象捕捉、栅格功能等精确绘图工具。

（3）位移基点提示出现后，最好将基点选择在被复制对象的特征点上，如圆的圆心、多边形的角点等图形特殊位置处；特征点选择最好用目标捕捉的方法完成。

3. 2. 4　镜像实体命令（mirror）

mirror 命令用来将图中现存实体进行镜像拷贝。所谓镜像拷贝，就是按照指定的镜像线经过镜射变换来拷贝图形。对称复制的镜面叫做镜像线，它可以是水平方向的，也可以是竖直方向的，还可以是任意倾斜角度，镜像线通常由线上任意两点确定，镜像变换后，对原有实体可以保留或删除。在实际工作中，对于对称的实体，一般只要绘制出其一半的图形或四分之一图形即可，其余可使用镜像的方法进行复制，这样可以大幅度减少绘图的难度。

1. 命令功能

对称复制实体。

2. 基本操作

1）命令与提示

【命令】:mirror∥输入镜像命令并按回车键确认

【提示】:选择对象:

【提示】:指定镜像线的第一点:

【提示】:指定镜像线的第二点:

【提示】:是否删除源对象? ［是(Y)/否(N)］＜N＞:

2）提示含义

选择对象：选取欲镜像的对象，此时十字光标变为目标拾取靶，用户可用点选或框选的方法选取目标。

指定镜像线的第一点：输入镜像轴线的第一点坐标或目标捕捉已有的点作为镜像轴线上的第一点。

指定镜像线的第二点：输入镜像轴线的第二点坐标或目标捕捉已有的点作为镜像轴线上的第二点。

是否删除源对象？［是（Y）/否（N）］＜N＞：如果选择是（Y），相当于将对象对称复制在与原图对称的新位置，若选择否（N），则是对称复制对象而仍然保留原对象。

3. 操作示例

【**示例 3－4**】将图 3－8 中 AB 直线左边的图形，对称复制到 AB 线的右边，不删除原来的图形。

解：

【命令】：mirror//输入镜像命令并按回车键确认

【提示】：选择对象://用点选或框选的方法选择 AB 直线左侧的图形

【提示】：指定镜像线的第一点://输入 A 点坐标或用目标捕捉的方法捕捉 A 点

【提示】：指定镜像线的第二点://输入 B 点坐标或用目标捕捉的方法捕捉 B 点

【提示】：是否删除源对象？［是(Y)/否(N)］＜N＞://单击鼠标左键或按回车键,确认镜像过程中不删除原目标

上述命令及其命令提示执行结果如图 3－9 所示。

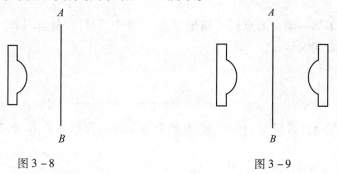

图 3－8　　　　　　　　　　　　　　　图 3－9

4. 注意事项

（1）该命令一般多用于对称图形，可以只需绘制其中的一半甚至四分之一，然后用镜像命令来产生其他对称的部分。

（2）图形上常常伴有文字，镜像时要单独设定变量后再镜像。对于文字的镜像，是通过 mirrtext 变量来控制是否文字与其他对象一样被镜像，如果 mirrtext 变量为 0，则文字不做镜像处理，如果 mirrtext 变量为 1，则文字和其他对象一样被镜像处理。

3.2.5 偏移实体命令（offset）

如果绘制等距的图线，如同心圆、等距的表格线等，最好使用偏移命令对图线进行等距离复制，即偏移。但对于单一对象也可以将其偏移，从而产生复制的对象。偏移时，系统会根据偏移距离重新计算其大小。

1. 命令功能

等距离复制对象。

2. 基本操作

1）命令与提示

【命令】：offset//输入偏移命令并按回车键确认

【提示】：当前设置：删除源＝否 图层＝源 OFFSETGRPT＝0

【提示】：指定偏移距离或［通过(T)/删除(E)/图层(L)］＜通过＞://提示输入偏移距离

【提示】：选择要偏移的对象或［退出(E)/放弃(U)］＜退出＞://提示输入被偏移的对象

【提示】：指定要偏移的那一侧上的点或［退出(E)/多个(M)/放弃(U)］＜退出＞://指定偏移方向

2）提示含义

指定偏移距离或［通过（T）/删除（E）/图层（L）］＜通过＞：可以直接输入偏移距离数值，也可以鼠标点取两个通过点的位置来确定此距离。

通过（T）：指被偏移的对象将通过随后点取的点。

选择要偏移的对象或［退出（E）/放弃（U）］＜退出＞：选择偏移的对象，回车则退出偏移命令。

指定要偏移的那一侧上的点或［退出（E）/多个（M）/放弃（U）］＜退出＞：指定点来确定向哪个方向偏移。

3. 操作示例

【示例3-5】 将图 3-10 中 *AB* 直线和椭圆分别作距离为 10 个图形单位和 20 个图形单位的偏移。

解：

（1）将 *AB* 直线向上作 10 个图形单位的偏移。

【命令】：offset//输入偏移命令并按回车键确认

【提示】：当前设置：删除源＝否 图层＝源 OFFSETGRPT＝0

【提示】：指定偏移距离或［通过(T)/删除(E)/图层(L)］＜通过＞：10

【提示】：选择要偏移的对象或［退出(E)/放弃(U)］＜退出＞:选取直线 *AB*,即用目标拾取靶单击 *AB* 直线上任意一点

【提示】：指定要偏移的那一侧上的点或［退出(E)/多个(M)/放弃(U)］＜退出＞://选择向直线上方偏移,用鼠标光标放在直线上方屏幕上任意一点,单击鼠标左键

上述命令及其命令提示作偏移，执行结果如图 3-11 中的 CD 直线所示。

（2）将 AB 直线向下作 20 个图形单位的偏移。

【命令】：offset∥输入偏移命令并按回车键确认

【提示】：当前设置：删除源 = 否　图层 = 源 OFFSETGRPT = 0

【提示】：指定偏移距离或［通过(T)/删除(E)/图层(L)］＜通过＞：20

【提示】：选择要偏移的对象或［退出(E)/放弃(U)］＜退出＞：∥选取直线 AB，即用目标拾取靶单击 AB 直线上任意一点

【提示】：指定要偏移的那一侧上的点或［退出(E)/多个(M)/放弃(U)］＜退出＞：∥选择向直线下方偏移，用鼠标光标放在直线下方的屏幕上任意一点，单击鼠标左键

上述命令及其命令提示作偏移，执行结果如图 3-11 中的 EF 直线所示。

（3）将椭圆向内侧作 10 个图形单位的偏移。

【命令】：offset∥输入偏移命令并按回车键确认

【提示】：当前设置：删除源 = 否　图层 = 源 OFFSETGRPT = 0

【提示】：指定偏移距离或［通过(T)/删除(E)/图层(L)］＜10.0000＞：10

【提示】：选择要偏移的对象或［退出(E)/放弃(U)］＜退出＞：∥点取圆，即用目标拾取靶单击圆周上任意一点

【提示】：指定要偏移的那一侧上的点或［退出(E)/多个(M)/放弃(U)］＜退出＞：∥选择向内侧偏移，用鼠标光标放在圆的内侧屏幕上任意一点，单击鼠标左键

上述命令及其命令提示作偏移，执行结果如图 3-11 右上方的小同心圆所示。

（4）将圆向外侧作 10 个图形单位的偏移。

【命令】：offset∥输入偏移命令并按回车键确认

【提示】：指定偏移距离或［通过(T)/删除(E)/图层(L)］＜10.0000＞：10

【提示】：选择要偏移的对象或［退出(E)/放弃(U)］＜退出＞：点取圆，即用目标拾取靶单击圆周上任意一点

【提示】：指定要偏移的那一侧上的点或［退出(E)/多个(M)/放弃(U)］＜退出＞：∥选择向外侧偏移，即用鼠标光标放在圆的外侧屏幕上任意一点，单击鼠标左键

上述命令及其命令提示作偏移，执行结果如图 3-11 右下方的大同心圆所示。

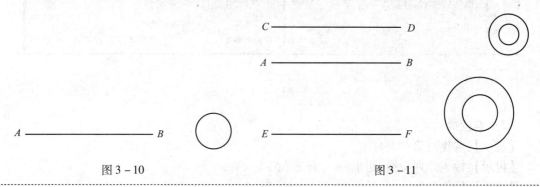

图 3-10　　　　　　　　　　　　　　　　图 3-11

4. 注意事项

（1）偏移命令常用于依据尺寸绘制的规则图样中，尤其在相互平行的直线之间相互复

制，例如制作表格等操作。

（2）该命令用于多线段的偏移，如果出现了圆弧无法偏移的情况时，将忽略该圆弧，该过程不可逆。

（3）由于偏移命令一次只能偏移一条线，对于由若干条线组成的图线，须先将其转化为多段线后再偏移。

3.2.6 阵列实体命令（array）

阵列是对选中的一个或多个实体进行一次或多次拷贝并构成一种规则的模式排列。阵列通常有矩形阵列和环形阵列两种。所谓矩形阵列，被复制的实体是按照几行几列排列方式出现。这种阵列过程中，要求说明行数和列数，以及行间距和列间距。而环形阵列，又称极点阵列，这种阵列是将实体围绕某个圆形转圈排列复制。阵列过程中，要求指明阵列中心、图形个数、分布角度等。

1. 命令功能

按照一定规则排列（如等距离）复制实体。

2. 基本操作

1）矩形阵列

（1）输入命令。

【命令】：array∥输入阵列命令并按回车键确认之后，出现如下提示，根据用户响应提示情况将弹出如图3-12（a）所示的矩形阵列对话框或图3-12（b）所示的环形陈列对话框。

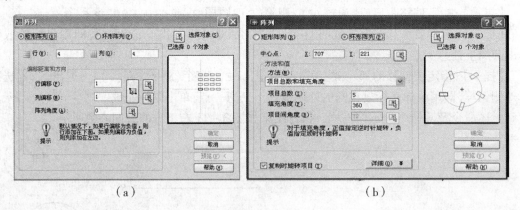

（a） （b）

图3-12

（2）响应提示。

【提示】：选择对象：

【提示】：输入阵列类型［矩形（R）/环形（P）］＜R＞：

【提示】：输入行数［—］＜2＞：

【提示】：输入列数［∣∣∣∣］＜3＞：

【提示】：输入间距或指定单位单元：

【提示】：输入对角点：

【提示】：输入列间距：

（3）提示含义。

选择对象：提示选择被阵列的对象。

输入阵列类型［矩形（R）/环形（P）］<R>：提示选择阵列的类型，R 为矩形，P 为环形，默认为 R。

输入行数［一］<1>：提示输入矩形阵列的行数，默认值为 1 行。

输入列数［｜｜｜］<1>：提示输入矩形阵列的列数，默认值为 1 行。

输入间距或指定单位单元：设定行间距或通过一个矩形来定义单位单元大小，即同时定义行间距和列间距。

输入列间距：输入各列之间的距离。

2）环形阵列

（1）输入命令。

【命令】：array∥输入阵列命令并按回车键确认之后，出现如下提示或弹出如图 3-12(a)所示的对话框，单击"环形阵列"单选按钮，打开如图 3-12(b)所示的对话框。

（2）响应提示。

【提示】：选择对象：

【提示】：输入阵列类型［矩形(R)/环形(P)］<R>：P∥选择环形阵列 P 并按鼠标右键确认

【提示】：指定阵列中心点：∥输入阵列中心点坐标并按鼠标右键确认

【提示】：输入阵列数目：∥输入阵列数目并按鼠标右键确认

【提示】：指定填充角度(+ =逆时针, - =顺时针)<360>∥按鼠标右键确认 360 度阵列方式

【提示】：是否旋转阵列中的对象？［是(Y)/否(N)］<Y>∥按鼠标右键确认默认阵列方式

（3）提示含义。

选择对象：选择欲阵列的图形。

输入阵列类型［矩形（R）/环形（P）］<R>：选择环形阵列 P。

指定阵列中心点：输入阵列中心点坐标或目标捕捉已有的点作为中心点。

输入阵列数目：输入阵列中对象的数目。

指定填充角度（ + =逆时针, - =顺时针）<360>：正值为逆时针阵列；负值为顺时针阵列，输入角度只在所对应的圆心角范围的圆周上作环形阵列；360 度指环形阵列后的对象在全圆的圆周上排列。

是否旋转阵列中的对象？［是（Y）/否（N）］<Y>："Y"指阵列的同时将对象旋转，这样，被复制的每个对象的指定特征线会按照一定的规则指向圆心且有序转圈地进行排列；"N"指阵列的同时不旋转对象，相当于直接指定的圆周上均用复制实体。

3. 操作示例

【**示例3－6**】将图3－13所示的图形分别作列间距为300和行间距为200的矩形阵列，以及做半径为100的环形阵列。

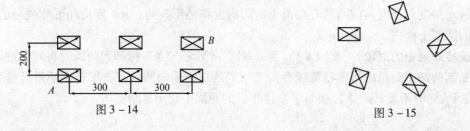

解：

图3－13

（1）矩形阵列。

【命令】：array//在命令提示符下输入阵列命令并回车确认

【提示】：选择对象：选择如图3－13所示的阵列对象

【提示】：输入阵列类型［矩形（R）/环形（P）］＜R＞:R//选择矩形阵列R并按鼠标右键确认

【提示】：输入行数［---］＜1＞:2//输入阵列行数2

【提示】：输入列数［ ∣∣∣ ］＜1＞:3//输入阵列列数3

【提示】：输入行间距或指定单位单元:200//输入行间距

【提示】：输入对角点://点取B点,定义单元第一个顶点

【提示】：输入列间距:300//输入列间距

上述命令及其命令提示，作阵列执行结果如图3－14所示。

当上述提示出现输入行间距或指定单位单元的提示后，利用指定单元和对角点的方法仍然可以完成阵列，例如：

【提示】：输入行间距或指定单位单元://点取A点,定义单元第一个顶点

【提示】：输入对角点:点取B点,定义单元第二个顶点

（2）环形阵列。

【命令】：array//在命令提示符下输入阵列命令并回车确认

【提示】：选择对象：//选择阵列的图形

【提示】：输入阵列类型［矩形（R）/环形（P）］＜R＞:P//选择环形阵列P并单击鼠标右键确认

【提示】：指定阵列中心点:400,500//输入阵列中心点坐标并单击鼠标右键确认

【提示】：输入阵列数目:5//输入阵列数目5并单击鼠标右键确认

【提示】：指定填充角度（ ＋ ＝逆时针， － ＝顺时针）＜360＞//单击鼠标右键确认360度阵列方式

【提示】：是否旋转阵列中的对象?［是（Y）/否（N）］＜Y＞//按鼠标右键确认默认阵列方式

上述命令及其命令提示，作偏移执行结果如图3－15所示。

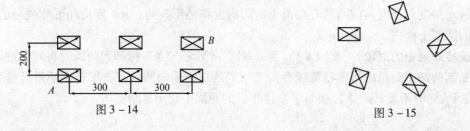

图3－14

图3－15

4. 注意事项

（1）环形阵列参照点选择：在环形阵列中，不同的图形有不同的参考点。一般情况下，文字的结点、块的插入点、连续直线的第一个转折点、单一直线的第一个端点、矩形的第一个顶点、圆的圆心等为环形阵列的参照点，也可以用 base 命令来定义参照点。

（2）矩形阵列的基线位置：矩形阵列要求说明行数、列数、行间距、列间距。阵列的水平基线与当前的 snap 格栅转角相一致。

【上机操作练习题】

利用阵列（array）、画圆（circle）、修剪（trim）、复制（copy）等命令完成图 3 – 16 的绘制。

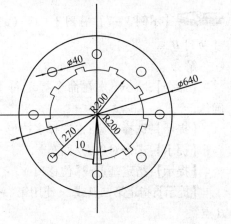

图 3 – 16

3.2.7 移动实体命令（move）

1. 命令功能

移动实体命令 move 用来将现有图中的一个或多个实体从当前位置移动到指定的新位置，而不改变其大小和方向。

该命令是将所选的实体从当前位置移动到用户指定位置，指定位置的方法有两种：一种是指定两点，对上述两个提示信息分别用一个点来响应，所选的实体将从第一点移动到第二点，第一点可以不在所选实体上，只需要提供相对位移即可；另一种方法是用一个位移量响应前一个提示信息，用回车键响应后一个提示信息，所选实体将按照给定的位移量从当前位置进行相对移动。另外，也可以用拖动方式，通过位移点来直观地选定图形新位置，这时要求使用 dragmode 命令设置自动状态。

2. 基本操作

1）命令与提示

【命令】：move∥在命令提示符下输入移动命令并回车确认

【提示】：选择对象：指定对角点：找到 1 个

【提示】：选择对象：∥回车

【提示】：指定基点或［位移（D）］＜位移＞：

【提示】：指定第二点或 ＜使用第一个点作为位移＞：

2）提示含义

选择对象：选择欲移动的对象。

指定基点或［位移（D）］＜位移＞：指定位移的基准点或直接输入位移量。

指定第二点或＜使用第一个点作为位移＞：如果点取了某点，则指定位移的第二点；倘若直接回车，则用第一点的数值作为位移来移动对象。

3. 操作示例

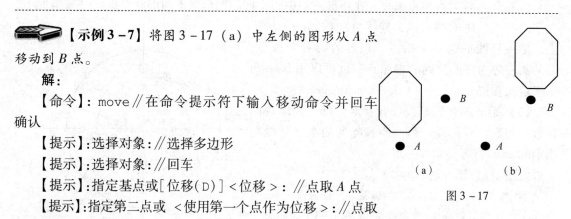

【**示例 3－7**】将图 3－17（a）中左侧的图形从 A 点移动到 B 点。

解：

【命令】：move∥在命令提示符下输入移动命令并回车确认

【提示】：选择对象：∥选择多边形

【提示】：选择对象：∥回车

【提示】：指定基点或［位移(D)］＜位移＞：∥点取 A 点

【提示】：指定第二点或 ＜使用第一个点作为位移＞：∥点取 B 点

上述操作结果如图 3－17(b)所示。

图 3－17

【**示例 3－8**】将图 3－18（a）中的 AB 直线之上方的图形从 A 点移动到 B 点。

解：

【命令】：move∥在命令提示符下输入移动命令并回车确认

【提示】：选择对象：∥选择直线上方的图形

【提示】：选择对象：∥回车

【提示】：指定基点或［位移(D)］＜位移＞:500,520∥输入 A 点坐标

【提示】：指定位移的第二点或 ＜使用第一个点作为位移＞：@ 200,0∥输入 B 点坐标

上述操作结果如图 3－18（b）所示。

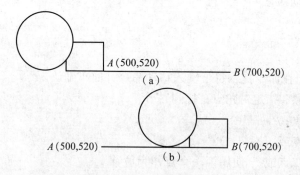

图 3－18　移动实例图

4. 注意事项

（1）移动与复制的操作基本相同，但结果不同，复制在原位置保留了原对象，而移动不保留原对象。

（2）移动操作要尽量利用目标捕捉等辅助绘图功能精确移动。

3.2.8　旋转实体命令（rotate）

1. 命令功能

旋转实体命令用来按照指定基点和旋转角度，对选定的现有实体旋转，以改变实体的原有方向。

2. 基本操作

1）命令与提示

【命令】：rotate

【提示】：选择对象：

【提示】：指定基点

【提示】：指定旋转角度或［复制(C)/参照(R)］

2）提示含义

选择对象：指定欲旋转的对象。

指定基点：指定旋转的基点，将这一基点作为旋转中心，基点可以选在实体上或实体外。

指定旋转角度或［复制（C）/参照（R）］：输入旋转的角度或采用参照方式旋转对象。如果用户选择相对参照方式（即输入 R 并回车确认），此时将出现操作提示，要求用户确定相对于某个参照方向的参考角度和新角度，根据这两个角度差确定目标实际的旋转角度，因此可把这种方式称为相对参照角度的方式。

3. 操作示例

　【示例 3 - 9】 将图 3 - 19 中 *AB* 位置的小旗，绕 *B* 点顺时针旋转45 度。

解：

【命令】：rotate

【提示】：选择对象：//框选 *AB* 小旗

【提示】：指定基点：//捕捉 *B* 点

【提示】：指定旋转角度或［复制(C)/参照(R)］：- 45//输入 - 45 并回车　　图 3 - 19

确认

上述操作结果如图 3 - 19 中 *BC* 所示。

----

4. 注意事项

（1）旋转角度的正负号：旋转角度有正负之分，旋转角度的计量单位是度。角度为正值时，按逆时针方向旋转；角度为负值时，则按顺时针方向旋转。

（2）绝对与相对旋转角：在"旋转角度或［复制（C）/参照（R）］"的提示中，表明默认方式是绝对旋转角度，并以 *X* 轴正向作为测量角度的基准线，如图 3 - 20 所示。如果选用参数"R"方式后，系统接着提示"指定参照角 < 当前值 >："，输入参照角后的紧后提示为"指定新角度"。参照角与旋转角的关系是：旋转角只是针对 *X* 轴的转向角，参照角是相对某一个方向之间的夹角，如果先给出参照角 β_1 ，表示参照方向与 X 轴正方向的夹角；再给出的新角 β_2 ，它代表旋转后的参照方向与 X 轴正方向的夹角。旋转目标实际上的旋转角为 $\beta_1 - \beta_2$ 角。该值为正，则逆时针旋转；该值为负，则顺时针旋转。上述关系示意图如图 3 –21 所示。

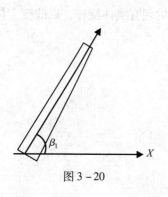

图 3 –20

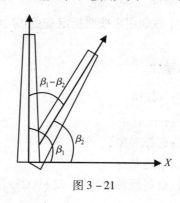

图 3 –21

3.2.9 变比实体命令（scale）

1. 命令功能

变比实体命令用来按给定的基点和比例因子，放大或缩小所选择的实体，并且 X 轴和 Y 轴方向按同一比例缩放，变比的结果是按给定的比例因子按比例真正改变了所选实体的大小。

2. 基本操作

1）命令与提示

【命令】:scale
【提示】:选择对象://用框选或点选方式选择拟缩放之实体
【提示】:选择对象:
【提示】:指定基点:
【提示】:指定比例因子或［复制(C)/参照(R)］:
【提示】:指定参照长度 <1>:
【提示】:指定新长度:

2）提示含义

选择对象：选择欲比例缩放的实体对象。

指定基点：指定比例缩放的基准点。

指定比例因子或［复制（C）/参照（R）］：给出比例因子和参照、复制方式，默认方式是比例因子，直接输入比例因子数值 S ，其值大于 1 是放大，小于 1 则缩小。

指定参照长度 <1>，指定新长度：上述两句提示，即指定参照长度和指定新长度的提示，是选择参照方式缩放后的紧后提示。所谓参照方式，就是通过指定两个长度值，用其变化来间接确定比例因子。例如，先指定的参照长度为 L_1 ，再指定的参照长度为 L_2 ，则其比例因子为 $S = L_2/L_1$ 。给定长度时，可以直接输入长度数值，也可以给定两点，两点之间的距离为其长度。

3. 操作示例

1）按比例因子缩放

【示例 3 – 10】首先将图 3 – 22（a）所示的图形缩小 1 半，然后再将其放大 1 倍。

解：

（1）将图按比例缩小。

【命令】：scale∥输入变比命令并按回车键确认

【提示】：选择对象：∥点选五边形

【提示】：选择对象：∥回车结束选择

【提示】：指定基点：∥目标捕捉五边形顶角点 *A*

【提示】：指定比例因子或［复制(C)/参照(R)］：0.5∥将图缩小一半

上述操作结果如图 3 – 22（b）所示。

（2）将图按比例放大。

【命令】：scale∥输入变比命令并按回车键确认

【提示】：选择对象：∥点选五边形

【提示】：选择对象：∥回车结束选择

【提示】：指定基点：目标捕捉五边形顶角点 *A*

【提示】：指定比例因子或［复制(C)/参照(R)］：2∥将图放大 1 倍

上述操作结果如图 3 – 23 所示。

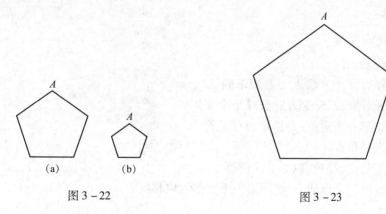

图 3 – 22　　　　　　　　　　　图 3 – 23

2）按参考对象缩放

【示例 3 – 11】在如图 3 – 24（a）所示的两个矩形中，大矩形与小阴影矩形有整数的比例关系。请将右上角的阴影矩形的图形放大到与大矩形的大小相同。

解：

【命令】：scale∥输入变比命令并按鼠标右键或键盘上的回车键确认

【提示】:选择对象://用框选方式选择拟缩放之实体(小阴影矩形)

【提示】:选择对象://回车结束选择

【提示】:指定基点://指定 A 点

【提示】:指定比例因子或［复制(C)/参照(R)］:R//
选参照方式 R 并回车确认

【提示】:指定参照长度 <1>://先捕捉 A 点,再捕捉 B 点

【提示】:指定新长度://捕捉 C 点

上述操作结果如图 3－24 (b) 所示。

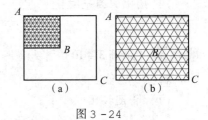

图 3－24

---

4. 用法说明

（1）比例缩放是真正改变了图在原来图纸上的位置和大小,与视图显示的 zoom 命令有本质上的区别。zoom 命令仅改变图形在屏幕上的显示,而图的大小和实际位置并没有改变,即只是视觉上的变化。

（2）指定参照方式缩放时,须指定参照长度和新长度,二者的比值为缩放比例。

3.2.10　拉伸实体命令（stretch）

1. 命令功能

拉伸实体命令（stretch）主要用来伸展图形中的指定部分,使之加长、缩短及改变形状等,并保持与原图未动部分的连接。

2. 基本操作

1）命令与提示

【命令】:stretch

【提示】:选择对象:C//输入 C 并回车确认

【提示】:选择对象://窗交方式选择半个实体

【提示】:指定第一个角点://指定角点位置

【提示】:指定对角点:

【提示】:指定基点或[位移(D)]<位移>:

【提示】:指定第二个点或 <使用第一个点作为位移>:

2）提示含义

选择对象:第一次提示选择对象,此时必须输入 C 字母,即以交叉窗口或交叉多边形方式选择要拉伸的对象

选择对象:第二次提示选择对象,要以交叉窗口选择方式选择实体的一部分,而不能全部选择,如果全部选择被拉伸的实体,将会移动而非拉伸实体。

指定基点或［位移（D）］<位移>:定义位移量或指定拉伸基点,基点在拉伸过程中固定不动,实体的其余部分将随着拉伸相对于基准点移动。

指定第二个点或 <使用第一个点作为位移>:如果定义了基点,则需定义第二点确定位移。

3. 操作示例

【示例 3－12】将图 3－25（a）中的小旗用拉伸命令拉伸成右侧的情形。

解：

【命令】：stretch∥输入拉伸命令按键盘回车键或鼠标右键确认

【提示】：选择对象：C∥输入字母 C（将以交叉窗口或交叉多边形方式选择要拉伸的对象）

【提示】：选择对象：∥窗交方式选择半个实体。用鼠标单击 1 和 2 处，虚显窗口套住小旗的一部分，而非全部。

【提示】：指定基点或［位移（D）］＜位移＞：∥捕捉 A 点

【提示】：指定第二个点或＜使用第一个点作为位移＞：∥捕捉 B 点

上述操作结果如图 3－25（b）所示。

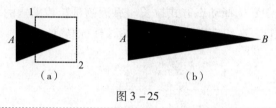

图 3－25

4. 用法说明

（1）选择端点的关键是看端点是否包含在被选择的窗口中。如果端点包含在选择窗口中，则该点同时被移动，否则该点不移动。拉伸实体选择对象只能用交叉窗口或交叉多边形的方式，可以采用 remove 方式取消不需要拉伸的对象。

（2）针对不同类型实体可采用相应不同的方法，具体如下：

① 直线段：在窗口内的端点可以移动，在窗口外的则不能。

② 弧线段：类似于直线段，对弧的中心点、起点、终点的夹角进行相应调整，以保证弦中点到弧的距离（弦高）保持不变。

③ 轮廓线和区域填充：窗口外的端点不动，窗口内的端点移动，边线作相应调整。

④ 多段线：逐段地被当作直线段和弧线段进行处理。

⑤ 图块和图形文件实体：插入点在窗口内的移动，在窗口外的不移动。

⑥ 文本和属性：基线的左端点在窗口内的部分移动，在窗口外的不移动。

3.2.11　改变长度命令（lengthen）

1. 命令功能

lengthen 命令用来改变直线、弧、开口多段线、椭圆及开口样条曲线的长度，但对封闭的实体不起作用。该命令也可以改变弧的圆心角大小。

2. 基本操作

1）命令与提示

【命令】：lengthen∥输入拉伸命令按键盘回车键确认

【提示】:选择对象或［增量(DE)/百分数(P)/全部(T)/动态(DY)］:

2）提示含义

选择对象：选择欲拉长的实体对象，此时显示该对象的长度和角度。

增量（DE）：输入 DE 为增量拉长方式。增量拉长后新值为比原来的长度增加或减少的长度，如原来长度为 100，现要变成 120，则增量为 20。增量拉长有正负之分，正值为增，负值为减。

百分数（P）：输入 P 为百分数拉长方式。百分数拉长后新值为比原来长度增加或减少的百分比，如原来长度为 90，现要变成 45，则百分数为 50。输入的数值大于 100 延长，小于 100 则缩短。

全部（T）：输入 T 为全部拉长方式。全部拉长后新值直接替换原来长度，例如，原来长度为 100，新长度要求 90，则全部拉长值提示后直接输入 90 即可。

动态（DY）：输入 DY 选择动态方式拉长。靠近欲延长或缩短的端点选择直线、弧，拖动光标动态地改变其长度，在长度合适后单击鼠标拾取键确认。

3. 操作示例

【示例 3 – 13】 使用拉长命令将图 3 – 26（a）拉长到图 3 – 26（b）和图 3 – 25（c）所示的长度。

解：

（1）全部方式拉长。

【命令】:lengthen//输入拉伸命令按键盘回车键确认

【提示】:选择对象或［增量(DE)/百分数(P)/全部(T)/动态(DY)］://单击直线

【提示】:选择对象或［增量(DE)/百分数(P)/全部(T)/动态(DY)］:T//输入 T 全部拉长

【提示】:指定总长度或［角度(A)］<100.0000)>:150//输入总长度

上述操作的拉长结果如图 3 – 26（b）所示。

（2）增量方式拉长。

【命令】:lengthen//输入拉伸命令按键盘回车键确认

【提示】:选择对象或［增量(DE)/百分数(P)/全部(T)/动态(DY)］://单击直线

【提示】:选择对象或［增量(DE)/百分数(P)/全部(T)/动态(DY)］:DE//输入 DE 增量拉长

【提示】:输入长度增量或［角度(A)］<50.0000>:20//输入长度增量 20

上述操作的拉长结果如图 3 – 26（c）所示。

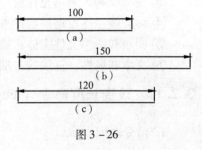

图 3 – 26

4. 用法说明

（1）lengthen 拉伸命令的功能与 trim 和 extend 命令的功能类似，但实体的缩短方向不一定要与当前 UCS 的 Z 轴平行。

（2）点取直线或圆弧时的拾取点直接控制了拉长或缩短的方向，修改发生在拾取点的一侧。

3.2.12 修剪实体命令（trim）

绘图过程中经常需要修剪图形，将超出部分去掉，以便使得图形精确相交，这就需要用到修剪实体（trim）命令。此命令在第 1 章曾做过一些简单介绍，当时只是介绍了该命令的基本功能，解决用户入门之需要，在此再做详细讲解。它就像沿着直尺裁剪图，照图案剪纸的效果一样，将实体准确地沿着预定的裁剪线剪断，即准确地裁掉被指定的部分实体。裁剪线是指用户选择的用来裁剪实体的那个实体，亦称为裁口，可以当做裁口的实体有直线段、射线、圆、圆弧、椭圆、样条曲线、区域及二维和三维多段线。

1. 命令功能

使用 trim 命令来修剪对象，使被修剪的对象精确地终止于由其他对象定义的边界。trim 命令会分别提示选择裁口与被剪切的实体。

1）选择裁口

选择裁口具有剪切口推断功能。当提示选择裁口时，不选择裁口而直接回车时，则把可以作为裁口的全部实体选作潜在的裁口，当选择被裁剪的实体时，则自动将离选择点最近的裁口作为裁口。

2）选择被剪切的实体

被剪切的实体通常有线、弧、圆等。被剪切的一端或中间一段必须跨过裁口实体或其延长线。因为实体的哪一部分被剪掉要由选择位置确定。因此一般采用逐个点选和篱笆墙的方法选择被裁切的部分。在图纸空间，浮动视图的边框可以作为裁口，但不能被裁剪。

3）设置投影方式

进行三维裁剪时，裁口和被裁剪的实体必须真正地相交或延长后相交。执行二维裁切时，首先把裁口和被裁剪的实体投影到用户指定的平面上，然后进行裁切，二维裁剪的平面可以是当前的 UCS 的 XOY 平面，也可以是当前视图平面。

4）设置裁口的方式

对于三维裁切和二维投影裁切，倘若裁口实体与被剪切的实体真正相交，其交点称为显性交点；裁口实体的延长线与被裁剪实体的交点称为隐性交点。

2. 基本操作

1）命令与提示

【命令】：trim∥输入命令后按键盘回车键确认

【提示】：当前设置：投影 = UCS 边 = 无

【提示】：选择剪切边… 选择对象或 < 全部选择 >：∥选择作为裁口的实体边缘线

【提示】:选择要修剪的对象或按住 Shift 键选择要延伸的对象,或[栏选(F)/窗交/(C)/投影(P)/边(E)/删除(R)/放弃(U)]://单击要剪切的实体

2）选项含义

选择剪切边...选择对象或＜全部选择＞：提示选择剪切边,选择对象将作为剪切的边界。

选择要修剪的对象或按住 Shift 键选择要延伸的对象：选择被修剪的实体。

投影（P）：用投影模式指定修剪对象,选择此选项的继后提示为：输入投影选项［无(N)/UCS(U)/视图(V)]＜当前＞：各选项作用如下。

● **无（N）**：只修剪在三维空间中与剪切边相交的对象。

● **UCS（U）**：指定在当前用户坐标系 *XOY* 平面上的投影；修剪在三维空间中不与剪切边相交的对象。

● **视图（V）**：指定沿当前视图方向的投影,修剪当前视图中与边界相交的对象。

● **边（E）**：按边的模式剪切,选择该选项后,提示要求输入隐含边的延伸模式"输入隐含边延伸模式［延伸（E）/不延伸（N）]",要求确定是在另一对象的隐含边处修剪对象,还是仅在与该对象在三维空间中相交的对象处进行修剪。延伸是指沿自身自然路径延伸剪切边使它与三维空间中的对象相交。

3. 操作示例

【示例 3－14】图 3－27（a）为一段圆弧和一条直线相交,用 *trim* 命令将 *BC* 弧段剪掉,形成如图 3－27（b）所示的图形。

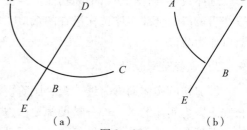

图 3－27

解：

【命令】:trim//输入剪切命令并按键盘回车键确认

【提示】:当前设置:投影=UCS 边=无

【提示】:选择剪切边... 选择对象://目标拾取靶移动到直线 *DE* 上任意一点单击鼠标左键,随后单击鼠标右键确认

【提示】:选择剪切边... 选择对象://按回车键结束选择

【提示】:选择要修剪的对象或按住 Shift 键选择要延伸的对象,或[栏选(F)/窗交/(C)/投影(P)/边(E)/删除(R)/放弃(U)]://鼠标点取 *BC* 弧段上任意一点

【提示】:选择要修剪的对象或按住 Shift 键选择要延伸的对象,或[栏选(F)/窗交/(C)/投影(P)/边(E)/删除(R)/放弃(U)]://按回车键确认

上述操作执行结果如 3－27（b）所示。

【示例 3－15】以椭圆和矩形相互为边界,将图 3－28（a）中的 *AB* 弧段、*BC* 竖线、*CD* 弧段、*DA* 竖线剪掉,形成如图 3－28（b）所示的图形。

解：

【命令】:trim//输入剪切命令并按键盘回车键确认

【提示】:当前设置:投影 = UCS 边 = 无

【提示】:选择剪切边… 选择对象: //点选圆

【提示】:选择剪切边… 选择对象: //点选矩形

【提示】:选择剪切边… 选择对象: //按回车键结束选择

【提示】:选择要修剪的对象或按住 Shift 键选择要延伸的对象,或 [栏选 (F) /窗交/ (C) /投影 (P) /边 (E) /删除 (R) /放弃 (U)]: //单击 *AB* 弧段上任意一点

【提示】:选择要修剪的对象或按住 Shift 键选择要延伸的对象,或 [栏选 (F) /窗交/ (C) /投影 (P) /边 (E) /删除 (R) /放弃 (U)]: //单击 *BC* 直线上任意一点

【提示】:选择要修剪的对象或按住 Shift 键选择要延伸的对象,或 [栏选 (F) /窗交/ (C) /投影 (P) /边 (E) /删除 (R) /放弃 (U)]: //单击 *CD* 弧段上任意一点

【提示】:选择要修剪的对象或按住 Shift 键选择要延伸的对象,或 [栏选 (F) /窗交/ (C) /投影 (P) /边 (E) /删除 (R) /放弃 (U)]: //单击 *DA* 直线上任意一点

【提示】:选择要修剪的对象或按住 Shift 键选择要延伸的对象,或 [栏选 (F) /窗交/ (C) /投影 (P) /边 (E) /删除 (R) /放弃 (U)]: //按回车键确认

上述操作执行结果如图 3 – 28 (b) 所示。

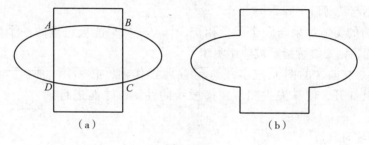

（a） （b）

图 3 – 28

【示例 3 – 16】图 3 – 29 (a) 中为一条直线段,旁边有一个圆,用 trim 命令将圆上高度超过直线的圆弧部分剪掉,形成如图 3 – 29 (b) 所示的图形。

解:

【命令】:trim //输入剪切命令并按键盘回车键确认

【提示】:当前设置:投影 = UCS 边 = 无

【提示】:选择剪切边… 选择对象: //点选直线 AB

【提示】:选择剪切边… 选择对象: //按回车键结束选择

【提示】:选择要修剪的对象或按住 Shift 键选择要延伸的对象,或 [栏选 (F) /窗交/ (C) /投影 (P) /边 (E) /删除 (R) /放弃 (U)]:E //选择边 (E) 选项,即边剪切模式,并按键盘回车键确认

【提示】:选择要修剪的对象或按住 Shift 键选择要延伸的对象,或 [栏选 (F) /窗交/ (C) /投影 (P) /边 (E) /删除 (R) /放弃 (U)]: //点取位于直线上方的圆周上任意一点 M

【提示】:选择要修剪的对象或按住 Shift 键选择要延伸的对象,或 [栏选 (F) /窗交/ (C) /投影 (P) /边 (E) /删除 (R) /放弃 (U)]: //按回车键确认

上述操作执行结果如图 3 - 29 （b） 所示。

图 3 - 29

4. 用法说明

（1）一个实体既可以作为裁口，同时也可以作为被裁剪的实体。因此当命令提示"选择剪切边…选择对象"时可以采用万能选择法，即无论实体是作为剪切的边界，还是作为被剪切的实体，一律全部选择。当出现"选择要修剪的对象或按住 Shift 键选择要延伸的对象，或 ［栏选 （F） /窗交/ （C） /投影 （P） /边 （E） /删除 （R） /放弃 （U）］:"时，只要单击拟被裁剪的那部分即可。

（2）圆被裁剪时至少要与两个裁口相交。带宽度的多段线被裁剪时，是以中心线为界，裁剪后的端口不与裁剪口平齐而呈方形。

（3）被裁剪的实体如果与多个裁口相交，每点一次只能被最近的一个剪口剪去一段，倘若要连续剪切，则要继续指定被剪切实体。

（4）对图块中包含的图元或多线进行裁剪操作前，必须用 explode命令将其炸开，使其失去图块或多段线的性质，才能进行修剪。

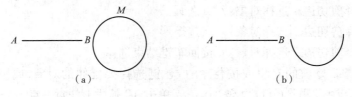

图 3 - 30

【上机操作练习题】

用 line、circle、trim 等命令绘制如图 3 - 30 所示的道路十字路口。

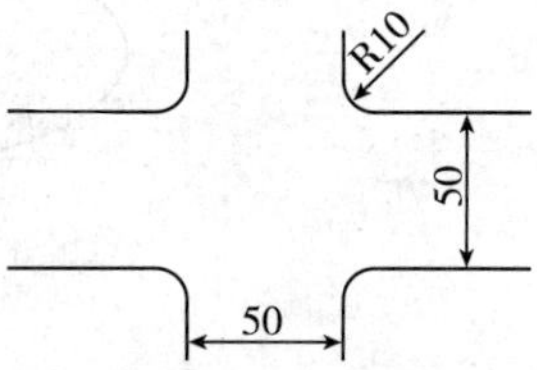

3. 2. 13　延伸实体命令 （extend）

1. 命令功能

extend 命令用来延伸所选对象的边，使之延伸到图中所选定的边界上。延伸到的边界称为界线边。该命令可以延伸的实体有直线段、弧线段和多段线，界线边可以是直线段、圆、弧线段、多段线和视区整体边界。

延伸实体需要确定以下几个功能。

1）选择边界

extend 命令具有边界推断功能。当提示选择边界时，用户不选择边界而直接按回车键，则把可以作为裁口的全部实体选为潜在的边界。当选择被延伸的实体时，则自动把离选择点最近的边界实体作为边界，对实体进行延伸。

2）选择被延伸的实体

可以被延伸的对象实体有直线段、射线、圆、圆弧、椭圆、样条曲线、区域及二维和三维多段线，但无限长的直线和封闭实体则不能延伸。当设置投影方式和便捷方式延伸时，与 trim 命令相应的要求相同。

2. 基本操作

1）命令与提示

【命令】：extend

【提示】：当前设置：投影 = UCS，边 = 无

【提示】：选择边界的边…

【提示】：选择对象或 < 全部选择 >：

【提示】：选择对象：

【提示】：选择要延伸的对象，或按住 Shift 键选择要修剪的对象，或 [栏选（F）/窗交/（C）/投影（P）/边（E）/放弃（U）]：

2）提示含义

当前设置：投影 = UCS，边 = 无：提示当前设置情况，供参考。

选择边界的边…：选择作为边界的边，将选择目标的拾取靶放到图线上单击鼠标左键确认。

选择对象：选择要延伸的边。选择方法是用指点方式选取，不能用窗口、交叉和对象变形等方式选取。在操作过程中，选取一边，延长一边，用空响应可结束命令。如果选择的边不能被延伸到目标，会提示重选。

投影（P）：按照投影模式延伸，当选择该选项时，提示输入投影选项"输入投影选项 [无（N）/UCS（U）/视图（V）] < 无 >"，该选项与 trim 命令的含义相似。

边（E）：按边的模式延伸。当选择该选项时，提示输入隐含边选项"输入隐含边选项 [延伸（E）/不延伸（N）] < 不延伸 >"。如果选择"延伸"模式，则当该边界和要延伸的对象没有显式交点时，同样可以延伸到隐含的交点处；倘若选择"不延伸"，则当该边界和要延伸的对象没有显式交点时，无法延伸。

放弃（U）：选择 U 表示取消最近一次操作。

3. 操作示例

【示例 3 -17】 图 3 -31（a）中为两条直线段 AB 和 CD，以及弧段 EF，用 extend 命令将 CD 直线及弧段 EF 延伸到与 AB 相交，形成如图 3 -31（b）所示的图形。

解：

【命令】：extend // 输入延伸命令并按键盘回车键确认

【提示】：当前设置：投影 = UCS，边 = 无

【提示】：选择边界的边…

【提示】：选择对象：// 点取 AB 边

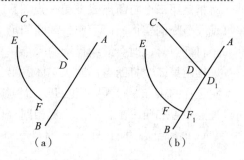

图 3 -31

【提示】：选择对象：∥回车

【提示】：选择要延伸的对象，或按住 Shift 键选择要修剪的对象，或［栏选（F）/窗交/（C）/投影（P）/边（E）/放弃（U）］：∥点取 CD 和 EF

上述操作执行结果如图 3 – 31（b）所示。

---

4. 用法说明

（1）要延伸的实体的那一段由选择延伸实体的定标点位置决定。选中的实体从靠近定标点的那个端点开始延伸，沿其端点的初始方向，一直延伸到最近的一条界线边为止。

（2）如果选定几个界线边，则实体延伸到第一界线边，再次选中同一实体，则继续延伸到下一界线边。

（3）只有非闭合的多段线才可以延伸。有一定宽度的多段线延伸，则以中心线与边界线相遇为止。宽多段线的尾部总是方形的。当延伸有锥度的多段线时，自动调整延伸的尾部的宽度，使其保持锥度直到与界限边相遇形成新端点为止。

3.2.14　打断实体命令（break）

1. 命令功能

该命令用来将直线、弧线段、圆、轮廓线、多段线和多边形等实体进行部分删除或将其断开为两个实体。

2. 基本操作

1）命令与提示

【命令】：break∥输入打断实体命令并按键盘回车键确认

【提示】：选择对象：∥选择将被打断的对象

【提示】：指定第二个打断点或［第一点（F）］：F∥输入 F，则出现以下提示

【提示】：指定第二个打断点：

2）提示含义

选择对象：指定要截断的实体，并且默认所选择的点为第一个打断点。

指定第二个打断点或［第一点（F）］：如果在提示中输入 F，则表明前面选择目标的点仅是要截断的实体，而不作为截断的第一个打断点。这时需要在所选择的目标上重新选择第一个打断点。此时会继续提示输入第一个打断点。

指定第二个打断点：输入实体的第二个打断点，此时所选择的实体将在第一个打断点和本次选择的第二个打断点间断开。也可以输入@，表明用第一个打断点断开实体，即第二个打断点位置和第一个打断点位置相同，仅将选择对象分成两段。

3. 操作示例

【示例3–18】 如图 3 – 32（a）所示的一条 ABCD 弧线，用 break 命令将其打断，并去掉 BC 段。

解：

　　【命令】：break // 输入打断命令并按键盘回车键确认

　　【提示】：选择对象：// 点选 *ABCD* 弧线，选择时在弧线的 *C* 点处单击鼠标左键，*C* 点将作为第一个打断点

　　【提示】：指定第二个打断点或 [第一点 (F)]：// 指定 *B* 点

　　上述操作结果如图 3 - 32 （b） 所示。

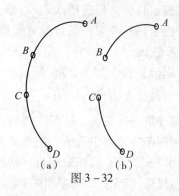

图 3 - 32

---

4. 用法说明

　　打断圆时，拾取点的顺序非常重要，因为打断总是逆时针方向，一个完整的圆不可以在同一点打断。

3.2.15　倒角实体命令（chamfer）

1. 命令功能

　　chamfer 命令用来将两条直线段从交叉处剪掉指定长度，并用直线段连接修剪端，亦可称为切角。

　　倒角处理中，所剪切的两条边的距离分别叫做第一倒角距离和第二倒角距离，它们可以相等或不等。

2. 基本操作

1）命令与提示

　　【命令】：chamfer

　　【提示】：（"修剪"模式）当前倒角距离 1 = 0.0000, 距离 2 = 0.0000

　　【提示】：选择第一条直线或 [放弃 (U) / 多段线 (P) / 距离 (D) / 角度 (A) / 修剪 (T) / 方式 (E) / 多个 (M)]：P

　　【提示】：选择二维多段线

　　【提示】：选择第一条直线或 [放弃 (U) / 多段线 (P) / 距离 (D) / 角度 (A) / 修剪 (T) / 方式 (E) / 多个 (M)]：D

　　【提示】：指定第一个倒角距离 <0.0000>：

　　【提示】：指定第二个倒角距离 <40.0000>：

　　【提示】：选择第一条直线或 [放弃 (U) / 多段线 (P) / 距离 (D) / 角度 (A) / 修剪 (T) / 方式 (E) / 多个 (M)]：A

　　【提示】：指定第一条直线的倒角长度

　　【提示】：指定第一条直线的倒角角度

　　【提示】：选择第一条直线或 [放弃 (U) / 多段线 (P) / 距离 (D) / 角度 (A) / 修剪 (T) / 方式 (E) / 多个 (M)]：T

【提示】:输入修剪模式选项［修剪(T)/不修剪(N)］<修剪 >:

【提示】:选择第一条直线或［放弃(U)/多段线(P)/距离(D)/角度(A)/修剪(T)/方式(E)/多个(M)］:E

【提示】:输入修剪方法［距离(D)/角度(A)］:

2）提示含义

选择第一条直线:选择拟倒角的实体（见图3-33）上第一个倒角的边。倒角的默认方式是用两条边来倒角。第一倒角的边叫做第一条直线,第二倒角的边叫做第二条直线,它们可以相等或不等。选择时用目标拾取靶移到图线上直接单击鼠标左键即可。

多段线（P）:该选项用来对整条多段线进行切角处理。

距离（D）:用距离方式作切角处理（见图3-34）。该选项将出现下列提示:

指定第一个倒角距离 <当前值 >:提示后输入 d_1 值

指定第二个倒角距离:<当前值 >:提示后输入 d_2 值

角度（A）:通过距离和角度设置倒角大小的方式倒角（见图3-35）。该选项将出现下列提示:

指定第一条直线的倒角长度://提示后输入 d 值

指定第一条直线的倒角角度://提示后输入 β 值

修剪（T）:修剪选项用来确定倒角后是否保留原角。该选项将出现下列提示"输入修剪模式选项［修剪(T)/不修剪(N)］:","修剪（T）"倒角后不保留原角（见图3-36）,"不修剪（N）"表示倒角后保留原角（见图3-37）。

多个（M）:设定修剪方法是距离还是角度。该选项将出现下列提示"输入修剪方法:距离（D）/角度（A）",选择修剪方法是用距离还是角度来确定倒角的大小。

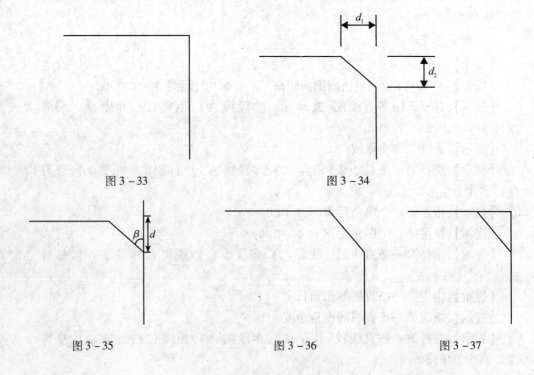

图3-33   图3-34

图3-35   图3-36   图3-37

3. 操作示例

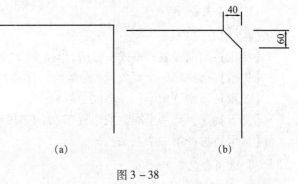

图 3 - 38

【示例 3 - 19】 将如图 3 - 38（a）所示的图形，用 chamfer 命令，并用倒角距离分别用长度为 40 和 60 个图形单位的长度，将右上角切角，变成如图 3 - 38（b）所示的图形。

解：

【命令】：chamfer

【提示】：("修剪"模式) 当前倒角距离 1 = 0.0000, 距离 2 = 0.0000

【提示】：选择第一条直线或 [放弃 (U) / 多段线 (P) / 距离 (D) / 角度 (A) / 修剪 (T) / 方式 (E) / 多个 (M)]: D // 输入 D 选项

【提示】：指定第一个倒角距离 < 0.0000 >:40 // 输入 40 并回车

【提示】：指定第二个倒角距离 < 40.0000 >：60 // 输入 60 并回车

【提示】：选择第一条直线或 [放弃 (U) / 多段线 (P) / 距离 (D) / 角度 (A) / 修剪 (T) / 方式 (E) / 多个 (M)]: // 选择水平边

【提示】：选择第二条直线：// 选择竖直边

完成以上操作，将得到如图 3 - 38（b）所示的图形。

4. 用法说明

（1）两条相交直线进行倒角时，在倒角之前可以指定两个切角距离或者指定一个角度值与一段距离进行切角，切角距离是指在切角处相邻的两条直线上的切角距离。每条直线的切角距离是指延长这两条线相交的交点到切点的距离。在指定切角距离时，分别指定第一切角距离和第二切角距离。第一切角距离的默认值是最近一次切角距离，第二切角距离的默认值是第一切角距离值。

如果两条直线都在同一图层上，则切角线也放在该图层上。如果两条直线不在同一图层上，则切角线放在当前图层上。对于颜色和线型，处理规则类似。

（2）多段线切角处理时，选取一条二维多段线后，如果多段线的最后一段和开始点仅仅是相连而不闭合（如使用端点捕捉而非 Close 选项），则最后一条线与第一条线之间不会自动形成倒角。如果多段线是闭合的，则对最后一条直线段和第一条直线段之间的所有角进行切角处理。

（3）如果设定两切角距离为 0 和修剪模式，可以通过倒角命令修齐两直线，而不论这两条不平行线是否相交或需要延伸才能相交。

3.2.16 圆角实体命令（fillet）

1. 命令功能

fillet 该命令在给定圆周半径后，用拟合圆弧对相交的两条直线、圆弧线等实体进行圆角连接。也可以用来调整原直线或圆弧线的长度，使得它们与圆角弧准确相连。

fillet 命令可以为直线、二维多段线的直线段、样条曲线、无限长直线、射线、圆、圆弧、椭圆、椭圆弧和实心体的边加圆角。两条无限长的射线也可以加圆角。同时，可以为一条多段线的所有顶点加圆角。

2. 基本操作

1）命令与提示

【命令】:fillet

【提示】:当前设置:模式 = 修剪,半径 = 0.0000

【提示】:选择第一个对象或[放弃(U)/多段线(P)/半径(R)/修剪(T)/多个(M)]:

【提示】:指定圆角半径 < 0.0000 > :

【提示】:选择第一个对象或 [放弃(U)/多段线(P)/半径(R)/修剪(T)/多个(M)]:

【提示】:选择第二个对象:

2）选项含义

选择第一个对象：选择圆角的第一个对象。

选择第二个对象：选择圆角的第二个对象。

多段线（P）：对多段线直线段所有交角进行圆角处理。

半径（R）：指定圆角半径，就是光滑地连接两个实体的圆弧半径。圆角的默认值为 0 或最后一次设置的圆角半径值。改变圆角半径影响以后的生成值，但不会影响前面的值。

修剪（T）：圆角后修剪表示不保留原角，不修剪表示圆角后保留原角。

多个（M）：选择多个实体。

3. 操作示例

【示例 3 - 20】将如图 3 - 39（a）所示的图形，用 fillet 命令，并用 100 个图形单位的圆角半径，将其圆角，变成如图 3 - 39（b）所示的图形。

解:

【命令】:fillet//输入剪切命令并按键盘回车键或鼠标右键确认

【提示】:当前设置:模式 = 修剪,半径 = 0.0000

【提示】:选择第一个对象或[放弃(U)/多段线(P)/半径(R)/修剪(T)/多个(M)]:R//选择 R 选项

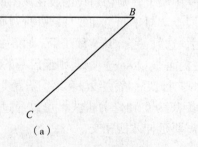
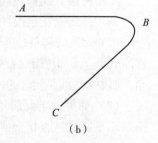

（a）　　　　　　　　　　（b）

图 3 - 39

【提示】:指定圆角半径 < 0.0000 > :100//输入 100

【提示】:选择第一个对象或 [放弃(U)/多段线(P)/半径(R)/修剪(T)/多个(M)]://选择 AB 边

【提示】:选择第二个对象://选择 BC 边

----

4. 用法说明

（1）选择直线时的拾取点对修剪的位置有影响，如果选中的是两条直线段，或者同一条多段线上的两相邻直线段，则将距离选择点较近的两个端点根据指定的或默认的圆角半径作圆角连接。

（2）用圆角连接的两条直线段在同一图层上，圆角弧也位于该图层上；如果两条直线不在同一图层上，则圆角弧位于当前图层上。有关圆角弧的颜色和线型处理，规则与此相似。

（3）如果圆角半径为零，则该命令会使两条直线准确相遇，而不产生圆角弧。

（4）对整条多段线修圆角时，如果多段线中有弧段，修圆角后，该弧段的半径就变成所修圆角弧的半径，原来弧的信息则不复存在。但是若要保留多段线的弧段，只能用两个选择点指定多段线所要修圆角的部分。

3.2.17 等分实体命令（divide）

1. 命令功能

divide 命令用来将一个选定的实体分成长度相等的 n 个部分，其中 n 值取值在 2 ~ 31 767 之间的整数值。并在各等分点上插入点的标记或自定义的标记图块。

可以直接等分，也可以在等分过程中将用户定义的图块同时插入到等分点上，但插块等分前要预先定义块并存盘。为防止等分后插入点太小而导致看不见等分结果，建议在等分前预先选择点样式。

2. 基本操作

1）命令与提示

【命令】：divide // 输入等分命令并按回车键确认

【提示】：选择要定数等分的对象：

【提示】：输入线段数目或［块(B)］：// 如果选 B，则出现如下提示：

【提示】：输入要插入的块名：

【提示】：指定插入基点：

【提示】：是否对齐块和对象？［是(Y)/否(N)］< Y >：

2）选项含义

选择要定数等分的对象：选择要等分的实体，可等分的实体有直线、圆弧、圆和多段线等实体。如果所选择的实体不符合要求，则会出现重选提示信息。选择实体的方法可以用点选或框选。

输入线段数目或［块（B）］：该提示有直接等分和插块等分两种等分方法，该提示可作如下两种回答：其一是，输入一个数值，该值就是所选择实体的等分数，并在各等分点上显示当前的点标记；其二是，选择 B 选项，则表示在等分点处要插入已经定义好的图块，这时又提示"输入要插入的块名"：输入要插入的块名后出现如下提示：

- 指定插入基点：指定块的特征点作为插入基点，此点已在定义块时完成。

● 是否对齐块和对象？［是（Y）/否（N）］＜Y＞：回答"Y"表示插入块时，按照实体的切线方向进行校准；回答否（N），则表示不按照实体的切线方向进行校准。

3. 操作示例

1）直接等分

【**示例3-21**】将如图3-40（a）所示的长为100个图形单位的直线，用 divide 命令，均匀分成五等分。

解：

【命令】：divide∥输入等分命令并按回车键确认

【提示】：选择要定数等分的对象：∥选择直线

【提示】：输入线段数目或［块(B)］：5

上述操作结果如图3-40（b）所示。

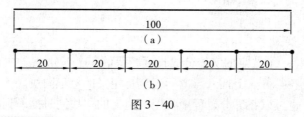

图3-40

2）插块等分

【**示例3-22**】如图3-41（a）所示的大圆的左上角有一个小圆，将其定义为图块，并用 divide 命令插入到圆的五分点上。

解：

（1）先定义图块。

【命令】：block∥输入定义块命令并按回车键确认

【提示】：选择对象：∥选择小圆（将小圆定义为图块）

【提示】：指定插入基点：∥捕捉小圆圆心

【提示】：输入块名：123

（2）等分圆并插块。

【命令】：divide∥输入等分命令并按回车键确认

【提示】：选择要定数等分的对象：∥选择大圆

【提示】：输入线段数目或［块(B)］：B∥选择图块 B 选项

【提示】：输入要插入的块名：123∥输入123

【提示】：是否对齐块和对象？［是(Y)/否(N)］＜Y＞：∥回车确认

【提示】：输入线段数目：5∥输入5

上述操作结果如图3-41（b）所示。

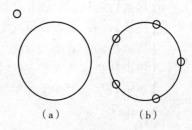

图4-41

---

4. 用法说明

（1）该命令只是对被选择实体作等分处理，而不是将它截断成若干实体。

（2）在等分插入图块时，该等分点就是图块的插入基点。插入图块时，可以按照等分目标的切线方向转动块，也可以不转动块。

（3）为能够让用户看到等分结果上的点标记，在等分之前，要预先选择点样式。

（4）选择目标只能用点选方式。

3.2.18　测量实体命令（measure）

1. 命令功能

measure 命令用来给选定的实体进行测量，也称为定长等分。并按照指定的间隔设置标记，即在测量点自动印上点标记符号。

measure 命令与 divide 命令不同之处是前者只等距平分，而后者从头到尾划分，末尾将留下零数段。

2. 基本操作

1）命令与提示

【命令】：measure //输入定长等分命令并按回车键确认

【提示】：选择要定距等分的对象：//用指点方式选一个目标

【提示】：指定线段长度或［块(B)］:B //按块方式,输入 B 后提示如下：

【提示】：输入要插入的块名：

【提示】：是否对齐块和对象？［是(Y)/否(N)］＜Y＞：

【提示】：指定线段长度：

2）选项含义

选择要定距等分的对象： 用点选方式选一个目标。

指定线段长度或［块（B）］： 本提示有两种方法响应：其一是，输入数值。输入的数值表示测量长度，测量的起点从距离实体点最近的端点开始，在测量的各分点处作标记，而且测量长度也可以通过给定的两点获得；其二是，以"B"响应，表明定长等分的基础上同时插入已经定义的块，插入点在定长度的等分点上。该选项将引出的下一级提示为：

输入要插入的块名：

是否对齐块和对象？［是(Y)/否(N)］＜Y＞：

指定线段长度：

3. 操作示例

1）直接测量等分

【示例 3－23】 用 measure 命令将如图 3－42（a）所示的总长为 11 个图形单位的多段线，用每段长度为 2 个图形单位的长度进行测量。

解：

【命令】：measure//输入定长等分命令并按回车键确认

【提示】：选择要定距等分的对象：//选择多段线

【提示】：指定线段长度或〔块(B)〕：3//线段长度为3

上述操作结果如图 3－42（b）所示。

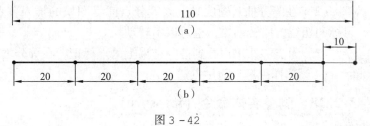

图 3－42

2）插块测量等分

【示例 3－24】 如图 3－43（a）所示的是厘米格尺的 100 个图形单位长度内细部分划单元（小格线）。用 measure 命令将其按定距离测量的方法放在一条长为 520 个图形单位的直线的上边缘。

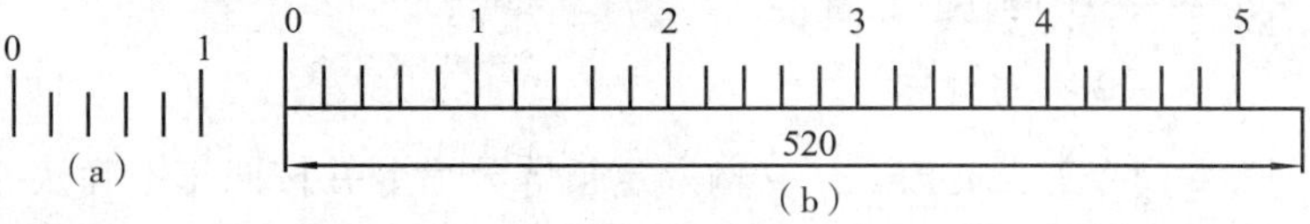

解：

（1）先定义图块。

【命令】：block//定义图块

【提示】：选择对象：//选择小格线

【提示】：指定插入基点：//捕捉小格线的右端点

【提示】：输入块名：good//输入块名称

图 3－43

（2）等分并插块。

【命令】：measure

【提示】：选择要定距等分的对象：//选取直线

【提示】：指定线段长度或〔块(B)〕：B//选择插入图块方式定距等分

【提示】：输入要插入的块名：good//输入图块名

【提示】：是否对齐块和对象？〔是(Y)/否(N)〕＜Y＞：//回车

【提示】：指定线段长度：100

上述操作结果如图 3－43（b）所示。

4. 用法说明

（1）测量等分 measure 命令与 divide 命令的区别是前者是从头到尾按一定的间隔量取实体，而后者只是将实体平均分成几份。

（2）插块等分预先定义块，并按照路径将块存盘，插入时按路径和块名调用插入。

3.2.19　分解实体命令（explode）

1. 命令功能

对于多段线、图块、尺寸标注块、双线、图案等实体，如果对其中的单一对象进行编辑，普通的编辑命令将无法完成，但如果将这些整体的对象进行分解，使之变成单独的对象，就可以采用普通的编辑命令进行编辑修改。explode 命令的作用就是分解实体。

2. 基本操作

1）命令与提示

【命令】:explode∥输入分解实体命令并按回车键确认

【提示】:选择对象:

2）提示含义

选择对象：选择要分解的对象，采用点选或框选的方法。被选择的实体通常是多段线、图块、尺寸标注块、多线、图案等。

3. 操作示例

【示例 3 - 25】 图 3 - 44（a）中 ABCD 是用 rec 命令绘制的整体矩形，删除上边，使之形成一个 U 形半开口矩形。

解:

如果直接采用 erase 命令删除时，选择对象会发现整个矩形全部被选中，此时如按回车键将删除整个矩形。为此得先用 explode 命令将矩形分解成四个段 AB、BC、CD、DA，这样就可以删除 AB 边。操作如下:

【命令】:explode∥输入分解实体命令并按回车键确认

【提示】:选择对象:∥点选矩形 ABCD,鼠标光标单击矩形边上任意一点即可,此时 ABCD 矩形被分解为 AB、DC、CD、DA 四段

【命令】:erase∥输入删除实体命令并按回车键确认

【提示】:选择对象:∥单击 AB 段上任意一点,回车确认

上述操作结果如图 3 - 44（b）所示。

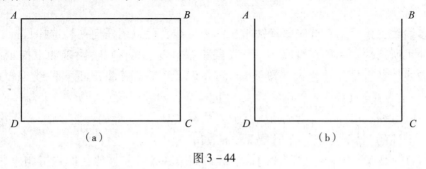

图 3 - 44

---

4. 用法说明

（1）explode 分解命令用于多段线、图块、尺寸标注块、双线、图案等整体图形的分解，但不能分解单个实体，如圆等。

（2）explode 分解命令分解后的图形与原图式样一致，故肉眼看不出分解结果，因此常与 erase 和 oops 伴随做试验，判别实体是否已经被分解。

3.2.20   多段线编辑命令（pedit）

1. 命令功能

多段线的特性是连为一个整体的线条。pedit 用来编辑二维和三维多段线和三维多边形网格。在此只介绍二维多段线编辑方法，多段线编辑被广泛应用于工程设计领域，尤其是加宽图线中。

多段线编辑包括相互转换、封闭与打开、曲线拟合、改变宽度、进行分解、改变顶点个数等功能。"转换"是指将一条多段线转换成非多段线或将一条非多段线转换成多段线；"封闭或打开"是指封闭一条非闭合的多段线，或者打开一条封闭的多段线。"曲线拟合"是指将多段线进行将顶点处改为圆弧连接或将其转变为样条曲线；改变宽度是指将整条多段线改变成新的宽度，也可以改变某段的宽度；"进行分解"是指可将一条多段线分解成多条；"改变顶点"是指可将多段线的有些顶点的位置移动，并可以在相邻两个顶点间插入新顶点或删除两顶点间的多段线等。

2. 基本操作

1）命令与提示

【命令】：pedit∥输入命令并按回车键确认

【提示】：选择多段线或[多条(M)]：

【提示】：所选对象不是多段线,是否将其转化为多段线？＜Y＞：

【提示】：是否将其转化为多段线？＜Y＞

【提示】：输入选项[闭合(C)／合并(J)／宽度(W)／编辑顶点(E)／拟合(F)／样条曲线(S)／非曲线化(D)／线型生成(L)／放弃(U)]：选 E 提示如下：

【提示】：输入顶点编辑选项[下一个(N)／上一个(P)／打断(B)／插入(I)／移动(M)／重生成线(R)／拉直(S)／切向(T)／宽度(W)／退出(X)]＜N＞：

2）选项含义

选择多段线：指示用户首先选择被编辑的多段线，可以用任何一种选择目标的方法选择多段线。如果所选的是一条直线段或一条弧线段而非多段线，则会出现如下提示："所选对象不是多段线，是否将其转化为多段线？＜Y＞"，回答 Y 时将出现多段线编辑的主选项，即"输入选项［闭合（C）／合并（J）／宽度（W）／编辑顶点（E）／拟合（F）／样条曲线（S）／非曲线化（D）／线型生成（L）／放弃（U）]"，此时一定要选"合并（J）"选项才能执行上述的"Y"回答。上述提示含义如下：

闭合（C）选项：用来将多段线的最后线段与第一条线段连接，即首尾相连。

合并（J）选项：该选项用来找出与非封闭的多段线的任意一端相遇的线段、弧线或其他多段线，然后将它们加到多段线上，构成新的多段线。选择该选项后软件重新提示"选择实体"。此时选择与多段线相连的实体，一旦选定后，系统会找出与当前多段线共享端点的线段、弧或其他多段线，把它们合并到当前多段线上，然后再用所得的多段线的新端点重复上述搜索过程，直到所有要连接的实体都搜索到为止。换言之，如果选择的多段线不是各段连为一体的整段多段线，只要在"合并（J）"后出现的选择实体的提示下，带目标拾取靶分别用鼠标左键依次单击各分段后再回车就将其转化为连为一体的多段线。

宽度（W）选项：该选项用来为多段线指定一个新的统一宽度。选择该选项后会出现如下提示"输入新的宽度"，此时可键入宽度值，也可用两点位置确定宽度。系统按新的宽度重新绘制多段线，这样可以消除宽度不统一现象。

编辑顶点（E）选项：该选项将提供一系列编辑顶点的功能。选择该选项后，屏幕菜单区将出现"编辑顶点"子菜单或出现该选项的下一级选项（称子选项）："输入顶点编辑选项 [下一个（N）/上一个（P）/打断（B）/插入（I）/移动（M）/重生成线（R）/拉直（S）/切向（T）/宽度（W）] <退出（X）>"，各子选项作用如下。

① 下一个（N）子选项：在进入顶点编辑状态后，鼠标光标变成一个"×"号（这里称为编辑顶点指示符号），出现在第一个顶点上，随着对各顶点的依次编辑，可以移动这个编辑顶点指示符号到各顶点，移动到哪个顶点，表示将对该顶点进行编辑。这里的"下一个（N）"选项，将会把指示当前顶点编辑状态的光标从本顶点处移动到下一个顶点。

② 上一个（P）子选项：使下一个顶点成为当前顶点（标有"×"号的顶点）。

③ 打断（B）子选项：该选项用来将多段线拆分成两条。选择该选项后出现系统提示："下一个（N）/上一个（P）/执行（G）退出（X）<N>"。在回答该提示信息之前，系统记录下有"×"标记的顶点作为第一断点，可以用该提示的"N"选项或"P"选项来往后或往前移动带有"×"标记的顶点。当输入"G"选项后，则在指定的两顶点间的任何线段和顶点均被删除。当选择"X"选项时，则取消打断（break）操作，返回到编辑顶点状态。

④ 插入（I）子选项：用来在两个相邻的顶点之间插入新的顶点，选择该选项后接着提示"输入新顶点位置"，输入后，新顶点被加到带有"×"标记的后边。因此插入新顶点之前，需要选择好带有"×"标记的顶点。

⑤ 移动（M）子选项：将当前顶点移动到一个新位置。在使用该选项前应选好要移动的当前顶点。选择该子选项后出现输入新顶点位置的提示，直接输入或拾取顶点位置即可。

⑥ 重生成线（R）子选项：用来重新生成一条多段线，以便看到顶点编辑的效果。例如，宽度改变后，用"R"选项重新生成多段线，可以看出改变宽度的效果。

⑦ 拉直（S）子选项：将选择的两个顶点间所有的顶点删除，并用一条直线替代。进行"拉直（S）"操作时，先标记当前顶点（即标有×"标记的顶点）的位置，然后会出现"下一个（N）/上一个（P）/执行（G）退出（X）<N>"的提示，该提示中"N"选项或"P"选项将带有"×"标记的顶点移动到指定的顶点，然后选择"G"选项执行，则将这两个顶点之间的所有线段和顶点删除，并用一条直线连接。倘若只指定一个顶点，则把该顶点后边的线段拉直。选择"X"选项，则退出拉直操作，返回到编辑顶点操作的选项提示。

⑧ 切向（T）子选项：该选项给当前顶点处所确定的方向一个斜率值，以控制曲线拟合。斜率用一个箭头显示在该图点处，表示该顶点的切线方向。选择该选项后，出现指定切线方向的提示，此时输入一个切线角度值（也可以输入一点），则切线方向为该顶点到当前的顶点的方向。

⑨ 宽度（W）子选项：改变当前顶点后面的线段的起始宽度和终止宽度的值。选择该选项后，系统分别出现"输入起始宽度"及"输入终止宽度"的提示，此时指定宽度后，并不一定立即画出新线段，只有再选择重生成线（R）子选项时才重画新线段。

⑩ 退出（X）子选项：退出顶点编辑状态，直接退回到多段线编辑 pedit 的提示状态。

拟合（F）选项：该选项用来产生一条光滑的圆弧曲线拟合多段线的所有顶点。光滑曲线的形状与各顶点的切线方向有关。为此，可先选择编辑顶点（E）选项来设置顶点的切线方向，然后再用该选项生成拟合曲线。如果不设置顶点的切线方向，直接进行拟合，此时各顶点的默认方向为零度。

样条曲线（S）选项：该选项把选中的多段线各顶点当作曲线的控制点或框架，用样条曲线来逼近各控制点，样条曲线除了穿过第一个和最后一个控制点外，不一定穿过其他控制点，只是指向这些点，控制点越多，逼近的精度越高。样条曲线与前面讲过的拟合曲线的不同之处在于拟合曲线是由通过各个顶点的一段一段的弧线组成。进行样条曲线拟合时，其框架信息被保存下来，为以后多段线还原（Decurve）选项使用，但在屏幕上不显示此框架。如果需要显示，只须把系统变量 SPLERAME 的值设置为1。样条曲线有各种类型，用系统变量 SPLINE-TYPE 的取值来控制形成样条曲线的类型。当 SPLINETYPE =5 时为2次样条曲线；当 SPLINE-TYPE =6 时为3次样条曲线。系统变量实际上是控制样条曲线所产生的逼近线段的数目。

非曲线化（D）选项：用来解除拟合（F）和样条曲线（S）选项产生的曲线，并恢复原来的多段线。

线型生成（L）选项：选择该选项将按照当前系统变量的设置值，重新生成一条多段线。

放弃（U）选项：该选项用来取消最近一次操作，连续使用该选项可使图形一步接着一步地复原。

3. 操作示例

【示例3－26】使用画线命令 line 和画弧命令 arc 画出如图3－45所示的直线段和与之相连接的弧线段，用 pedit 命令将其转化为连为一体的多段线并加宽到10个图形单位。

解：

（1）画出由直线和圆弧组成的基本图形。

【命令】：line∥输入画线命令并按回车键确认

【提示】：指定第一点：50,60

【提示】：下一点或［取消（U）］：90,100

【提示】：下一点或［放弃（U）］：120,40

【提示】：下一点或［闭合（C）/放弃(U)］：∥结束直线绘制

【命令】：arc∥输入画弧命令并按回车键确认

【提示】：指定圆弧的起点或［圆心(C)］：∥直接回车相当于接着上一条直线端点连续绘制弧

【提示】：指定圆弧的端点：200,30∥输入 D 点坐标

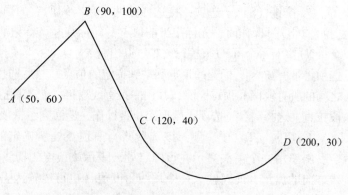

图3－45

上述操作结果画出的图形如图 3-45 所示。

(2) 将图线转化为多段线并加宽。

【命令】:pedit∥输入多段线编辑命令并按回车键确认

【提示】:选择多段线或［多条 (M)］:∥拾取 AB 段

【提示】:所选对象不是多段线,是否将其转化为多段线? ＜Y＞:∥按回车键确认将其转化为多段线

【提示】:输入选项［闭合(C)／合并(J)／宽度(W)／编辑顶点(E)／拟合(F)／样条曲线(S)／非曲线化(D)／线型生成(L)／放弃(U)］:J∥选合并(J)选项并按回车键确认

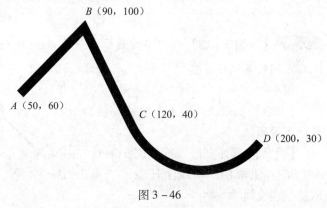

图 3-46

【提示】:选择对象:∥目标拾取靶依次单击 AB、BC、CD 段后按回车键确认

【提示】:输入选项［闭合(C)／合并(J)／宽度(W)／编辑顶点(E)／拟合(F)／样条曲线(S)／非曲线化(D)／线型生成(L)／放弃(U)］:W∥选宽度(W)选项并按回车确认

【提示】:输入新的宽度:5∥输入新宽度 5 个图形单位并回车确认

上述操作结果画出的图形如图 3-46 所示。

【示例 3-27】使用多段线编辑命令 pedit 对如图 3-47（a）所示的多段线进行编辑,将其 C 顶点和 D 顶点之间插入一个 M 顶点。

解:

【命令】:pedit∥输入多段线编辑命令并按回车键确认

【提示】:选择多段线或［多条 (M)］:∥在由 ABCD 组成的多段线上任意一点单击,选取整个多段线

【提示】:输入选项［闭合 (C)／合并 (J)／宽度 (W)／编辑顶点 (E)／拟合 (F)／样条曲线 (S)／非曲线化

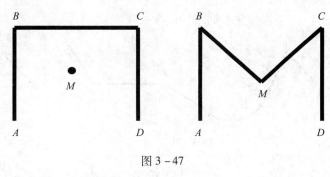

图 3-47

(D)／线型生成 (L)／放弃 (U)］:E∥选编辑顶点(E)选项并回车确认

【提示】:输入顶点编辑选项［下一个 (N)／上一个 (P)／打断 (B)／插入 (I)／移动 (M)／重生成线 (R)／拉直 (S)／切向 (T)／宽度 (W)／退出 (X)］:I∥选择插入顶点 (I)选项并回车确认

【提示】:输入新顶点位置:∥目标捕捉 M 点或输入 M 点的坐标并回车确认

【提示】:输入顶点编辑选项［下一个 (N)／上一个 (P)／打断 (B)／插入 (I)／移动 (M)／重生成线 (R)／拉直 (S)／切向 (T)／宽度 (W)／退出 (X)］:X∥选择退出 (X)选项并回车退出顶点编辑状态

【提示】:输入选项[闭合(C)/合并(J)/宽度(W)/编辑顶点(E)/拟合(F)/样条曲线(S)/非曲线化(D)/线型生成(L)/放弃(U)]://直接回车结束多段线编辑回到命令状态

以上操作结果如图3-47（b）所示。

【示例3-28】使用多段线编辑命令pedit对如图3-48所示的多段线进行编辑，将E、G之间的多段线拉直。

解：

【命令】:pedit//输入多段线编辑命令并按回车键确认

【提示】:选择多段线或[多条(M)]:在由ABCDEFG组成的多段线上任意一点单击,选取整个多段线

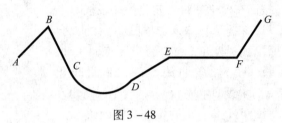

图3-48

【提示】:输入选项[闭合(C)/合并(J)/宽度(W)/编辑顶点(E)/拟合(F)/样条曲线(S)/非曲线化(D)/线型生成(L)/放弃(U)]:E//选编辑顶点(E)选项并回车确认

【提示】:输入顶点编辑选项[下一个(N)/上一个(P)/打断(B)/插入(I)/移动(M)/重生成线(R)/拉直(S)/切向(T)/宽度(W)/退出(X)]:S//先按N键直至"×"号移至E点,再选拉直选项(S)并回车确认

【提示】:输入选项[下一个(N)/上一个(P)/执行(G)退出(X)]<N>:N//选择下一个(N)选项,让位于顶点处的"×"标记从E点移动到G点,如图3-49所示

【提示】:输入选项[下一个(N)/上一个(P)/执行(G)退出(X)]<N>:G//选择执行(G)选项并确认

上述操作执行结果如图3-50所示。

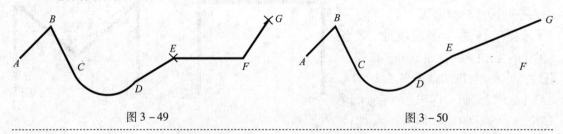

图3-49   图3-50

3.3 常用三维实体编辑命令

3.3.1 三维倒角命令（chamfer）

1. 命令功能

三维倒角和二维倒角命令功能相同，用于对三维实体进行倒角处理，就是将任何一处的拐角切掉，使之变成斜角，示例如图3-51所示。

2. 基本操作

1）命令与提示

【命令】：chamfer

【提示】：选择第一条直线或

［多段线(P)/距离(D)/角度(A)/

修剪(T)/方式(M)/多个(U)］：

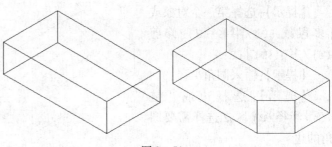

图 3 - 51

【提示】：输入曲面选择选项

［下一个(N)/当前(OK)］＜当前＞：//提示选择基面,并提示基面选项。基面是指所选实体边所在的两个平面中的一个面,在此提示下,系统会加亮显示其中的默认基面,＜OK＞表示当前高亮度显示的平面为基面,选择基面后,系统进一步提示：

【提示】：指定基面的倒角距离：//提示输入基面上的倒角长度

【提示】：指定其他曲面的倒角距离：//提示输入被选择边所在的另一个面上的倒角长度

【提示】：选择边或［环(L)］：//提示选择一条边或环

2）用法说明

在选择需要倒角的边时，只能在基面上选取，不在基面上的边不能被选取。

3.3.2　三维圆角命令（fillet）

1. 命令功能

三维圆角命令和二维圆角命令功能相同，用于对三维实体进行圆角处理，就是将任何一处的拐角切掉，使之变成圆角。

2. 基本操作

【命令】：fillet

【提示】：当前设置: 模式 = 修剪,半径 = 0.0000

【提示】：选择第一个对象或［多段线(P)/半径(R)/修剪(T)/多个(U)］：

【提示】：输入圆角半径：

【提示】：选择边或［链(C)/半径(R)］：

3. 操作示例

【示例 2 - 29】 用 rec 命令绘制一个长方体，用 vpoint 命令设置视点，让其立体显示成如图 3 - 52（a）所示的长方体。用 fillet 命令将长方体前面的棱角用半径为 5 个图形单位进行圆角处理，如图 3 - 52（b）所示。

解：

【命令】：fillet

【提示】：当前设置: 模式 = 修剪,半径 = 0.0000

【提示】:选择第一个对象或
［多段线（P)/半径（R)/修剪
(T)/多个（U)］:R

【提示】:输入圆角半径:5

【提示】：选择边或［链
(C)/半径（R)］://选择需要圆
角的边

上述操作结果如图 3 – 52
(b)所示。

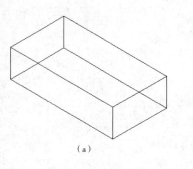
(a)

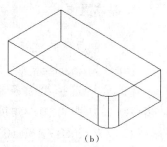
(b)

图 3 – 52

---

4. 用法说明

(1) 三维圆角命令与二维圆角命令相同,但用法不同。

(2) 当对三维实体每条棱都进行圆角操作时,只要在"选择边或［链（C)/半径
(R)］提示后逐一点取各个棱即可。

3.3.3 剖切命令（slice）

1. 命令功能

slice 命令可将实体在指定的平面处切开并对切开的部分有选择地保留。

2. 基本操作

1) 命令与提示

【命令】:slice//在命令提示符下输入剖切命令并回车确认

【提示】:选择对象://选择要被剖切的对象

【提示】:指定切面上的第一个点,依照［对象(O)/Z 轴(Z)/视图(V)/XY 平面(XY)/YZ
平面(YZ)/ZX]://用来指定剖切平面,共有 7 个选项

【提示】:平面(ZX)/三点(3)］＜三点＞:

【提示】:指定 ZX 平面上的点 ＜0,0,0＞:

【提示】:在要保留的一侧指定点或［保留两侧(B)］:

2) 选项含义

先指定切面上的第一个点,然后依照"［对象（O)/Z 轴（Z)/视图（V)/XY 平面
(XY)/YZ 平面（YZ)/ZX]进行设置":

(1) 系统默认:用三点定义剖切平面的选项的第一点提示选项,是系统默认提示,直
接点取定义第一点。后续提示会出现第二点和第三点,依次响应即可。

(2) 对象（O):用指定的实体所在平面来切开被剖切的对象。一般是用圆、椭圆、圆
弧、二维多段线或二维样条曲线等对象对齐剪切平面。该选项子提示为:

① 选择圆、椭圆、圆弧、二维样条曲线或二维多段线:选择一种作为指定的实体所在
平面。

② 在要保留的一侧指定点或［保留两侧（B)］:该提示是用来确定被切开实体的保留

方式。默认项是只保留其中一部分而另一部分被删除。保留的部分还需用户在剖切平面的相应侧点取一点，则位于该侧的那部分实体被保留。

（3）Z 轴（Z）：用指定的平面作为指定的剖切平面，该平面是按法线定面原理选择，即用指定与剖切面垂直的任意一条直线上的任意一点的方法来确定。选择该选项的子提示如下：

① 指定剖面上的点：指定剖切平面上的一点。

② 指定平面 Z 轴（法向）上的点：指定与剖切平面垂直的直线上的一点。

③ 在要保留的一侧指定点或 [保留两侧（B）]：确定切开后的保留方式。

（4）XY 平面/YZ 平面/ZX 平面：用特殊位置剖切平面剖切实体。这三项提示分别表示用当前 UCS 下的与平面 XOY、平面 XOZ、平面 ZOX 平行的平面作剖切平面。选择该提示的子提示为：

① 指定 ZX 平面上的点 <0, 0, 0>：指定一点以确定剖切面的位置。

② 在要保留的一侧指定点或 [保留两侧（B）]：确定切开后的保留方式。

3. 操作示例

1）用三点定面剖切实体

【示例 3 - 30】 用 slice 命令通过指定三点的方式将如图 3 - 53（a）所示的圆柱体剖切一半。

解：

【命令】:slice

【提示】:选择对象://选择圆柱体

【提示】:指定切面上的第一个点://用目标捕捉的办法捕捉实体上层面的圆心 A 点

【提示】:指定平面上的第二个点://用目标捕捉的办法捕捉实体上的象限点 B 点

【提示】:指定平面上的第三个点://用目标捕捉的办法捕捉实体下层面的圆心 C 点

【提示】:在要保留的一侧指定点或 [保留两侧(B)]://点取前面部分

上述操作结果如图 3 - 53（b）所示。

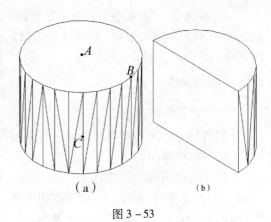

（a）　　　　（b）

图 3 - 53

2）用平行于坐标轴的特殊平面剖切实体

【示例 3 - 31】 用 slice 命令通过平行于 ZX 坐标平面的方式将图 3 - 54（a）所示的立体图剖切一半。

解：

【命令】:slice

【提示】:选择对象://选择图 3 - 54(a) 中的立体图

【提示】:指定切面上的第一个点,依照 [对象(O)/Z 轴(Z)/视图(V)/XY 平面(XY)/YZ 平面(YZ)/ZX]:ZX

【提示】:指定 ZX 平面上的点 <0,0,0 >://在 ZX 平面拾取一点

【提示】:在要保留的一侧指定点或 [保留两侧(B)]://在保留侧拾取一点

上述操作结果如图 3 - 54 （b）所示。

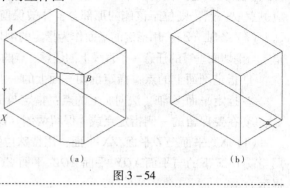

图 3 - 54

4. 用法说明

（1）用户指定的剖切平面必须与被剖切的实体相交。

（2）指定剖切平面所用的二维实体可以是直线、圆弧、圆、椭圆、二维多段线、二维样条曲线等。

（3）在命令提示符下直接输入 SL 也可以启动 slice 命令。

3.3.4　形成剖面命令（section）

1. 命令功能

section 命令和前面讲过的 slice 命令都是对三维实体进行剖切。section 命令只形成剖面,此剖面图可保留在原图中, 也可从原图移出; 而 slice 属于直接切开操作, 即将实体切开成两部分。使用时注意二者的区别。

2. 基本操作

1）命令与提示

【命令】:section//在命令提示符下输入 section 命令并回车确认

【提示】:选择对象:

【提示】:指定截面上的第一个点,依照 [对象(O)/Z 轴(Z)/视图(V)/XY 平面(XY)/YZ 平面(YZ)/ZX 平面(ZX)]://指定剖切平面

2）提示含义

（1）选择对象:提示选择实体, 其方法与 slice 命令相同。

（2）选项含义与 slice 选项的相应方法相同。

3. 操作示例

【示例 3 - 32】用 section 命令通过指定三点的方式从如图 3 - 55 （a）所示的立体图中获取如图 3 - 55 （b）所示的截面图形。

解：

【命令】：section

【提示】：选择对象：∥选择剖切实体

【提示】：指定截面上的第一个点，依照［对象(O)/Z 轴(Z)/视图(V)/XY 平面(XY)/YZ 平面(YZ)/ZX 平面(ZX)]：∥用目标捕捉的方式指定第一个剖切点 G

【提示】：指定平面上的第二个点：∥用目标捕捉的方式指定第二个剖切点 B

【提示】：指定平面上的第三个点：∥用目标捕捉的方式指定第三个剖切点 C

上述操作结果如图 3 – 55 (b) 所示。

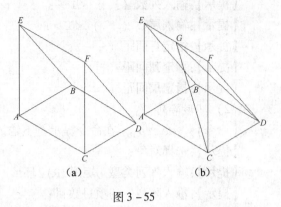

图 3 – 55

---

4. 用法说明

（1）用户指定的剖切平面必须与被剖切的实体相交。

（2）指定剖切平面所用的二维实体可以是圆弧、圆、椭圆、二维多段线、二维样条曲线等。

（3）剖切面可以使用特殊面或任意面，但定义面要用高等数学中的三点定面和 Z 轴上一点顶面原理形成剖切面。

[上机操作练习题]

用 cylinder、circle、extrude、mirror 等命令完成如图 3 –56 (a) 的实体制作。然后分别用 slice 命令做非对称剖切，并用 section 命令形成剖面，使结果如图 3 –56 (b) 所示。

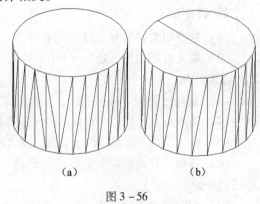

图 3 – 56

3.3.5　三维阵列命令 （3darray）

1. 命令功能

3darray 命令可以将实体在三维空间里阵列。与二维相比，除具有 X、Y 的阵列数和距离外，在高度 Z 方向也有相应的阵列数。阵列分环形阵列和矩形阵列。

2. 基本操作

1) 命令与提示

（1）矩形阵列

【命令】：3darray

【提示】：选择对象：

【提示】：输入阵列类型［矩形(R)/环形(P)] <矩形 >：

【提示】：输入行数 (－－－) <1>：

【提示】:输入列数（||||）<1>:

【提示】:输入层数（...）<1>:

【提示】:指定行间距（---）:

【提示】:指定列间距（||||）:

【提示】:指定层间距（...）:

（2）环形阵列

【命令】:3darray // 在命令提示符下输入三维阵列命令并回车确认

【提示】:选择对象:

【提示】:输入阵列类型［矩形(R)/环形(P)］<矩形>:P

【提示】:输入阵列中的项目数目:

【提示】:指定阵列半径:

【提示】:指定要填充的角度（+=逆时针，-=顺时针）<360>:

【提示】:旋转阵列对象?［是(Y)/否(N)］<是>:

【提示】:指定阵列的中心点:

【提示】:指定旋转轴上的第二点:

2）提示含义

（1）选择对象:选择被阵列的实体。

（2）输入阵列类型［矩形（R）/环形（P）］:选择阵列类型，选R为矩形阵列，选择P为环形阵列。

（3）输入行数（---）<1>:输入矩形阵列的行数。

（4）输入列数（||||）<1>:输入矩形阵列的列数。

（5）输入层数（...）<1>:输入矩形阵列的层数。

（6）行数、列数和层数确定后，将进一步提示输入行距、列距和层数，这些提示在前面已经介绍。

（7）指定要填充的角度（+=逆时针，-=顺时针）<360>: // 系统默认360°

3. 操作示例

1）矩形阵列

【示例3-33】用3darray命令将如图3-57（a）所示的圆角立方体，进行3行、3列、3层阵列，如图3-57（b）所示。

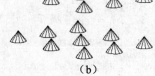

（a）　　　（b）

解:

【命令】:3darray

【提示】:选择对象:

【提示】:输入阵列类型［矩形（R）/环形（P）］<矩形>: // 回车默认矩形阵列

图3-57

【提示】:输入行数（---）<1>:3

【提示】:输入列数（||||）<1>:

【提示】:输入层数 (...) <1 >:3

【提示】:指定行间距 (－－－):400

【提示】:指定列间距 (|||):300

【提示】:指定层间距 (...):500

上述操作结果如图 3－57 (b) 所示。

2）环形阵列

【示例 3－34】 用 3darray 命令将如图 3－58 (a) 所示的立体图，进行环形阵列。

解:

【命令】:3darray

【提示】:选择对象://选择如图 3－58(a)所示的圆锥体

【提示】:输入阵列类型 [矩形 (R)/环形 (P)] <矩形 >:P //指定环形阵列

【提示】:输入阵列中的项目数目:5

【提示】:指定阵列半径:500

【提示】:指定要填充的角度 (＋ ＝逆时针，－ ＝顺时针) <360 >:

【提示】:旋转阵列对象？ [是(Y)/否(N)] <是 >:

【提示】:指定阵列的中心点:100,200,300 //输入阵列中心点三维坐标

【提示】:指定旋转轴上的第二点:@100,200,0 //输入阵列旋转轴另一点坐标

上述操作结果如图 3－58 (b) 所示。

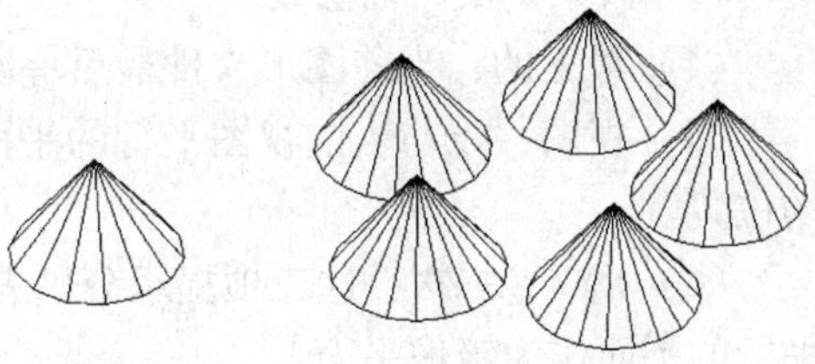

（a）　　　　　　（b）

图 3－58

---

4. 用法说明

三维环形阵列（极坐标阵列）中，实体是绕着一条指定的轴进行阵列的。这与二维环形阵列绕着一点阵列不同。这也是二者的唯一区别。

3.3.6　三维镜像命令（mirror3d）

1. 命令功能

mirror3d（三维镜像）命令是将三维实体按照三维的镜像平面进行对称复制。

2. 基本操作

1）命令与提示

【命令】:mirror3d//在命令提示符下输入三维镜像命令并按回车键确认

【提示】:选择对象://选择将要进行镜像的实体对象

【提示】:指定镜像平面 (三点) 的第一个点或 [对象(O)/最近的(L)/Z 轴(Z)/视图(V)/XY 平面(XY)/YZ 平面(YZ)/ZX]

【提示】:在镜像平面上指定第二点：

【提示】:在镜像平面上指定第三点：

【提示】:是否删除源对象？［是(Y)/否(N)］＜否＞：

2）提示含义

（1）指定镜像平面（三点）的第一个点或［对象（O）/最近的（L）/Z轴（Z）/视图（V）/XY平面（XY）/YZ平面（YZ）/ZX］：要求用户指定镜像平面，其中"三点"是利用不在同一个平面内的三个点确定镜像平面。

（2）对象：指定平面实体对象作为镜像平面。

（3）Z轴：该选项是指定一条直线，系统所确定的镜像平面与该直线垂直，相当于用指定的这条线来定义平面法线。

（4）最近的：当前图形文件最后一次指定的镜像平面为本次命令的镜像平面。

（5）视图：以与当前视图平行的平面为镜像平面，用户只须指定一点就能确定该平面的位置。

（6）XY/YZ/ZX：这三项提示分别表示用与当前 UCS 下的 XY 平面、YZ 平面、ZX 平面平行的平面作为镜像平面。

3. 操作示例

【示例3–35】图3–59（a）上部的9个圆锥，关于平面镜像。

解：

【命令】:mirror3d

【提示】:选择对象：//选择9个圆锥

【提示】:指定镜像平面（三点）的第一个点或［对象(O)/最近的(L)/Z轴(Z)/视图(V)/XY平面(XY)/YZ平面(YZ)/ZX］://用目标捕捉的方式选择镜像平面上的一个点 A

【提示】:在镜像平面上指定第二点://用目标捕捉的方式指定第二个点 B

【提示】:在镜像平面上指定第三点://用目标捕捉的方式指定第三个点 C

【提示】:是否删除源对象？［是(Y)/否(N)］＜否＞://回车确认结束镜像命令

上述操作结果如图3–59（b）所示。

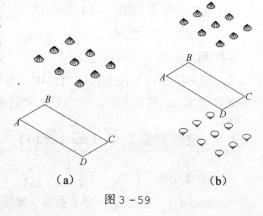

（a）　　　　（b）

图3–59

4. 用法说明

（1）在指定二维实体所在平面作为镜像平面时，二维实体可以是圆、圆弧和二维多段线。

（2）如果当前图形尚未执行过三维镜像操作，"最近的（L）"选项无效。

3.3.7　三维旋转命令（rotate3d）

1. 命令功能

将实体在三维空间内绕指定的轴旋转。

2. 基本操作

1）命令与提示

【命令】：rotate3d∥在命令提示符下输入三维旋转命令并按回车键确认

【提示】：选择对象：∥选择被旋转对象

【提示】：指定轴上的第一个点或定义轴［对象(O)/最近的(L)/视图(V)/X 轴(X)/Y 轴(Y)/Z 轴(Z)/两点(2P)］：

2）提示含义

"指定轴上的第一个点或定义轴［对象（O）/最近的（L）/视图（V）/X 轴（X）/Y 轴（Y）/Z 轴（Z）/两点（2P）］"列出了 7 种旋转轴的确定方法，默认方法是利用旋转轴上的两个点确定旋转轴位置。

① 对象：指定一个二维实体对象作为旋转轴，这个二维图形或其所在的平面法线就是旋转轴线。二维实体包括直线、圆、弧线和二维多段线。若指定直线时，则以该直线作为旋转轴线；如果指定圆为旋转轴线，其旋转轴位置是通过圆心并与圆所在平面垂直的轴线；倘若以弧线作为旋转轴线，其旋转轴线位置是通过圆弧的圆心并与圆弧所在平面垂直；对于二维多段线，若点取的多段线单元为直线段，则该直线段所在直线就是旋转轴；若是曲线，则视情况确定。

② 最近的：当前图形文件最后一次执行时采用的旋转轴线为本次命令的旋转轴线。

③ 视图：以当前视图视点方向作为旋转轴方向，用户再输入一点就能确定该旋转轴的位置。

④ X 轴/Y 轴/Z 轴：该选项分别以 X 轴、Y 轴、Z 轴为旋转方向。

⑤ 两点：通过两个点来确定旋转轴的位置，为默认选项。可直接输入两点的三维坐标来确定旋转轴位置。

3. 注意事项

（1）用指定点来确定旋转轴位置时，可以直接输入三维坐标或目标捕捉已有的点位。

（2）旋转轴通常用两点定轴原理指定。

3.3.8　三维对齐命令（align）

1. 命令功能

align（对齐）命令可以在二维和三维空间中将某对象与其他对象相应的点对齐。三维对齐也称对应排列，是指根据一个图形的位置来确定另外一个图形的位置，或以一个图形的大小、倾斜角度或相关参数来确定另外一个图形的位置、大小等相关参数。三维对齐操作过程中，两相互对齐的物体，其中一个固定位置不变，另一个移动到这个固定位置的物体上，移动后是以相对应的某一个面和棱边贴合在一起。三维对齐过程中，由于一个实体要移动到另一个实体上，移动的那个实体叫做源实体或源对象；固定不动的那个实体叫做目标实体。

2. 基本操作

1) 命令与提示

【命令】：align∥输入三维对齐命令并回车确认

【提示】：选择对象：

【提示】：指定第一个源点：

【提示】：指定第一个目标点：

【提示】：指定第二个源点：

【提示】：指定第二个目标点：

【提示】：指定第三个源点或：

【提示】：指定第三个目标点：

2) 选项含义

（1）选择对象：选择要对齐的图形实体，图形实体就是对应排列标准的实体。

（2）指定源点：指定源实体上的源点。

（3）指定目标点：指定目标实体上的目标点，只能指定三个目标点。

3. 操作示例

【示例 3-36】图 3-60（a）是一个三棱台，而图 3-60（b）是一个长方体，用三维对齐命令将这两个实体合并，合并过程中，三棱台上的 A、B、C 点分别和长方体上的 1、5、4 点对齐。

解：

【命令】：align

【提示】：选择对象：∥选择长方体

【提示】：指定第一个源点：∥选择 1 点

【提示】：指定第一个目标点：∥选择 A 点

【提示】：指定第二个源点：∥选择 5 点

【提示】：指定第二个目标点：∥选择 B 点

【提示】：指定第三个源点或：∥选择 4 点

【提示】：指定第三个目标点：∥选择 C 点

上述操作结果如图 3-60（c）所示。

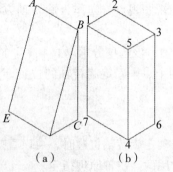

图 3-60

---

4. 用法说明

（1）三维对齐过程中，尤其注意源实体和目标实体的区别。再次强调，一个目标实体要移动到另一个目标实体上，移动的那个实体叫做源实体或源对象，固定不动的那个实体对象叫做目标实体。对齐操作的结果是两个实体以相应某个面对应的棱边相互贴合在一起，同时相应的面也贴合在一起。

（2）三维对齐命令最多只允许用户选择三个对应点。

（3）如果使用两个源点和两个目标点在非相互垂直的工作平面内执行三维对齐操作，将会产生不可预料的效果。

（4）使用三维对齐命令后的两个实体虽然合并到一起并将相应点对正，但仍然是两个实体，要想真正成为一个实体，须使用三维布尔运算求并运算 union 命令予以合并。

3.4 本章小结

本章分别介绍了若干二维和三维图形编辑命令的用法。实际上，有些二维编辑命令同时可以用于三维图形的编辑，如 chamfer、fillet 等。

使用二维图形编辑命令应注意两点：其一是目标选择，其二是编辑基点。前者是图形编辑命令使用时的一个共同的特点，即输入命令后首先出现选择目标的提示，与此同时，鼠标光标变成目标拾取靶（拾取靶框的大小可以设定）。拾取靶单击哪个图线，被单击图线将变成虚显，表示目标被选中。基点是编辑过程中经常碰到的提示，如 copy、move、stretch 等命令都需要指定基点。理论上讲，只要位移量保持不变，基点位置与图形编辑没有关系，在当前屏幕的图形内外任意指定即可，不过为作图方便，通常是指定图线上的一些特征点，此时应注意使用目标捕捉命令。

在使用三维图形编辑命令时，也应强调两点。其一是确定面的问题，有些三维命令执行过程中，需要指定一个三维平面，这个平面一般是按照三点定面原理或指定平面法线来确定，只要这三个点不共线即可，指定时一般捕捉些棱线上的特征点。其二是轴的选择，主要是输入轴上的两个点的三维坐标。

第 4 章

绘图环境设置*

利用 AutoCAD 软件绘图必须按照严格的绘图步骤执行，其基本步骤是：新建图形文件→设定绘图界限→定义绘图单位→设置绘图环境（包括建立绘图的图层等）→图形绘制与编辑→标注图形尺寸→修改整饰图形→进行图形输出。其中，图形环境设置包括绘图单位、图层、颜色、线型、线宽设置及选项设置等。之所以设置绘图环境，不但是绘图步骤的需要，而且还是用户使用软件便利的需要。例如，在开始使用 AutoCAD 软件时，需要设置符合自己的愿望的绘图环境，但系统默认环境有时不如人愿。再如，希望绘图时的精度为 4 位小数，显示出来的却是 2 位小数；希望不仅能捕捉预定角度的极轴，而且能捕捉 10° 的极轴；希望屏幕背景为白色，默认颜色却是黑色；希望能够自动捕捉起点、终点、垂足等。这些都和图形绘制的环境有关。设置了合适的绘图环境，不仅可以简化大量的调整、修改工作，而且有利于统一格式，便于图形的管理和使用。

4.1 图形界限与绘图单位

4.1.1 图形界限设置

图形界限是绘图的范围，相当于手工绘图时图纸的大小。绘图界限分模型空间界限和图纸空间界限。设定界限的命令均是 limits。设定合适的绘图界限，有利于确定图形绘制的大小、比例、图形之间的距离，并检查图形是否超出"图框"。早期的 AutoCAD 版本的界限设定是为了在绘图过程中约束绘图者在界限内绘图。当绘图超限时自动出现提示。现在的 AutoCAD 版本图形界限是无限的，没有超限的提示。设定图形界限时，宜将模型空间的界限与图纸空间的界限设置得相同。

设置图形界限的方法是在"格式"菜单选择"图形界限"命令或在命令行直接输入 limits 命令。

1. 图形界限的设定方法

1）命令与提示

【命令】:limits∥输入设置图形界限命令并回车确认

【提示】:重新设置模型空间界限:

【提示】:指定左下角点或[开(ON)/关(OFF)]<0.0000.0.0000>

【提示】:指定右上角点〈XXX.XXX〉:

2）提示含义

指定左下角点或［开（ON）/关（OFF）]：指定左下角点为默认选项，用一个虚拟的矩形框定义图形界限。左下角点就是让用户设置这个矩形框的左下角点的坐标。

指定右上角点：定义图形界限的右上角点，与刚刚指定过的左下角点配成一对。

开（ON）：打开图形界限检查。如果打开了图形界限检查，系统不接受设定的图形界限之外的点输入。但对不同情况检查的方式不同。如对直线，如果有任何一点在界限之外均无法绘制该直线。对圆、文字而言，只要起点在界限范围之内即可；对于单行文字，只要定义的文字起点在界限之内，实际输入的文字不受限制。对于编辑命令，拾取图形对象的点不受限制，除非拾取点同时作为输入点，否则界限之外的点无效。

关（OFF）：关闭图形界限检查。

2. 图形界限设定结果的检查

图形界限设定后，可通过栅格显示该界限，方法是单击状态栏上的栅格或按 F7 键，操作后即可看到屏幕上出现的栅格小点，当这些点布满用户设置的整个图形界限范围时，表明图形界限设置成功。为使整个界限显示在屏幕上，可执行 zoom 命令的 A 选项，即：

【命令】:zoom

【提示】:指定窗口角点，输入比例因子(nX 或 nXP)，或[全部(A)/中心(C)/动态(D)/范围(E)/上一个(P)/比例(S)/窗口(W)/对象(O)]<实时>:A//输入 A 并回车确认

【提示】:正在重生成模型。

3. 图形界限设置操作示例

 【示例 4－1】 设置图形界限为宽 420、高 297 个图形单位。

解：

【命令】:limits//输入命令并回车确认

【提示】:重新设置模型空间界限:

【提示】:指定左下角点或[开(ON)/关(OFF)] < 0.0000.0.0000 >//回车确认

【提示】:指定右上角点 <400.0000.200.0000 >:420,297//输入坐标并回车确认

【命令】:zoom//输入命令并回车确认

【提示】:窗口角点，输入比例因子(nX 或 nXP)，或[全部(A)/中心(C)/动态(D)/范围(E)/上一个(P)/比例(S)/窗口(W)/对象(O)] <实时>:A

【提示】:正在重生成模型//按 F7 键打开栅格,结果如图 4－1 所示。

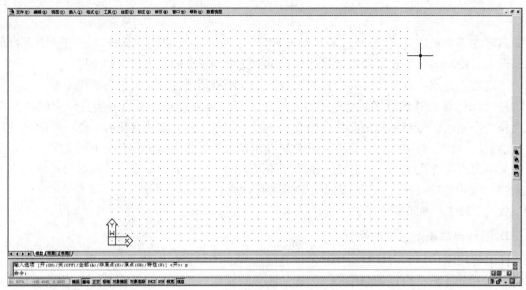

图 4-1

4.1.2 绘图单位设置

设定绘图单位用 units 命令，用来定义绘图时所使用的长度计数单位和角度计数单位及其精度、角度的旋转方向和零角度的基准方向。当输入命令后，在自动弹出的对话框中按提示步骤设定即可。一般而言，一批图或一项工程的单位只设定一次。

对任何图形而言，总有其大小、精度及采用的单位。AutoCAD 中，在屏幕上的只是屏幕单位，这个单位叫做图形单位，但屏幕单位应该对应一个真实的单位，例如，一个图形单位对应 1 mm、1 cm、1 英寸甚至 1 m 等。不同的单位，其格式是不同的。同样，也可以设定或选择类型、精度和方向。

图 4-2

设置绘图单位的方法是在"格式"菜单中选择"绘图单位"，或在命令行直接输入 units 命令。执行 units 命令后，弹出如图 4-2 所示"图形单位"对话框。该对话框中包含长度、角度、插入比例和输出样例四个区，另外有四个按钮。

（1）"长度"区：设定长度的单位类型及精度。通过下拉列表框，可以选择长度单位类型及其精度。

（2）"角度"区：设定角度单位类型和精度。通过"类型"下拉列表框，可以选择角度单位类型。

- 通过"精度"下拉列表框，可以选择角度精度，也可以直接键入。
- 顺时针：控制角度方向的正负。选中该复选框时，顺时针为正，否则逆时针为正。默认逆时针为正。

（3）"插入比例"区：控制当插入一个块时，其单位如何换算，可以通过下拉列表框选择一种单位。

（4）"输出样例"区：该区示意了以上设置后的长度和角度单位格式。

（5）"方向"按钮：设定角度方向。单击该按钮后，弹出如图 4-3 所示"方向控制"对话框。该对话框中可以设定基准度方向，默认 0° 为东的方向。如果要设定除东、南、西、北四个方向以外的方向作为 0° 方向，可以点取"其他"单选接钮，此时下面的"角度"项为有效，用户可以点取"拾取角度"按钮，进入绘图界面点取某方向作为 0° 方向或直接键入某角度作为 0° 方向。

图 4-3

4.2　捕捉和栅格设置

4.2.1　捕捉和栅格的概念

当输入的点为已有图线的特征点时，不必再输入坐标，可利用目标捕捉功能，直接捕捉点，它与输入坐标的效果相同。捕捉和栅格提供了几种精确绘图工具。通过捕捉可以将屏幕上的拾取点锁定在特定的位置上，而这些位置，隐含了间隔捕捉点。

如果没有专门设定目标捕捉功能，用户利用目标捕捉的方法是，在命令提示要求输入坐标的状态下，按住 Shift 键并按鼠标右键，将弹出目标捕捉菜单。这个菜单一般指出的是一些图上的特征点，如圆的圆心、象限点，直线的起点、中点、终点，两直线的交点、直线的垂足点等，可将鼠标光标移动到特征点菜单上单击鼠标左键确认。与此同时，在命令提示后出现选准某种点的提示，表示已完成捕捉。如果预先设定捕捉功能，当鼠标光标移动到这些特征点上时，上述特征点捕捉标记自动显示出来。

栅格是在屏幕上可以显示出来的具有指定间距的点，这些点只是在绘图时提供一种参考作用，其本身不是图形的组成部分，也不会被输出。对于一些精准绘图，如果设置了栅格捕捉功能，绘图时鼠标光标只会在栅格上跳动。当输入坐标正好位于栅格上时，可直接利用栅格点，不必再输入坐标，从而使得用户绘图更加方便。但栅格设定太密时，在屏幕上显示不出来。

4.2.2　捕捉点和栅格点的设置

捕捉点和栅格点的设置，可调用"工具"菜单的"草图设置"选项，也可以在状态栏中右击 栅格 或 捕捉 选择快捷菜单中的"设置"来进行设置。

选择菜单命令后，弹出如图 4-4 所示的"草图设置"对话框。其中第一个选项卡即"捕捉和栅格"选项卡。该选项卡中包含了 5 个区：捕捉间距、栅格间距、捕捉类型、极轴间距、栅移行为。

1. "捕捉间距"区

（1）捕捉 X 轴间距：设定捕捉在 X 轴方向上的间距。

（2）捕捉 Y 轴间距：设定捕捉在 Y 轴方向上的间距。

（3）X 和 Y 间距相等：选择此项，X 轴和 Y 轴捕捉间距相等。

2. "栅格间距"区

（1）栅格 X 轴间距：设定栅格在 X 轴方向上的间距。

（2）栅格 Y 轴间距：设定栅格在 Y 轴方向上的间距。

3. "捕捉类型"区

（1）栅格捕捉：设定栅格捕捉方式，分成矩形捕捉和等轴测捕捉两种方式。

（2）矩形捕捉：X 轴和 Y 轴呈 90°的捕捉格式。

图 4 - 4

（3）等轴测捕捉：设定成正等轴测捕捉方式。

（4）极轴捕捉：设定成极轴捕捉模式，点取该项后，"极轴间距"区有效，而"捕捉"区无效。

4. "极轴间距"区

设定在极轴捕捉模式下的极轴间距。图 4 - 5 显示了极轴捕捉状态下极轴间距为 5 时的屏幕示例。

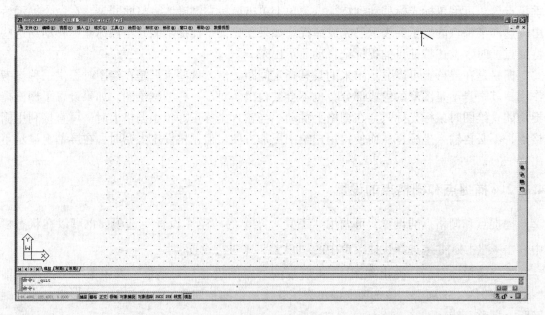

图 4 - 5

5. "栅移行为"区

这个区域的选项含义从字面可以看出，不再详细介绍。

在等轴测捕捉模式下，可以通过 F5 键或 Ctrl + D 快捷键在三个轴测平面之间切换。

4.3　极轴追踪和对象捕捉

4.3.1　极轴追踪

极轴追踪提供了一种拾取特殊角度上点的方法。利用极轴追踪可以在设定的极轴角度上根据提示精确移动光标。

启用极轴追踪功能是在命令行输入 dsettings 命令或通过"工具"菜单选择"草图设置"选项，在"草图设置"对话框中"极轴追踪"选项卡如图 4 - 6 所示。

"极轴追踪"选项卡中包含了"启用极轴追踪"复选框、极轴角设置、对象捕捉追踪设置和极轴角测量三个区。

"启用极轴追踪"复选框控制在绘图时是否使用极轴追踪。

1. "极轴角设置"区

（1）增量角：设置角度增量大小 。默认为 90°，即捕捉 90° 的整数倍角度：0°、90°、

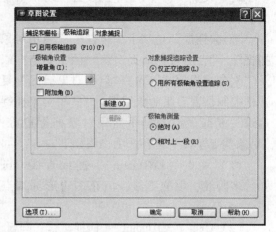

图 4 - 6

180°、270°，用户可以通过下拉列表选择其他的预设，也可以键入新的角度。绘图时，当光标移到设定的角度及其整数倍角度附近时，自动被"吸"过去并显示极轴和当前方位。

（2）附加角：该复选框设定是否启用附加角。在极轴追踪中会捕捉角增量及其整数倍角度，并且会捕捉附加角设定的角度，但不一定捕捉附加角的整数倍角度，如设定了角增量为 45°，附加角为 30°，则自动捕捉的角度为 0°、45°、90°、135°、180°、225°、270°、315° 以及 30°，不会捕捉 60°、120°、240°、300°。

（3）"新建"按钮：新增一附加角。

（4）"删除"按钮：删除一选定的附加角。

2. "对象捕捉追踪设置"区

（1）仅正交追踪：仅仅在对象捕捉追踪时采用正交方式。

（2）用所有极轴角设置追踪：在对象捕捉追踪时采用所有极轴角。

3. "极轴角测量"区

（1）绝对：设置极轴角为绝对角度，在极轴显示时有明确的提示。

（2）相对上一段：设置极轴角为相对于上一段的角度，在极轴显示时有明确的提示。

4.3.2 对象捕捉

绘制的图形各组成元素之间一般不会是孤立的，而是相互关联的。如一个图形中有一矩形和一个圆，该圆和矩形之间的相对位置必须确定。如果在矩形的左上角顶点上画圆，在绘制圆时，必须以矩形的该顶点为圆心来绘制，这时就应采用捕捉矩形顶点方式来精确定点。以此类推，几乎在所有的图形中，都会频繁涉及对象捕捉。

对象捕捉的模式依对象不同而异。设置捕捉模式可以在命令行输入 settings 命令，或者在"工具"菜单中选择"草图设置"，还可以在状态栏中右击"对象捕捉"，选择快捷菜单中的"设置"命令，"草图设置"对话框中的"对象捕捉"选项卡如图 4－7 所示。

"对象捕捉"选项卡中包含了"启用对象捕捉"、"启用对象捕捉追踪"两个复选框以及"对象捕捉模式"区；"启用对象捕捉"复选框控制是否启用对象捕捉；"启用对象捕捉追踪"复选框控制是否启用对象捕捉追踪；"对象捕捉模式"区各选项作用如下。

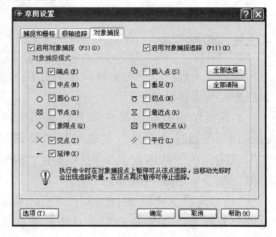

图 4－7

（1）端点（ENDpoint）：捕捉直线、圆弧、多段线、填充直线、填充多边形等端点，拾取点靠近哪个端点，即捕捉该端点，如图 4－8 所示。

（2）中点（MIDpoint）：捕捉直线、圆弧、多段线的中点。对于参照线，"中点"将捕捉指定的第一点（根）。当选择样条曲线或椭圆弧时，"中点"将捕捉对象起点和终点之间的中点。如图 4－9 所示，首先将光标放到直线 A 上，将光标由 A 至 B 移动，当出现中点捕捉标记后不必将光标准确移动到中点上，移到中心位置附近时，单击该点即是中心点。

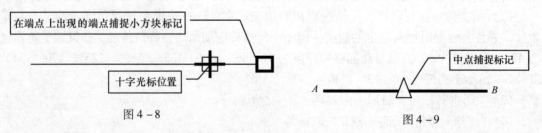

图 4－8　　　　　　　　　　　　　　　　　　图 4－9

（3）圆心（CENter）：捕捉圆、圆弧或椭圆弧的圆心，拾取的是圆、圆弧、椭圆弧而非圆心，如图 4－10 所示。

（4）节点（NOde）：捕捉对象及尺寸的定义点。节点是用 point 命令画出的点，将光标移动到节点附近，当目标拾取靶变为如图 4－11 所示捕捉标记且套住该点时，表示捕捉成功。

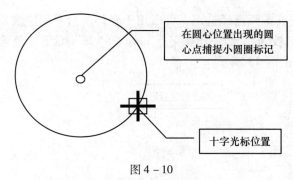

图 4 – 10

图 4 – 11

（5）插入点（INSertion）：捕捉块、文字、属性、属性定义等插入点。如果选择块中的属性，AutoCAD 将捕捉属性的插入点而不是块的插入点。因此，如果一个块完全由属性组成，只有当其插入点与某个属性的插入点一致时，才能捕捉到其插入点，如图 4 – 12 所示。

（6）象限点（QUAdrant）：捕捉到圆弧、圆或最近的象限点（0°、90°、180°、270°点）。圆和圆弧的象限点的捕捉位置取决于当前用户坐标系（UCS）方向。圆或圆弧的方向必须与当前用户坐标系的 Z 轴方向一致。如果圆弧、圆或椭圆是旋转块的一部分，那么象限点也随着块旋转，如图 4 – 13 所示。

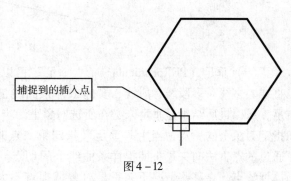

图 4 – 12

（7）交点（INTersection）：捕捉两图形元素的交点，这些对象包括圆弧、圆、椭圆、椭圆弧、直线、多线、多段线、射线、样条曲线或参照线，"交点"可以捕捉面域或曲线的边，但不能捕捉三维实体的边或角点，块中直线的交点同样可以捕捉，如果图块以一致的比例进行缩放，可以捕捉图块中圆弧或圆的交点。

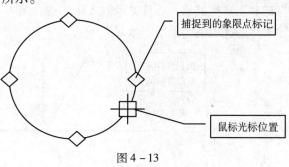

图 4 – 13

如图 4 – 14 所示，将鼠标光标放到靠近交点处时，在交点处自动出现交点捕捉标记，此时单击鼠标左键即可得到该点。

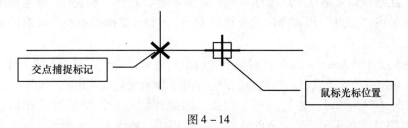

图 4 – 14

（8）延伸（EXTension）：可以使用"延伸"对象捕捉延伸直线和圆弧。与"交点"或"外观交点"一起使用"延伸"，可以获得延伸交点。要使用"延伸"，在直线或圆弧端点上暂停后将显示小的加号（＋），表示直线或圆弧已经选定，可以用于延伸。沿着延伸路径移动光标将显示一个临时延伸路径。如果"交点"或"外观交点"处于"开"状态，就可以找出直线或圆弧与其他对象的交点，如图4–15所示。

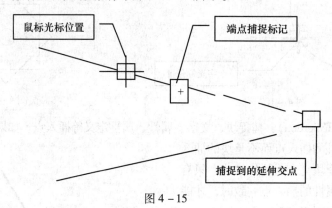

图 4–15

（9）垂足（PERpendicular）："垂足"可以捕捉到与圆弧、圆、参照、椭圆、椭圆弧、直线、多线、多段线、射线、实体或样条曲线正交的点，也可以捕捉到对象的外观延伸垂足，所以最后结果是垂足未必在所选对象上。当用"垂足"指定第一点时，AutoCAD将提示指定对象上的一点，当用"垂足"指定第二点时，AutoCAD将捕捉刚刚指定的法线矢量所通过的点，法向矢量将捕捉样条曲线上的切点。如果指定点在样条曲线上，则"垂足"将捕捉该点。在某些情况下，垂足对象捕捉点不太明显，甚至可以会没有垂足对象捕捉点存在，如果"垂足"需要多个点以创建垂直关系，AutoCAD将显示一个递延的垂足自动捕捉标记和工具栏提示，并且提示输入第二点。图4–16中绘制一直线同时垂直于另一直线，在输入点的提示下，采用"垂足"响应。

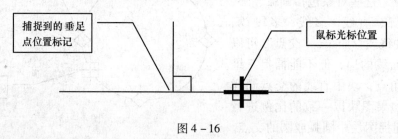

图 4–16

（10）外观交点（APParent Intersection）：和"交点"类似的设定，捕捉空间两个对象的视力交点。注意，如果第三个点坐标不同，在屏幕上看着是"相交"，但这两个对象并不真正相交，则采用"交点"模式无法捕捉该"交点"。如果要捕捉该点，应该设定成"外观交点。

（11）最近点（NEArest）：捕捉该对象上和拾取点最靠近的点，对于图线上任一点，该点无论在哪里，一定位于这条线上。当捕捉到最近点后，鼠标光标变为⊠形，如图4–17所示。

（12）切点（TANgent）：捕捉与圆、圆弧、椭圆相切的点，如采用"相切、相切、半径"方式绘制圆时，必须和已知的直线或圆、圆弧相切，如图4–18所示。如绘制一直线和圆相切，则该直线的上一个端点和切点之间的连线保证和圆相切。对于块中的圆弧和圆，如果块以一致的比例进行缩放并且对象的切线方向与当前UCS平行，就可以使用切点捕捉。

对于样条曲线和椭圆，指定的另一个点必须与捕捉点处于同一平面。如果"切点对象捕捉需要多个点建立相切的关系，AutoCAD 显示一个递延的自动捕捉切点标记和工具栏提示，并提示输入第二点。

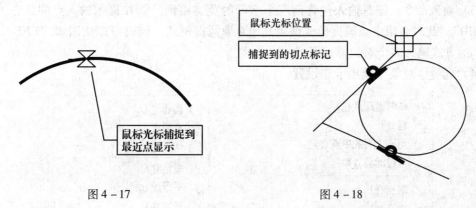

鼠标光标捕捉到
最近点显示

鼠标光标位置

捕捉到的切点标记

图 4 - 17   图 4 - 18

（13）平行（PARallel）：绘制平行线段时应用"平行"捕捉。要想应用单点对象捕捉，请先指定直线的"起点"，选择"平行"对象捕捉（或将"平行"对象捕捉设置为执行对象捕捉），然后移动光标到想与之平行的对象上，成功后将显示小的平行线符号，表示此对象已经选定，再移动光标，在接近与选定对象平行时自动"跳到"平行的位置。该平行对齐路径以对象和命令的起点为基点，可以与"交点"或"外观交点"对象捕捉一起使用"平行"捕捉，从而找出平行线与其他对象的交点。

【示例 4 - 2】如图 4 - 19 所示，绘制一个半径为 25 的圆，其圆心位于正六边形正右方相距 50 个图形单位。

解：

【命令】：circle∥输入绘制圆的命令并回车确认

【提示】：指定圆的圆心或［三点（3P）/两点（2P）/相切、半径（T）］：∥按住 Shift 键右击，打开"捕捉"菜单，选择"自"选项

【提示】：基点：∥点取 A 点，随即将光标移到 A 点的正右方，或在下面提示下输入"@ 50 ＜0"，偏移 50 个图形单位

【提示】：指定圆的半径或［直径（D）］：25

完成以上操作，即可得到如图 4 - 19 所示的结果。

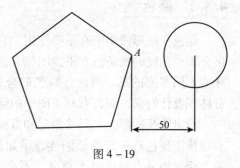

图 4 - 19

4.3.3 设置对象捕捉的方法

设置对象捕捉方式有调用快捷菜单、单击图标按钮、键入命令缩写、通过"对象"选项卡四种方法。

（1）快捷菜单：在绘图区，通过 Shift + 鼠标右键执行，菜单如图 4 – 20 所示。

（2）单击按钮：在"标准"工具栏中"对象捕捉"的随位工具栏，可以在这里选择相应捕捉模式。

（3）输入命令：键盘输入包含前三个字母的英文单词。如在提示输入点的状态下，键入"MID"，此时会用中点捕捉模式覆盖其他对象捕捉模式，同时可以用诸如"END，PER，QUA"的方式输入多个对象捕捉模式。

（4）通过"对象"选项卡来设置。

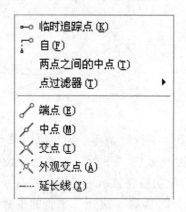

图 4 – 20

4.4　实体颜色与线型、线宽设置

4.4.1　颜色

颜色在图形使用中有重要作用，它不但是绘制彩色图的需要，而且绘图仪是通过颜色来区分不同宽度的线条。有不少图线直接绘出的宽度为零宽度，通过颜色的设置指示绘图仪出相应不同宽度的图。因此，颜色的合理使用，可以充分体现设计效果，而且有利于图形的管理。

设定图线的颜色有间接指定和直接指定两种方式。直接指定颜色有一定的缺陷性，不如使用图层来管理更方便，如果直接设定了颜色，不论该图线在什么层上，都不会改变颜色。间接设定颜色是指将图形设定成"随层"或"随块"的颜色，建议用户在图层中管理颜色。有关图层的概念和应用将在第 7 章中阐述。

设置颜色时，可输入 color 命令，或调用"格式"菜单中的"颜色"命令，也可以在"对象"工具栏中单击"颜色"按钮设置。

"选择颜色"对话框如图 4 – 21 所示。该对话框中

图 4 – 21

有布满整个对话框选项卡中的各式各样的颜色展示小方框。选择颜色时，不仅可以直接在对应的颜色小方块上双击，也可以在"颜色"文本框中键入相应颜色的英文单词或颜色的编号，在随后的小方块中会显示相应的颜色。

4.4.2 线型

我们知道，图形中的线条不仅仅是实线，还有虚线、点划线等。不同的线型可以表示出不同的含义。如在工程设计图中，粗实线表示可见轮廓线，虚线表示不可见轮廓线，点划线表示中心线、轴线、对称线等。所以，不同的图线对象应该采用不同的线型来绘制。

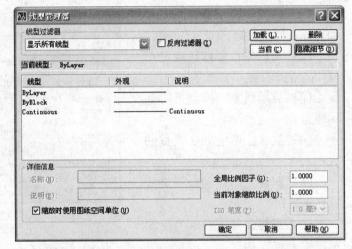

图 4 - 22

调用线型是通过在命令行输入 linetype（或 ltype）命令或在"格式"菜单选"线型"选项。也可以单击"对象"工具栏中"线型"按钮调用。在执行命令后，弹出如图 4 - 22 所示的"线型管理器"对话框。该对话框中列表显示了目前已加载的线型，包括线型名称、外观和说明。另外还有线型过滤器区，"加载"、"当前"及"显示细节"按钮。详细信息区是否显示可通过"显示细节"或"隐藏细节"按钮来控制。

下面介绍"线型过滤器"区的主要设置选项。

（1）下拉列表框：过滤出列表显示的线型。

（2）反向过滤器：按照过滤条件反向过滤线型。

（3）"加载"按钮：加载或重载指定的线型。单击后弹出如图 4 - 23 所示的"加载或重载线型"对话框。在该对话框中可以选择线型文件及该文件中包含的某种线型。

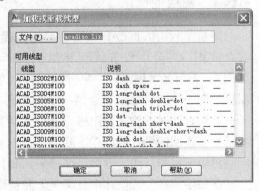

图 4 - 23

（4）"删除"按钮：删除指定的线型，该线型必须不被任何图线依赖，即图样中没有使用该种线型。"实线"线型不可被删除。

（5）"当前"按钮：将指定的线型设置成当前线型。

（6）"显示细节"/"隐藏细节"按钮：控制是否显示或隐藏选中的线型细节。如果当前没有显示细节，则为"显示细节"按钮，否则为"隐藏细节"按钮。

（7）详细信息区：包括了选中线型的名称、线型、全局比例因子及当前对象缩放比例等。

4.4.3 线宽

不同的图线有着不同的线条宽度，各自代表了不同的含义。如在一般的工程设计图中，至少图框、实线、虚线和点划线的宽度是不同的。

设置线宽是在命令行提示区输入 lineweight（或 lweight）命令或在"格式"菜单中选择"线宽"选项，也可以单击"对象"工具栏中相应的按钮。无论哪种方法启动，执行该命令后弹出"线宽设置"对话框，如图 4-24 所示。该对话框中包括以下内容。

（1）线宽：通过滑块上下移动选择不同的线宽。

（2）列出单位：选择线宽单位为"毫米"或"英寸"。

（3）显示线宽：控制是否显示线宽。

（4）默认：设定默认线宽的大小。

（5）调整显示比例：调整线宽显示比例。

（6）当前线宽：提示当前线宽设定值。

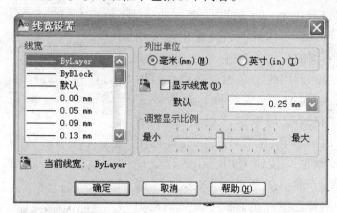

图 4-24

4.5 图 层

4.5.1 图层的概念

图层是利用 AutoCAD 绘图必需的步骤，是一种逻辑概念，利用图层可以分层绘图，再叠合成图；可分层设置线型和颜色，分层出图或叠合出图。例如，利用图层绘制一个如图 4-25 所示的图形——平行四边形中内嵌圆，圆内嵌三角形。首先设置三层图层，第一层上绘制一个圆，第二层绘制一个三角形，第三层绘制一个四边形，这样把这三层全部打开，就可以同时看到这个图形全部，也可以同时打印出来。在 AutoCAD 中，每个层可以看成是一张透明的纸，可以在不同的"纸"上绘图。不同的层叠加在一起，形成不同的图形。同时可以显示和打印，也可以部分显示和打印。

图层绘图在工程设计中意义重大并被广泛使用。例如，设计一幢大楼，包含了楼房的结构、水暖布置、电气布置等，它们有各自的设计图，而最终又是合在一起。在这里，结构图、水暖图、电气图都是一个逻辑意义上的层。又如，在工程设计图中，粗实线、细实线、点划线、虚线等不同线型表示了不同的含义，也可以分别位于在不同的层上。对于尺寸、文字辅助线等，都可以放在不同的层上。

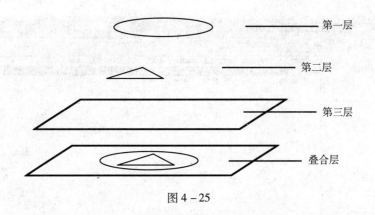

第一层

第二层

第三层

叠合层

图 4 - 25

图层有三个要素和六种状态。三要素分别是层名（Name）、线型（Linetype）和颜色（Color）。六种状态包括打开/关闭（ON/OFF）、冻结/解冻（Freeze/Thaw）、锁闭/解锁（Lock/Unlock）。图层的三个要素用于建立新图层；六种状态用于分别控制图层上图形的可显示性、可打印性、可编辑性和可重生性。

所谓可显示性，也称可见性，就是说可以设定该层是否显示。可显示性在绘图中有着特殊意义，例如，如果要改变粗实线的颜色，可以将其他图层关闭，仅仅打开粗实线层，一次选定所有的图线进行修改。这样做显然比在大量的图线中去将粗实线挑选出来轻松得多。可编辑性，是指图层上的图形是否允许编辑，这种状态同样有意义，例如，在绘制复杂图形过程中，常会用到大量的编辑命令，但进行编辑之前必需选择被编辑的图形，在杂乱的图线中选择编辑的图线，难免误选，可编辑性功能就可以对已经绘制好的暂时不用的图层上图线所在的图层锁闭，到用时再打开，关闭后再选择就无法执行，这样既不会误选图线又可有效保留已经完成的设计成果。可打印性是指图层上的图形是否能够输出等。可重生性是指绘制出的图形是否需要再重新运算显示到当前屏幕上。

在图层中，可以设定每层的颜色、线型、线宽。只要图线的相关特性设定成"随层（ByLayer）"，图线都将具有所属层的线型。所以用图层来管理图形十分方便和适用。

4.5.2　图层的建立

要使用图层，应该首先建立图层。建立图层的方法是用图层的是层名、线型和颜色三个要素建立。

建立图层的命令是 layer；在"格式"菜单选择"图层"选项或单击"图层"按钮，均会弹出如图 4 - 26 所示的"图层特性管理器"对话框。该对话框分左右两部分，左侧列出图层信息，右侧列出图层的 3 个要素和 6 个状态。

1. 命名图层过滤器区

通过下拉列表选择欲显示出来的图层。如显示"所有使用的图层"、"全部"等 。

单击"新特性过滤器"按钮，弹出如图 4 - 27 所示的"图层过滤器特性"对话框。

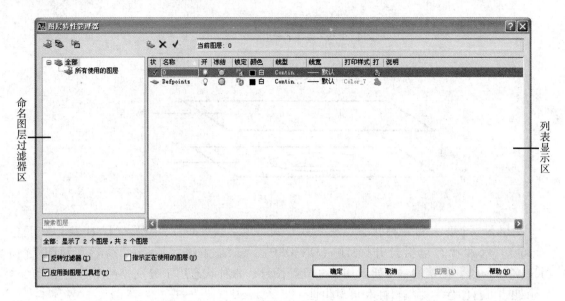

图 4 - 26

在"图层过滤器特性"对话框中，可以定义新的过滤器，将具有共同属性的图层显示出来。如要显示颜色设定为"红色"的图层，在"着色"后的文体框中输入"红色"。也可以同时过滤图层的状态、名称特征、线型等。如要显示层名以"教学主楼"开始的图层，在"图层名称"后键入"教学主楼"即可。注意：在这里可以使用通配符。

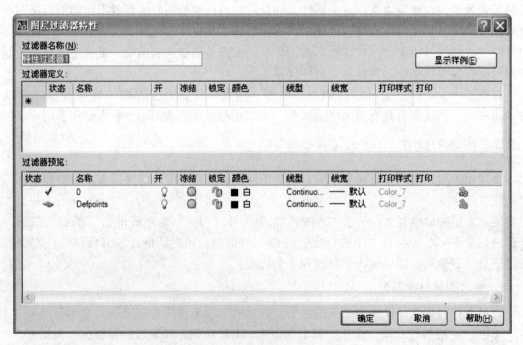

图 4 - 27

2. 列表显示区

在列表中，可以修改图层的名称。通过单击可以控制图层的开/关、冻结/解冻、锁定/解锁。点取颜色、线型、线宽后，将自动弹出相应的"颜色选择"对话框、"线型管理"对话框、"线宽设置"对话框。具体操作同上。用户可以借助 Shift 键和 Ctrl 键一次选择多个图层进行修改。其中关闭图层和冻结图层，都可以使该图层上的图线隐藏，不被输出和编辑，它们的区别在于冻结图层后，图形在重生成（regen）时不计算，而关闭图层时，图形在重生成中要计算。

有关图层建立和使用方面更为详细的内容将在第 7 章简述。

4.6 设计中心

设计中心是 AutoCAD 2000 之后版本新增加的功能。通过该中心，可以方便地重复利用和共享图形，如浏览不同的源图形，查看图形文件并将其插入、附着或粘贴到当前图形文件中，也可以重复使用图形中块、图层定义、尺寸样式、文字样式、外部参照及用户自定义功能。

4.6.1 认识"设计中心"对话框

设计中心的所有功能在"设计中心"对话框中基本上都可以实现，所以必须首先了解"设计中心"对话框各个元素的功能和使用方法。

调用"设计中心"对话框可以通过输入命令、按快捷键等方法。当在命令行输入 adcenter 命令或按 Ctrl + 2 快捷键，即可进入"设计中心"对话框，如图 4 - 28 所示。

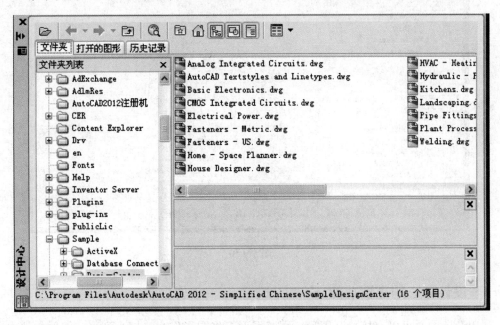

图 4 - 28

"打开的图形"选项卡用来显示当前打开的图形的各个图形要素，如图 4 – 29 所示。

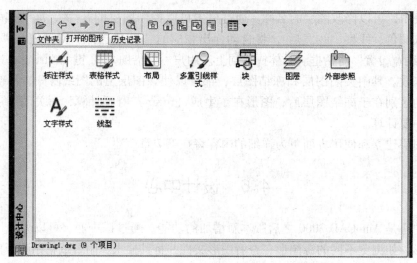

图 4 – 29

在"设计中心"对话框的顶部，有一个工具栏，包括加载、上一级、下一级、收藏夹、搜索等按钮，单击这些按钮，会弹出相应的对话框，在对话框中进行相应的操作。例如，单击"收藏夹"按钮，在对话框中将显示 Autodesk Favorite 收藏夹的内容，如图 4 – 30 所示。可以在这里对收藏夹进行整理。

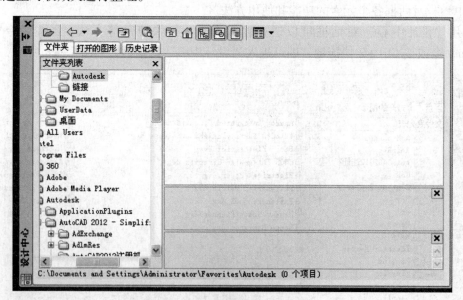

图 4 – 30

4.6.2 设计中心的主要功能

利用设计中心可以直接打开图形、浏览图形、将图形作为块插入到当前图形文件中，将图形附着为外部参照或直接复制等。以上功能，一般通过快捷菜单完成，但像插入成块或附着为外部参照等，也可以通过拖放来完成。

1. 快捷菜单

当在控制面板中选中某图形文件后，右击将弹出如图 4－31 所示的快捷菜单。在该快捷菜单中，"浏览"指在控制面板中显示该图形对象，"添加到收藏夹"是指将该图形文件添加到收藏夹中，"组织收藏夹"则进入收藏夹以便重新整理。"插入为块"相当于 insert 命令，其插入的文件即选中的文件。"附着为外部参照"相当于执行 xref 命令，"在应用程序窗口中打开"则相当于打开选中的文件。

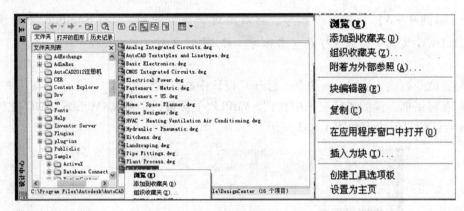

图 4－31

2. 拖放

如果通过鼠标左键把文件图标拖放于绘图区的空白处，相当于打开该文件。与选择了快捷菜单中的"在应用程序窗口中打开"的效果相同。如果用鼠标左键将图形文件直接拖到绘图区并放下，相当于在快捷菜单中选择了"插入为块"命令。倘若通过鼠标右键将文件拖放到绘图区，在适当位置松开后，会弹出另外一个快捷菜单，可以从中选择"插入为块"、"附着为外部参照"或"取消"命令。

3. 搜索

单击"设计中心"顶部的"搜索"按钮，将弹出如图 4－32 所示的"搜索"对话框，该对话框包含如下内容。

• 搜索：指查找对象的类型，如图形、块、文字样式、外部参照、图层或线型等。

• 于：搜索的路径，可以通过 浏览(B)... 按钮来选择路径，同时也可以设置是否包含子文件夹。

•"图形"选项卡：设定搜索图形的文字或文字所在字段，如文件名、标题、主题、作者、关键词等。

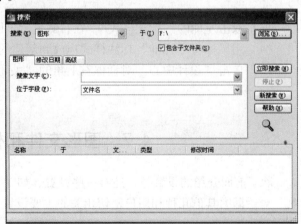

图 4－32

- "修改日期"选项卡：设定查找的时间条件。
- "高级"选项卡：设定是否包含块、图形说明、属性标记、属性值等，并可以设置图形大小范围。
- 立即搜索(N) 按钮：按照设定条件开始搜索，搜索到满足搜索条件的文件后，将在下方显示结果。
- 新搜索(W) 按钮：重新搜索。

【示例4-3】新建一个图形，然后通过"设计中心"，将 SAMPLE 子目录下的 CAMPLUS. DWG 文件中的标注样式（名称为"标准"）复制到新建文件中。

解：

（1）在命令行输入 adcenter 命令，打开"设计中心"对话框。

（2）在对话框左侧的树状视图中找到 SAMPLE 子目录，定位 CAMPLUS. DWG 文件后双击鼠标，对话框显示内容如图4-33所示。

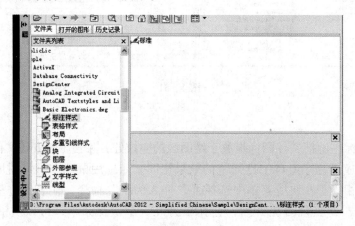

图4-33

（3）双击左侧的"标注样式"，在右侧显示该图形设定的标注样式。

（4）用鼠标将"标准"标注样式拖放到新建的图形绘制区。

（5）单击"设计中心"对话框右上角的"关闭"按钮，关闭"设计中心"对话框。

4.7　图形文件和样板图管理

除了前面介绍的设置外，还有一些设置，如"显示"、"打开/保存"等。下面介绍"选项"对话框中其他几种和用户密切相关的主要设置。

4.7.1　图形文件管理

单击"工具"菜单中的"选项"命令，可打开"选项"对话框。

1. "文件"选项

"文件"选项卡如图 4 – 34 所示，在该选项卡中可以指定文件夹，供 AutoCAD 搜索不在默认文件夹中的文件，如字体、线型、填充图案、菜单等。

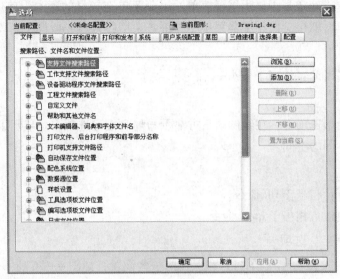

图 4 – 34

2. "显示"选项卡

"显示"选项卡可以设置 AutoCAD 在显示器上的显示状态，如图 4 –35 所示。

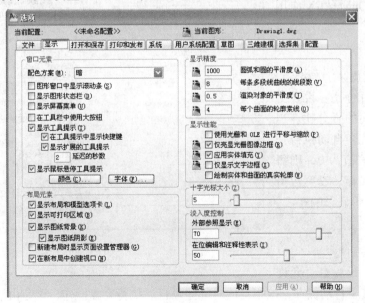

图 4 –35

"显示"选项卡中包含了六个区，它们是窗口元素、显示精度、布局元素、显示性能、十字光标大小和淡入度控制。主要选项含义如下。

1）窗口元素

图形窗口中显示滚动条：在绘图区的右侧和下方显示滚动条，可以通过滚动条来显示不同的部分。

显示屏幕菜单：确定是否显示屏幕菜单。屏幕菜单在较早的版本中使用较多，从 R9 以后，使用下拉菜单后就很少使用屏幕菜单了，屏幕菜单打开后一般位于绘图区的右侧。

2）显示精度

圆弧和圆的平滑度：相当于 viewres 命令。

3）布局元素

显示布局和模型选项卡：在绘图区下方显示布局和模型选项卡。显示了该选项卡后，可以直接点取进入不同的空间。

4）显示性能

应用实体填充：相当于 fill 命令。

仅显示文字边框：相当于 qtext 命令。

3."打开和保存"选项卡

"打开和保存"选项卡控制了打开和保存的一些设置，如图 4-36 所示。

在"打开和保存"选项卡中，包含了 5 个区：文件保存、文件打开、外部参照、文件安全措施和 ObjectARX 应用程序。

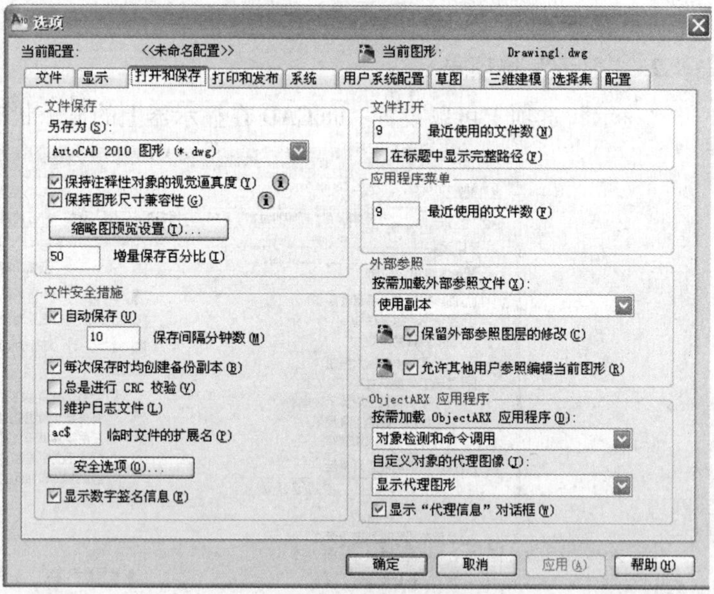

1）文件保存

另存为：设置保存的格式。

增量保存百分比：设置潜在图形浪费空间的百分比。当该部分用光时，会自动执行一次全部保存。该值为 0，则每次均执行全部保存。设置数值小于 20 时，会明显影响速度。默认值为 50。

2）文件安全措施

自动保存：设置是否允许

图 4-36

自动保存。设置了自动保存，按指定的时间间隔自动执行存盘操作，避免由于意外造成过大的损失。

保存间隔分钟数：设置保存间隔分钟数。

每次保存时均创建备份副本：保存时同时保存备份文件。备份文件和图形文件一样，只是扩展名为（.BAK）。如果图形文件受到破坏，可以通过更改扩展名打开备份文件。

4.7.2 样板图管理

样板图是为减少不必要重复劳动的工具之一。用户可以将各种常用的设置，如图层（包括颜色、线型、线宽）、文字样式、图形界限、单位、图形标注样式、输出布局等作为样板保存。在开始新的图形绘制时，如采用样板，则样板图中的设置全部可以使用，无须重新设置。

样板图不仅极大地减轻了绘图中重复的工作，使用户将精力集中在设计过程本身，而且统一了绘图的格式，使图形的管理更加规范。

要输出成样板图，在"另存为"对话框中选择 DWT 文件类型即可，通常情况下，样板图存放于 template 子目录中。

4.8 本章小结

本章分别介绍了绘图界限（limits）、绘图单位（units）、对象捕捉（osnap）、绘图栅格（grid）、捕捉（snap）和栅格（grid）、设置极轴追踪（dsettings）、对象捕捉（osnap）、颜色（color）、线型（linetype）、图层设定与管理（layer）等若干绘图环境设置的命令使用方法。

本来绘图环境设置是利用 AutoCAD 绘图之前要做的工作，应放在第 1 章讲解，但由于那时用户刚刚开始接触这个软件，必须先解决动手的问题，因此先着重介绍了使用界面、对话方法和使用特点方面的问题，同时先讲了几个常用的命令，对环境设置没有给予充分阐述，主要考虑用户学习应有一个循序渐进的过程。其中 units 命令每批图只设一次，并非是每张图都要设定，limits 命令与图纸大小和出图布局有关，这两个命令比较简单，分别只有短短的几句提示或几个简单的对话框，只要用户按提示操作或在对话框中进行选择即可。但要注意，设置图形界限后一定要打开格栅开关观看。

本章还适当地介绍了设置和控制图层的 layer 命令，用户有个概略了解即可，有关图层更为详细的内容将在第 7 章阐述。建立新图层用 layer 命令，在打开的对话框中用层名（name）、线型（linetype）和颜色（color）三个要素建立；图层状态是为了保护已有成果，防止误删除和眼花缭乱的图线干扰绘图者的视线而引起误判断。其中打开和关闭、冻结与解冻的效果相似，所不同的是前者计算后显示，后者直接显示。

利用图层绘图时，设置每张图的图层个数至关重要，一般是把实线、虚线、点划线和绘图辅助线各设一层，图框和尺寸标注各设一层，这样一般绘图至少要设 6 层。原则上应根据绘图意图和图形复杂程度来决定设置的图层数量。

第 5 章

文字录入与尺寸标注

5.1　文字录入

5.1.1　创建文字样式命令（style）

　　文字样式主要包括文字字体、字号、角度、方向和其他文字特征。在 AutoCAD 图形中的所有文字都具有与之相关联的文字样式。在图形中输入文字时，AutoCAD 使用当前的文字样式。如果要使用其他文字样式来创建文字，要将其文字样式设为当前。AutoCAD 默认为标准文字样式。

　　在命令行输入 style，将弹出如图 5 - 1 所示的对话框，从中选择文字样式、字体及文字效果等。该对话框中可以使用外文或中文字体。也可在菜单栏中选择"格式"→"文字样式"。

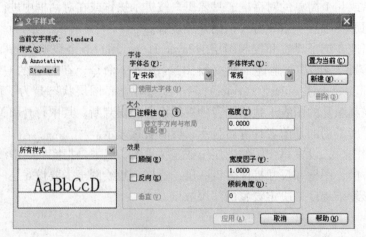

图 5 - 1

1. 应用样式

　　AutoCAD 对每种文字样式都进行命名。这样无论现在使用还是后来再用，都是以名称用。在"文字样式"对话框中的"样式"下拉列表框中包含的是在当前图形文件中已经定义的样式名称，使用时可在下拉列表中选择一个样式，单击"应用"按钮，该样式就成为当前样式。

2. 已有样式改名

"样式"中选择除 Standard 外的样式，在样式名上右击，选择"重命名"，在样式中输入新样式名后按回车键，当前文字样式名随之改变。

3. 删除闲置样式

单击"删除"按钮，该样式从当前图形文件中被删除。但 Standard 和正在使用的文字样式无法删除。

4. 创建新的样式

单击"新建"按钮，弹出"新建文字样式"对话框，在"样式名"文本框中输入新定义的样式名，单击"确定"按钮返回到"文字样式"对话框。

5.1.2　动态文本输入命令（dtext）

AutoCAD 的文本有动态文本（dtext）、单行文本（text）和多行文本（mtext）三种形式。下面分别予以阐述。

1. dtext 命令

动态文本是指依鼠标光标位置不同而随之改变位置的文本。在命令行输入 dtext 命令后，命令提示如下：

【命令】：dtext∥输入命令并回车确认

【提示】：当前文字样式 Standard 当前文字高度 2.5000：

【提示】：指定文字的起点或［对正(J)/样式(S)］：∥此时在屏幕上出现一个如图 5 - 2 所示的写字符"I"，并要求指定文字起点（默认起点为本行字的左下角），把这个写字符移动到屏幕的指定位置单击鼠标左键，文字就从这个地方开始写，因此 dtext 命令输入的文本属于一种动态文本。

【提示】：指定高度 ＜2.5000＞：∥输入字高

【提示】：指定文字的旋转角度 ＜0＞：输入旋转角度

【提示】：输入文本：中国∥先按 Ctrl + Shift 键，调出输入法，再输入文字

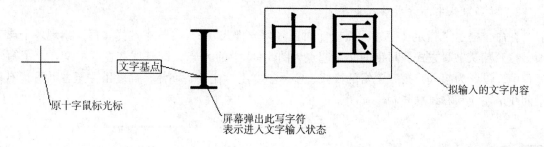

图 5 - 2

写字符与英文四线格的关系如图 5 - 3 所示。图 5 - 2 中的"中国"是在写字符后输入这两个字后的效果。

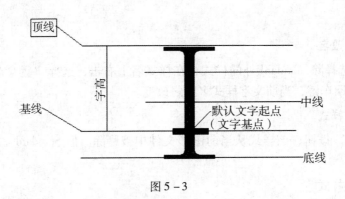

图 5 - 3

2. 设置文字对正方式并录入文字

1）文字四线格

AutoCAD 默认的文字是英文，英文写字时使用四线格，如图 5 - 4 所示的四线格间距为 10 个图形单位，文字高度为 30 个图形单位。

当响应 dtext 命令的提示，即选择"指定文字的起点或［对正（J）/样式（S）:"的 J 选项，便会出现"［对齐（A）/布满（F）/居中（C）/中间（M）/右对齐（R）/左上（TL）/中上（TC）/右上（TR）/左中（ML）/正中（MC）/右中（MR）/左下（BL）/中下（BC）/右下（BR）］:"的提示。

左线与顶线的交点叫做左上（TL）；左线与底线的交点叫做左下（BL）；左线与中线的交点叫做左中（ML）；中线与顶线的交点叫做中上（TC）；中线与中线的交点叫做正中（MC）；中线与底线的交点叫做中下（BC）；右线与顶线的交点叫做右上（TR）；右线与中线的交点叫做右中（MR）；右线与底线的交点叫做右下（BR）。

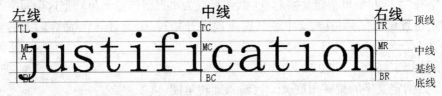

图 5 - 4

2）按照默认书写方式录入文字

在命令提示"指定文字的起点或［对正（J）/样式（S）］:"中选择 J 后，出现各个选项，按照默认书写方式，写字的文字起点为图 5 - 4 中的 A 点，即基线和左线的交点。书写过程中，以此为起点，按照正常的样式、字号、宽度、比例、字体、高度由左至右书写。不受四线格左线和右线的限制。

 【示例 5 - 1】 输入 Justification，如图 5 - 5 所示。

解：

【命令】:dtext

【提示】:当前文字样式:"Standard"文字高度:30.0000

【提示】:指定文字的起点或[对正(J)/样式(S)]: ∥点选起点位置,即图5-5中的BL点

【提示】:指定高度 <30.0000>:30

【提示】:指定文字的旋转角度 <0>:

【提示】:输入文字:justification　　∥回车结束命令

图 5-5

【示例5-2】指定起点,输入文字。

解:

【命令】:dtext ∥输入dtext命令并按回车键确认

【提示】:当前文字样式 Standard 当前文字高度:30.0000 ∥提示当前文字样式

【提示】:指定文字的起点或[对正(J)/样式(S)]: ∥捕捉左线与基线交点 A

【提示】:指定高度 <30.0000>:30 ∥输入文字高度30

【提示】:指定文字的旋转角度 <0>: 0　　∥指定倾斜角度0

【提示】:输入文字:justification　　∥输入文字内容"justification",回车结束命令

上述操作结果与四线格的关系如图5-6所示。

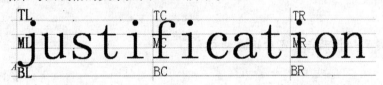

图 5-6

3) 按照对正方式录入文字

"对正(J)"是指文字的对齐方式,即文本的哪一点对准用户的指定点,大写字母位于顶线(Top)和基线(Base)之间,中线(Middle)与顶线、基线的距离相等,底线(Bottom)是小写字母的下边界。

(1) 两端变高对齐

根据当前样式的宽度比例、两点间的距离及输入文字的字符个数,计算文字字符的高度,使所输入文字正好嵌在指定点之间或左线及右线之间,字符串越长,文字的高度就越小,文字的倾斜角度也由这两点决定。

【示例5-3】按照两端变高对齐方式录入文字。

解：

【命令】:dtext

【提示】:当前文字样式 Standard 当前文字高度:30.0000

【提示】:指定文字的起点或[对正(J)/样式(S)]： J//选择对正方式

【提示】输入选项［对齐(A)/布满(F)/居中(C)/中间(M)/右对齐(R)/左上(TL)/中上(TC)/右上(TR)/左中(ML)/正中(MC)/右中(MR)/左下(BL)/中下(BC)/右下(BR)]:A//选择两端变高对齐方式并回车确认

【提示】:指定文字基线的第一个端点：// 捕捉左线与基线之交点,即 A 点

【提示】:指定文字基线的第二个端点：// 捕捉右线与基线之交点,即 B 点

【提示】:输入文字:announcement // 输入文字"announcement"

【命令】:输入文字: //回车结束命令

以上操作的结果与四线格的关系如图 5-7 所示。

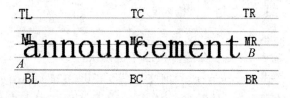

图 5-7

（2）两点变宽对齐

根据输入两点的距离、文字高度及文字长度,在高度不变的前提下决定文字宽度因子,在指定的两点间或左右线之间写出文字,文字的倾斜角度也由两点确定。

【**示例5-4**】两点变宽对齐输入文字。

解：

【命令】:dtext

【提示】:当前文字样式 Standard 当前文字高度 30.0000

【提示】:指定文字的起点或[对正(J)/样式(S)J:J//对正方式

【提示】:输入选项[对齐(A)/调整(F)/中心(C)/中间(M)/右(R)/左上(TL)/中上(TC)/;右上(T R)/ 左中(ML)/ 正中(MC)/右中(MR)/左下(BL)/中下(BC)/右下(BR)]:F // 选择调整选项

【提示】:指定文字基线的第一个端点：//拾取 A 点

【提示】:指定文字基线的第二个端点：// 拾取 B 点

【提示】:指定高度 <30.0000> :

【提示】:输入文字:justification

【提示】:输入文字 ://直接回车结束命令

以上操作的结果与四线格的关系如图 5-8 所示。

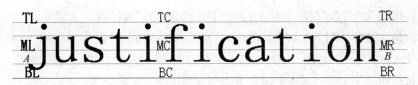

图 5-8

（3）中心对齐

根据输入文字中心位置、文字高度及文字长度，在高度和宽度不变的前提下，在指定的 MC 点写出文字，该对齐方式是相对于基线而言的，文字的倾斜角度也由该点确定。

【示例 5-5】中心对齐方式输入文本。

解：

【命令】:dtext

【提示】:当前文字样式:"Standard"文字高度:30.0000

【提示】:指定文字的起点或［对正(J)/样式(S)］:J//选择对正方式

【提示】:输入选项［对齐(A)/布满(F)/居中(C)/中间(M)/右对齐(R)/左上(TL)/中上(TC)/右上(TR)/左中(ML)/正中(MC)/右中(MR)/左下(BL)/中下(BC)/右下(BR)］:C//选择中心选项

【提示】:指定文字的中心点://捕捉 MC 点

【提示】:指定文字的旋转角度 < 0 >:0//输入文字旋转角度

【提示】:输入文字:justification //输入文字内容

【提示】:输入文字 //直接回车结束命令

以上操作的结果与四线格的关系如图 5-9 所示。

图 5-9

（4）左线对齐

根据输入文字中心位置、文字高度及文字长度，在高度和宽度不变的前提下，在指定的 TL 点写出文字，文字以左上为基准显示。该对齐方式是相对于基线而言的，文字的倾斜角度也由该点确定。

【示例 5-6】左线对齐方式输入文字。

解：

【命令】:dtext

【提示】:当前文字样式:"Standard"文字高度:30.0000

【提示】：指定文字的起点或［对正(J)/样式(S)］:J//选择对正方式

【提示】：输入选项［对齐(A)/布满(F)/居中(C)/中间(M)/右对齐(R)/左上(TL)/中上(TC)/右上(TR)/左中(ML)/正中(MC)/右中(MR)/左下(BL)/中下(BC)/右下(BR)］:TL

【提示】：指定文字的左上点：//捕捉顶线与左线交点 TL 点

【提示】：指定文字的旋转角度 <0>:0

【提示】：输入文字:Justification

【提示】：输入文字://直接回车结束命令

以上操作的结果与四线格的关系如图 5-10 所示。

图 5-10

（5）中上对齐

根据输入文字中心位置、文字高度及文字长度，在高度和宽度不变的前提下，在指定的 TC 点写出文字，文字以中上为基准显示。该对齐方式是相对于基线而言的，文字的倾斜角度也由该点确定。

【示例5-7】中心方式输入对齐文字。

解：

【命令】:dtext

【提示】：当前文字样式:"Standard"文字高度:30.0000

【提示】：指定文字的起点或［对正(J)/样式(S)］:J

【提示】：输入选项［对齐(A)/布满(F)/居中(C)/中间(M)/右对齐(R)/左上(TL)/中上(TC)/右上(TR)/左中(ML)/正中(MC)/右中(MR)/左下(BL)/中下(BC)/右下(BR)］:TC //选择中上选项

【提示】：指定文字的中上点：//捕捉顶线与中线的交点 TC 点

【提示】：指定文字的旋转角度 <0>:0

【提示】：输入文字:justification

【提示】：输入文字://直接回车结束命令

以上操作的结果与四线格的关系如图 5-11 所示。

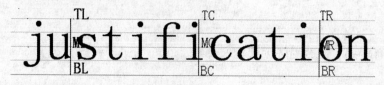

图 5-11

（6）右下对齐

根据输入文字中心位置、文字高度及文字长度，在高度和宽度不变的前提下，在指定的 BR 点写出文字，文字以右下为基准显示。该对齐方式是相对于基线而言的，文字的倾斜角度也由该点确定。

【示例 5 - 8】右下对齐方式输入文字。

解：

【命令】:dtext

【提示】:当前文字样式:"Standard"文字高度:30.0000

【提示】:指定文字的起点或［对正(J)/样式(S)］:J

【提示】:输入选项［对齐(A)/布满(F)/居中(C)/中间(M)/右对齐(R)/左上(TL)/中上(TC)/右上(TR)/左中(ML)/正中(MC)/右中(MR)/左下(BL)/中下(BC)/右下(BR)］:BR

【提示】:指定文字的右下点:∥捕捉底线与下线的交点 BR

【提示】:指定文字的旋转角度＜0＞:0

【提示】:输入文字:justification ∥ 输入文字内容

【提示】:输入文字:∥直接回车结束命令

以上操作的结果与四线格的关系如图 5 - 12 所示。

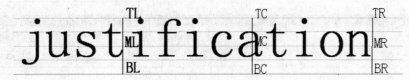

图 5 - 12

4）文字样式选择

dtext 命令的提示中的"样式（S）"选项，用来调用已经定义过样式的文字。其命令、提示及其响应如下。

【命令】:dtext

【提示】:当前文字样式:"Standard"文字高度:30.0000

【提示】:指定文字的起点或［对正(J)/样式(S)］:S

【提示】:输入样式名或［?］＜Standard＞:Standard∥以上提示要求输入文字样式名,Standard 是默认文字样式;如果输入的文字样式没有定义,则会提示"找不到文字样式"。

5.1.3 多行文本输入命令（mtext）

1. 基本概念

多行文本的各行具有统一的宽度，可以由任意个文本行和段落组成，但不论文本有多少行。一个 mtext 命令产生的若干段落只是一个实体，实体类型为 mtext。

2. 命令功能

创建多行文本，并为设置多行文本实体的整体格式和选择文本的字符格式提供了快捷的方法，图形中比较长和复杂的文本，可以使用该命令进行文本录入。

3. 基本操作

1）命令与提示

【命令】:mtext

【提示】:当前文字样式 :Standard 当前文字高度 :30.0000

【提示】:指定第一角点 :

【提示】:指定对角点或[高度(H)/对正(J)/行距(L)/ 旋转(R)/样式(S)/宽度(W)]:

2）提示含义

（1）指定第一角点：指定多行文本区域的第一角点。与指定对角点构成一对完整条件。它是用两个对角点确定的边界框指定文本边界的宽度、文本流方向。指定第一角点后弹出可以左右及上下拖曳的边界框，如图 5-13 所示。左右拖曳可确定文本的边界宽度，上下拖曳边界框可确定文本流的方向。边界框的箭头指示当前对齐方式下文本流的方向。

（2）指定对角点：指定对角点后弹出如图 5-13 所示的"文字格式"工具栏及矩形框。在"文字格式"工具栏中可以设置文本的样式、高度、格式等属性，矩形框用于输入文字。

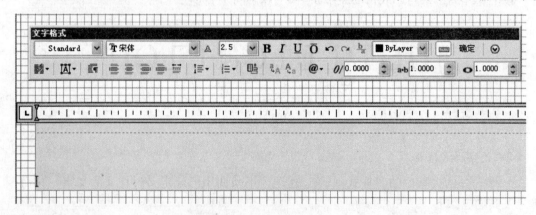

图 5-13

（3）对正（J）：在确定新文本或选择的文本相对于文本输入矩形框的对齐方式和流动方向时，默认的对齐方式为左上（TL），即标注多行文本第一行的左上角对准矩形框的左上角，其余各行向下显示，与第一行左对齐，根据矩形上的 9 个对齐点中的一个，在矩形框中对齐文本。

（4）行距（L）：控制文本行间距。

（5）旋转（R）：旋转角度，与前述意义相同。

（6）宽度（W）：选择宽度（W）选项，即在命令行出现指定宽度的提示，此时需输入文本边界的宽度。图 5-14 是默认设置下文本输入示例效果。

（7）高度（H）：指定文本框的宽度。

（8）样式（S）：用于选择文本的样式。

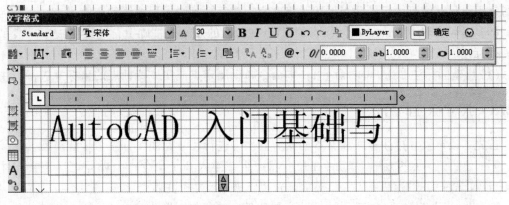

图 5 – 14

5.2　尺寸标注

5.2.1　尺寸标注的组成

尺寸标注是一个由软件自动生成的实体块，由尺寸箭头、尺寸界线、尺寸线和尺寸文本组成，如图5 –15所示。输入尺寸标注时，是在进入尺寸标注状态后，直接输入尺寸标注命令的头三个字母。

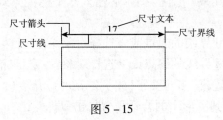

图 5 – 15

5.2.2　尺寸标注的类型

（1）水平标注（Horizontal 命令）：本命令用以进行水平方向的尺寸标注。

（2）竖向标注（Vertical 命令）：本命令用以进行竖直方向的尺寸标注。

（3）平齐标注（Aligned 命令）：本命令用以进行指定任意方向的尺寸标注。

（4）基准标注（Baseline 命令）：本命令生成的尺寸线彼此平行，每条尺寸线的尺寸界线都在相同位置。

（5）角度标注（Angle 命令）：本命令自动生成弧形尺寸标注线，用以进行角度标注。

（6）半径标注（Radius 命令）：本命令对圆或圆弧进行尺寸标注，并生成含有 R 符号的尺寸文本。

（7）直径标注（Diameter 命令）：本命令对圆或圆弧进行尺寸标注，并生成含有直径符号的尺寸文本。

（8）引导标注（Leader 命令）：本命令自动生成含有一个尺寸箭头的引出尺寸线，用户可指定引出尺寸线到图纸的适当位置，将文字或数字写到引出尺寸线的末端。

（9）连续标注（Continue 命令）：本命令在已有的尺寸线基础上，连续生成下一段尺寸线进行标注。

（10）坐标标注（Ordinate 命令）：本命令自动测定点或实体特征点的坐标并进行标注。

5.2.3　尺寸标注的方法

首先，设定尺寸标注样式和文本格式。其次，进行尺寸标注，分三个步骤。

第一步：进入尺寸标注状态。在命令状态下，键入 dim 命令，出现标注（英文软件为 DIM；汉文软件为"标注"二字）提示，表明已进入尺寸标注状态。

第二步：用 dimscale 调整尺寸标注全局比例，使其与图形协调。

第三步：进入尺寸标注状态后，若要进行上述十种标注方式中的某种标注，就键入相应命令，使用其前三个字母。

输入标注命令后，出现的提示都是指定实体上的特征点。此时，使用目标捕捉方法指定尺寸界线。指定尺寸界线时，一般是指定实体的边界点，这个点在尺寸标注中为尺寸界线的原点。

 【示例 5 – 9】 对图 5 – 16 中的 AB、BC 边进行水平尺寸标注。

解：（1）水平尺寸标准（标注 AB 边长）

【命令】：dim // 在命令提示下输入尺寸标注命令并回车确认。

【提示】：标注 :hor // 出现"标注"提示后输入水平标注方式前 3 字母命令缩写并回车确认。

【提示】：指定第一条尺寸界线的起点或 < 选择对象 > : // 目标捕捉 A 点

【提示】：指定第一条尺寸界线的终点或 < 选择对象 > : // 目标捕捉 B 点

【提示】：指定尺寸线位置或 [多行文字 (M) / 文字 (T) / 角度 (A) / 水平 (H) / 垂直 (V) / 旋转 (R)]: // 拖动弹出的尺寸线到图形中的合适位置单击鼠标左键

上述提示中的中括号中的选项，是让用户指定新的文字内容和文字书写方式。如果标注的文字不采用系统自动测定值，可酌情从中选择相应选项，并按相应提示完成后续操作即可。

【提示】：自动测定标注尺寸并出现文字 :4732.06,指定文字位置并回车确认

上述标注结果如图 5 – 16 所示。

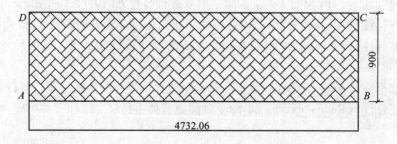

图 5 – 16

（2）坚向尺寸标注（标注 BC 边长）

【命令】：dim//在命令提示下输入尺寸标注命令并回车确认。

【提示】：标注：ver//出现"标注"提示后输入竖向标注方式前三个英文字母并回车确认

【提示】：指定第一条尺寸界限的起点或＜选择对象＞://目标捕捉 C 点

【提示】：指定第一条尺寸界限的终点或＜选择对象＞://目标捕捉 B 点

【提示】：指定尺寸线位置或［多行文字(M)/文字(T)/角度(A)/水平(H)/垂直(V)/旋转(R)］://拖动弹出的尺寸线到图中合适位置单击鼠标左键

【提示】：自动测定标注尺寸并出现文字：900，指定文字位置并回车确认。

如需进行共主标注，只要按照5.2.2中所述的（1）～（10）命令单词缩写即可。特别指出，进行尺寸标注之前应先设标注模式与文本格式。为此，先介绍5.3节的内容，之后再在5.4节至5.14节继续介绍尺寸标注方法。

5.3　标注模式与文本格式设置

在进行尺寸标注之前，应预先设置好尺寸的标注模式与文本格式。在标注模式中可以设置尺寸线、尺寸箭头和尺寸界线各自的式样和风格，如尺寸界线和尺寸线的颜色、尺寸线与尺寸界线的关系、尺寸箭头的式样等。文本格式则是设置文字的样式、尺寸标注文本相对于尺寸线或尺寸界线的位置等。

5.3.1　调用对话框

在"格式"菜单选择"标注样式"命令，弹出"标注样式管理器"对话框，如5－17所示。在"标注样式管理器"对话框中，单击"新建"按钮，弹出"创建新标注样式"对话框，如图5－18所示。

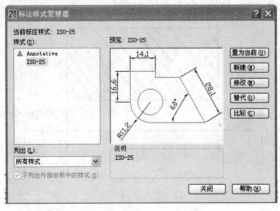

图 5－17

图 5－18

在"创建新标注样式"对话框中可指定新样式名、基础样式，以及新样式的应用范围。单击"继续"按钮，弹出如图5－19所示的对话框，在该对话框中可进行样式设计。

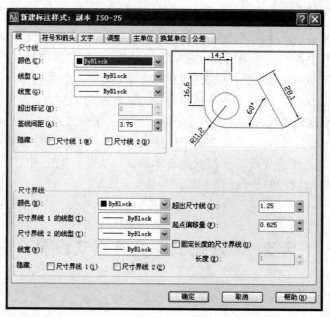

图 5 - 19

5.3.2 设置尺寸线和箭头

在"符号和箭头"选项卡中，设置尺寸线、尺寸界线及箭头格式。

1. 尺寸线设置

尺寸线选项组（见图 5 - 20），用于设置尺寸线的颜色、线宽、线型超出标记、基线间距等。

1）超出标记

只在短划线箭头条件下激活，图 5 - 21 是超出标记设置为 5 个图形单位之情形。

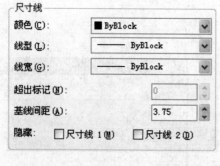

图 5 - 20

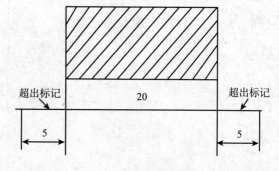

图 5 - 21

2）基线间距

基线间距用于设置基准标注时每条尺寸线之间的间距。图 5 - 22是基线间距设置为 5 个图形单位之情形。

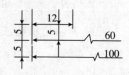

图 5 - 22

3）隐藏

用于显示或隐藏第一和第二尺寸线，图 5 - 23 为两种情形之比较。

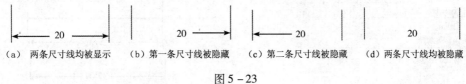

(a)　两条尺寸线均被显示　　(b)第一条尺寸线被隐藏　　(c)第二条尺寸线被隐藏　　(d)两条尺寸线均被隐藏

图 5 - 23

2. 尺寸界线设置

尺寸界线列表框（见图 5 - 24）用于设置尺寸界线的颜色、线宽、超出尺寸线、起点偏移量等。

1）颜色设置

尺寸界线列表框的下拉列表设置尺寸界线的颜色和线宽。图 5 - 25 为尺寸界线为红色，线宽为 3 磅之情形。

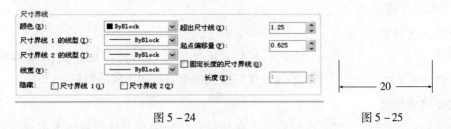

图 5 - 24　　　　　　　　　图 5 - 25

2）超出尺寸线设置

超出尺寸线选项用于设置超出尺寸线起点偏移量。图 5 - 26 为尺寸界线超出尺寸线 1.25 个图形单位之情形。

3）起点偏移量设定

"起点偏移量"下拉列表列出尺寸原点相对于尺寸界线的距离。标注尺寸是以目标捕捉图形上的特征点进行标注的，一般这些特征点与尺寸原点重合。起点偏移可有效控制尺寸界线离开图形特征点的距离。图 5 - 27 为起点偏移量设置示意图。

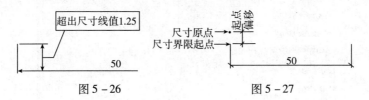

图 5 - 26　　　　　　　　　图 5 - 27

3. 箭头设置

"箭头"列表框（见图 5 - 28）用于设定箭头的样式、大小及引线。图 5 - 29 给出了两种箭头设置效果。

图 5 - 28

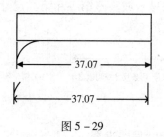

图 5 - 29

5. 3. 3　设置文字格式

"文字"选项卡用于设置尺寸标注的文本格式，包括文字外观、文字位置、文字对齐等。

1. 文字外观设置

"文字"选项卡中的"文字外观"选项组，可通过下拉列表设置文字样式、颜色、高度等。选择结果由预览框看出。

2. 文字位置设置

"文字位置"选项组，用于选择尺寸文字放置的方位。其选择结果由预览框看出。图 5 - 30 中预览框列出的是文字水平放置在尺寸线的上方且居中时的情形。

3. 文字对齐设置

"文字对齐"选项组，用于选择尺寸文字与尺寸线的关系。其选择结果由预览框看出。图 5 - 30 中预览框列出的为文字与尺寸线对齐时的情形。

单击"文字样式"右边带三个点的按钮，弹出对话框，其内容与前面讲过的 style 命令相同。

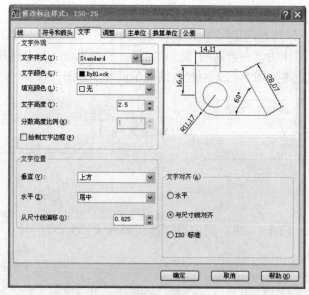

图 5 - 30

5.3.4　调整标注效果

　　文字"调整"选项卡如图 5–31 所示。该选项卡内各选项均用于设置文字、箭头及其比例关系。

　　"调整选项"选项组让用户选择文字和箭头的优先次序。当尺寸界线之间的文字没有足够的空间同时放置时（即尺寸界线之间同时容纳不下尺寸箭头和文字时），哪个优先放在尺寸界线内尤为重要。图 5–31 中预览框列出的圆半径标注为文字或箭头取最佳效果之情形。

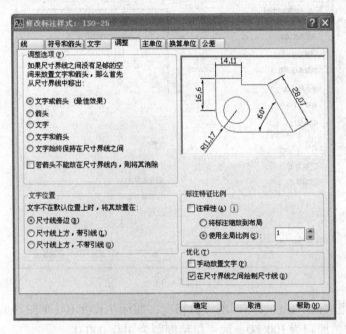

图 5–31

5.3.5　主单位与换算单位设置

　　一些涉外作图，常要用到英制单位。我们知道，1 英尺为 25.4 厘米。主单位和换算单位是指在标注过程中是否同时加注英制单位。换言之，换算单位是指在标注尺寸时，公制单位和英制单位是否同时显示。如图 5–32 所示，主单位长度为厘米，换算单位为公制长度英尺。如果启用换算单位，则标注时的尺寸文本样式是"100［4］"。即将公制单位显示在尺寸线旁的同时，把英制单位同时放在方括号内。另外，有许多场合要给主单位的前后加设其他字母数字，这就涉及主单位与换算单位设置问题。

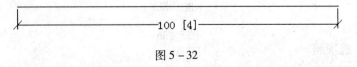

图 5–32

　　设置的方法是进入"修改标注样式"对话框，打开如图 5–33 所示的"换算单位"选项卡，从中按项目选择。

1. "换算单位"选项组

"换算单位"选项组如图 5－34 所示，用来确定在进行尺寸标注时，是否加注其他的文字和字母等。现将该选项组中各项含义介绍如下。

（1）单位格式：指定标注时文本中的单位格式，单位格式包括科学、小数、分数等，可以从下拉列表中选择。

图 5－33

（2）精度：用来设定标注文本时的计数精度，如标注长度 100 个图形单位，取 0 位精度则为 100，取 2 位精度则为 100.00，取 4 位精度则为 100.000 0。

（3）换算单位倍数：标注长度是这个倍数与实际长度的乘积。

（4）舍入精度：标注尺寸文本时按照类似四舍五入运算规则自动取整标注，但这种舍入规则并非中学所讲的四舍五入规则。如何舍入可以在相应文本框中设置。

（5）前缀和后缀：设置尺寸文字前面加设的说明和后面的量纲或备注。如图 5－35 所示的是加入了前缀和后缀的标注示意图。图中"长度"两个汉字为前缀，"厘米"两个汉字为后缀。

图 5－34

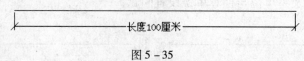

图 5－35

2. "消零"选项组

"消零"选项组位于"修改标注样式"对话框中"换算单位"选项卡的下方，如图 5－36 所示。

该项中有"前导"和"后续"两个复选框。前导是指标注小数时前面是否加零，例如，

"0.25" 为有前导标注；而 ".25" 为无前导标注。"后续" 选项与 "前导" 类似，读者通过试验便知。

3. "位置" 选项组

"位置" 选项组如图 5-37 所示，位于 "修改标注样式" 对话框中 "换算单位" 选项卡内预览框的下方，用来设置换算单位相对于主单位的位置关系。

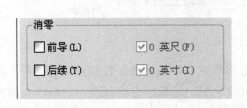

图 5-36

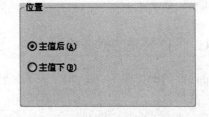

图 5-37

换算单位与主单位的位置关系有换算单位位于主单位之后和换算单位位于主单位之下两种位置关系，示例如图 5-38 和图 5-39 所示。

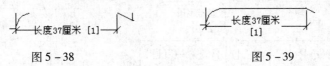

图 5-38　　　　　　　　　　　　　　　图 5-39

5.3.6　设置公差

公差是指标注尺寸时，是否在数字后面标示出误差范围。例如，长度为 100 厘米，如果误差为 0.05 厘米，则应标注为 100 ± 0.05。公差标注设定在如图 5-40 所示的 "公差" 选项卡中进行。

图 5-40

5.4 形位公差标注

形位公差在机械制造行业应用广泛，它是表示特征的形状、轮廓、方向、位置和跳动的允许偏差。可以使用特征控制框添加形位公差，这些框中包含单个标注的所有公差信息。可以创建带引线或不带引线的形位公差，取决于使用 tolerance 还是 leader。

5.4.1 形位公差的标注格式

特征控制框如图 5-41 所示。它由至少两个框格组成。第一个特征控制框格包含一个几何特征符号，表示应用公差的几何特征，例如位置、轮廓、形状、方向或跳动。形状公差控制直线度、平面度、圆度和圆柱度；轮廓控制直线和表面。

形位公差标注的样式如图 5-42 所示。

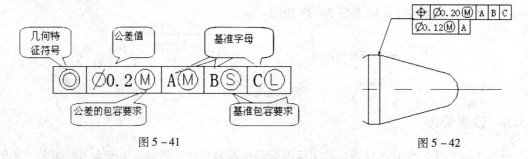

图 5-41

图 5-42

5.4.2 形位公差的标注方法

如图 5-43 所示，从"标注"菜单中选择"公差"，即可进入形位公差标注状态。

图 5-43

1. 形位公差的标注对话框及其符号含义

1）"形位公差"对话框

当首次进入"形位公差"对话框（见图 5－44）时，该对话框中包括符号、公差 1 、公差 2 、基准 1 、基准 2 、基准 3 编辑框和高度、基准标识符及延伸公差带等项目。

2）形位公差标注的几何特征符号

形位公差标注的几何特征符号如图 5－45 所示。使用时，只要在"形位公差"对话框中，单击"符号"下的第一个矩形，然后选择一个插入符号即可。各符号含义如表 5－1 所示。

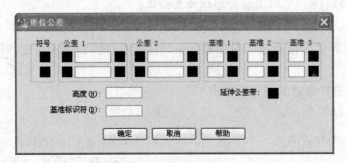

图 5－44

图 5－45

表 5－1 几何特征符号及其含义

符号	⊕	◎	═	∥	⊥	∠	⌀	▱
意义	位置	同轴（同心）	对称度	平行度	垂直度	倾斜度	圆柱度	平面度
类型	位置	位置	位置	方向	方向	方向	形状	形状

符号	⌒	⌒	↗	↗↗	—	○		
意义	面轮廓度	线轮廓线	圆跳动	全跳动	直线度	圆度		
类型	轮廓	轮廓	跳动	跳动	形状	形状		

2. 形位公差的标注步骤

（1）从"标注"菜单中选择"公差"。

（2）在"形位公差"对话框中，单击"符号"下的第一个矩形，然后选择一个插入符号。

（3）在"公差 1"下，单击第一个黑框，插入直径符号。

（4）在"文字"框中，输入第一个公差值。

（5）添加包容条件（可选）时，单击第二个黑框。

（6）单击"包容条件"对话框中的符号以进行插入。

（7）在"基准 1"、"基准 2"和"基准 3"下输入基准参考字母。

（8）单击黑框，为每个基准参考插入包容条件符号。

（9）在"高度"框，输入高度。

（10）单击"延伸公差带"方框，插入符号。

（11）在"基准标识符"框中，添加一个基准值。

（12）单击"确定"按钮，在图形中指定特征控制框的位置。

图5-46是一个特征控制框的样例。

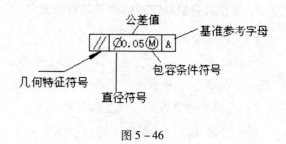

图5-46

【**示例5-10**】对图5-47（a）中的圆进行形位公差标注。

解：

【**命令**】：_tolerance∥将打开"形位公差"对话框，在对话框中选择和输入相应的符号和数值

【**提示**】：输入公差位置：∥选择合适的位置后单击

上述标注的结果如图5-47（b）所示。

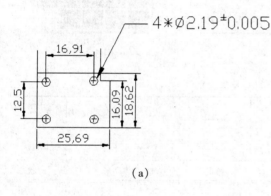

（a）

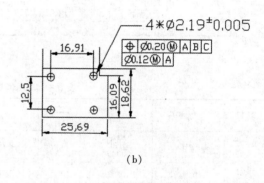

（b）

图5-47

5.5 水平尺寸标注

水平尺寸标注是线性标注的一种，用来进行水平方向的尺寸标注。如图5-48所示，对 *AB* 边进行的标注便是水平尺寸标注。水平尺寸标注的具体步骤如下。

第一步：进入尺寸标注状态。在命令状态下，键入 dim 命令，出现标注提示，表明已进入尺寸标注状态。

第二步：用 dimscale 调整尺寸标注全局比例，使其与图形协调。

第三步：进入尺寸标注状态后，键入命令 hor。

此时，使用目标捕捉方法指定尺寸界线。

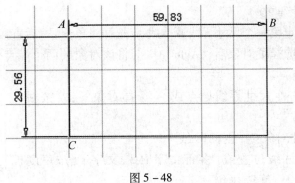

图 5-48

【示例 5-11】对图 5-49 中的 *AB* 边进行水平尺寸标注。

解：

【命令】：dim∥在命令提示行输入尺寸标注命令并按回车键

【提示】：标注：hor∥出现标注提示后输入水平标注方式前 3 个字母命令缩写并回车确认

【提示】：指定第一条尺寸界线原点或 <选择对象>：∥捕捉 *A* 点

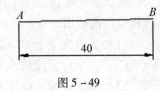

图 5-49

【提示】：指定第二条尺寸界线原点：∥捕捉 *B* 点

【提示】：指定尺寸线位置或［多行文字(M)/文字(T)/角度(A)］：∥拖动弹出的尺寸线到图形中的合适位置单击鼠标左键

【提示】：输入标注文字 <40>：∥指定文字位置并回车确认

以上操作结果如图 5-49 所示。

5.6 线性标注

现行 AutoCAD 版本中，水平标注和垂直标注统称为线性标注。线性标注是用来测量水平方向和垂直方向的距离，是水平标注和垂直标注的综合。

下面结合实例介绍线性标注的具体步骤。

【示例 5-12】对如图 5-50 所示的三角形之 *AB* 和 *AC* 边分别作线性标准。

解：

【命令】：dimlinear

【提示】：指定第一个尺寸界线原点或 <选择对象>：∥选择 *A* 点

【提示】：指定第二条尺寸界线原点：∥选择 *B* 点

【提示】：指定尺寸线位置或［多行文字(M)/文字(T)/角度(A)/水平(H)/垂直(V)/旋转(R)］：∥按住鼠标左键不放拖动尺寸线移动到合适位置单击

【提示】：标注文字 = 90

如果在提示"指定第一个尺寸界线原点或 ＜选择对象＞："后直接按回车键，则要求选择要标注的对象。当选择了对象后，AutoCAD 会将该对象的两个端点作为两条延伸线的起点。命令提示行如下：

【提示】：指定第一个尺寸界线原点或 ＜选择对象＞：∥按回车键

【提示】：选择标注对象：∥先择 AC 线

【提示】：指定尺寸线位置或［多行文字（M）/文字（T）/角度（A）/水平（H）/垂直（V）/旋转（R）］：

标注文字 = 80

以上操作结果如图 5 - 50 所示。

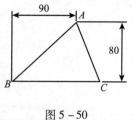

图 5 - 50

默认情况下，指定了尺寸线的位置后，系统将按自动测量出的两个延伸线起点和终点间的相应距离做出改变。此外，其他提示选项的解释如下：

（1）多行文字：可以在标注的同时输入多行文字。

（2）文字：只能输入一行文字。

（3）角度：输入标注文字的旋转角度。

（4）水平：标注水平方向距离尺寸。

（5）垂直：标注垂直方向距离尺寸。

（6）旋转：输入尺寸线的旋转角度。

5.7　对齐标注

对齐标注也叫平齐标注或校准标注，是线性标注的一种特殊形式。在对直线进行标注时，如果不知道该直线的倾斜角，在使用线性标注时，将无法得到准确的测量结果，这时可使用对齐标注。

如图 5 - 51（a）所示，对齐尺寸标注标注的是两点之间的距离，标注的尺寸线平行于两点间的连线。线性标注标注的是两点之间的水平距离或垂直距离，标注的尺寸线呈水平或垂直状态，如图 5 - 51（b）所示。

创建对齐标注有以下 3 种方法：

（1）在菜单栏中，选择"标注"→"对齐"命令；

（2）在命令行中输入 dimaligned；

（3）单击【标注】面板中的【对齐】按钮。

执行上述任一操作后，命令提示见示例 5 - 13 所示。

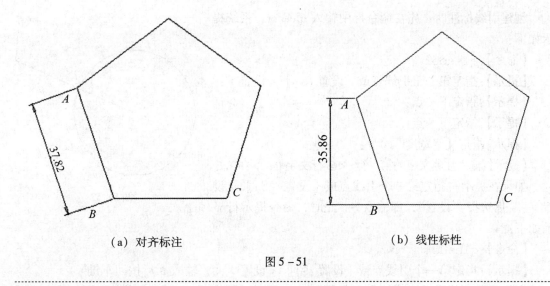

（a）对齐标注 　　　　　　　　　　　　（b）线性标性

图 5-51

【示例5-13】用对齐标注命令对图5-51（a）所示的五边形的 AB 边进行对齐标注。

解：

【命令】:_dimaligned

【提示】：指定第一个尺寸界线原点或 <选择对象>：//选择 A 点

【提示】：指定第二条尺寸界线原点：//选择 B 点

【提示】：指定尺寸线位置或［多行文字（M）/文字（T）/角度（A）］：

【提示】：标注文字 =37.82//按住鼠标左键拖动尺寸线移动到合适位置单击

如果在提示"指定第一个尺寸界线原点或 <选择对象>："后直接按回车键，则要求选择要标注的对象。当选择了对象后，AutoCAD 会将该对象的两个端点作为两条延伸线的起点。命令提示行如下：

【提示】:指定第一个尺寸界线原点或 <选择对象>://回车

【提示】:选择标注对象://点取 AB 边

【提示】:指定尺寸线位置或［多行文字(M)/文字(T)/角度(A)/水平(H)/垂直(V)/旋转(R)］：

以上操作结果如图5-51（a）所示。

5.8 引线标注

引线标注亦称引导标注，是从图形中的指定点引出连续的引线，用户可以在引线上标注文字，如图5-52所示。

创建引线标注时，先在命令行中输入 qleader，系统提示如下：

【命令】:qleader

【提示】:指定第一个引线点或［设置(S)］＜设置＞:

【提示】:指定下一点:

【提示】:指定下一点:

【提示】指定文字宽度 ＜0＞:

【提示】:输入注释文字的第一行 ＜多行文字(M)＞:R0.5

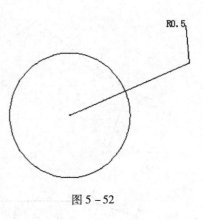

图5－52

如果在提示"指定第一个引线点或［设置（S）］＜设置＞:"后选择"设置"，即输入S。此时，命令提示行显示如下：

【命令】:qleader

【提示】:指定第一个引线点或［设置(S)］＜设置＞:S∥输入S后按回车键

将打开"引线设置"对话框，如图5－53所示。其中"注释"选项卡中可以设置引线的注释类型指定多行文字选项，并指明是否重复使用注释；"引线和箭头"选项卡中可以设置引线的类型、是否设置点数的最大值及最大值的值，箭头的类型及角度约束；在"附着"选项卡中可以设置引线和多行文字注释的附着位置。（只在"注释"选项卡中选择"多行文字"时，此选项卡才可用）

（a）

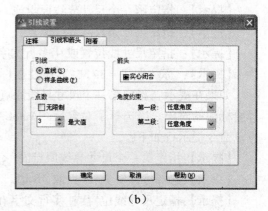
（b）

图5－53

5.9 弧长标注

弧长标注用于测量和显示圆弧的长度，如图5－54所示。弧长标注将测量选定圆或圆弧的直径，并显示前面带有圆弧符号的标注文字。创建弧长标注同样有以下3种方法：

（1）在菜单栏中，选择"标注"→"弧长"命令；

（2）在命令行中输入 dimarc；

（3）单击"标注"面板中的"弧长"按钮。

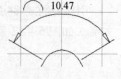

图5－54

执行上述任一操作后，命令提示均见示例 5 - 14 所示。

【示例 5 - 14】用弧长标注命令对如图 5 - 54 所示的弧段进行弧长尺寸标注。

解：

【命令】:_dimarc

【提示】:选择弧线段或多段线圆弧段://点选圆后回车

【提示】:指定弧长标注位置或 [多行文字(M)/文字(T)/角度(A)/部分(P)/引线(L)]:
//拖曳鼠标使尺寸标注线移到合适之处

【提示】:标注文字 =10.47//回车确认，自动测定的尺寸标注于图位显示

5.10　半径标注

半径标注是用于测量选定圆弧或圆的半径，并标注前面带
有一个半径符号的标注文字，如图 5 - 55 所示。

创建半径标注有以下 3 种方法：

（1）在菜单栏中，选择"标注"→"半径"命令；

（2）在命令行中输入 dimradius；

（3）单击"标注"面板中的"半径"按钮 。

执行上述任一操作后，命令提示行见示例 5 - 15 所示。

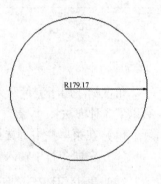

图 5 - 55

【示例 5 - 15】用半径标注命令对图 5 - 55 所示的圆进行半径标注。

解：

【命令】:_dimradius

【提示】:选择圆弧或圆://选择圆或圆弧后单击

【提示】:标注文字 =179.17

【提示】:指定尺寸线位置或 [多行文字(M)/文字(T)/角度(A)]://移动尺寸线至合适
位置后单击

以上操作结果如图 5 - 55 所示。

5.11　直径标注

直径标注是用于测量选定圆弧或圆的直径，如图 5 - 56 所
示。创建直径标注有以下 3 种方法：

（1）在菜单栏中，选择"标注"→"直径"命令；

（2）在命令行中输入 dimdiameter；

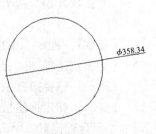

图 5 - 56

（3）单击"标注"面板中的"直径"按钮 ◯直径(D)。

执行上述任一操作后，命令提示如示例5-16所示。

【示例5-16】用圆的直径标注命令对图5-56所示的圆进行直径标注。

解：

【命令】:dimdiameter

【提示】:选择圆弧或圆://选择圆或圆弧后单击

【提示】:标注文字 =358.34

【提示】:指定尺寸线位置或［多行文字(M)/文字(T)/角度(A)］://移动尺寸线至合适位置后单击。

以上操作结果如图5-56所示。

5.12　角度标注

角度标注用于测量两条非平行直线或圆弧的夹角，如图5-56所示。创建角度标注同样有以下3种方法：

（1）在菜单栏中，选择"标注"→"角度"命令；

（2）在命令行中输入 dimangular；

（3）单击"标注"面板中的"角度"按钮 ◁角度(A)。

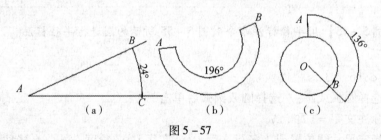

图5-57

选择上述任一操作之后，命令行提示如示例5-17所示。

【示例5-17】用角度标注命令对图5-57（a）所示的∠BAC和图5-57（b）所示的AB弧段及图5-57（c）所示的圆的AOB弧段分别进行角度标注。

解：

【命令】:_dimangular

【提示】:选择圆弧、圆、直线或 ＜指定顶点＞://选择直线 AB

【提示】:选择第二条直线://选择直线 AC

【提示】:指定标注弧线位置或［多行文字(M)/文字(T)/角度(A)/象限点(Q)］://移动尺寸线至合适位置后单击

【提示】标注文字 =24//标注结果如图5-57(a)所示

如果选择圆弧，执行上述任一操作后，命令行提示如下：

【命令】:_dimangular

【提示】:选择圆弧、圆、直线或 <指定顶点>://选择圆弧 *AB* 后单击

【提示】:指定标注弧线位置或［多行文字(M)/文字(T)/角度(A)/象限点(Q)］:
//移动尺寸线至合适位置后单击

【提示】:标注文字 =196//标注结果如图 5 -57(b)所示

如果选择圆，执行上述任一操作后，命令行提示如下：

【提示】:选择圆弧、圆、直线或 <指定顶点>:　　　　　　//选择圆 *A* 点后单击

【提示】:指定角的第二个端点:　　　　　　　　　　//选择 *B* 点后单击

【提示】:指定标注弧线位置或［多行文字(M)/文字(T)/角度(A)/象限点(Q)］:
//移动尺寸线至合适位置后单击

【提示】:标注文字 =136//标注结果如图 5 -57(c)所示

5.13　连续标注

连续标注是用来标注一组相关尺寸，即前一个尺寸标注是后一个尺寸标注的基准，如图 5 -58 所示。

注意：在启动"连续"标注之前，必须要创建第一段尺寸标注线，这段标注线必须是以线性或角度标注等作为基线标注时方可使用。

创建连续标注有以下 3 种方法：

（1）在菜单栏中，选择"标注"→"连续"指令；

（2）在命令行中输入 dimcontinue；

（3）单击"标注"面板中的"连续"按钮 连续(C)。

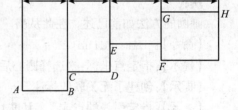

图 5 -58

如果基准标注为线性标注或角度标注，执行上述任一操作后，命令行提示如示例 5 -18 所示。

【示例 5 -18】 如图 5 -58 所示的图形，已用水平尺寸标注命令生成 *AB* 第一段标注。本例中启动连续标注命令，分别进行 *CD*、*EF* 和 *GH* 段的连续标注。

解:

【命令】:_dimcontinue

【提示】:指定第二条尺寸界线原点或［放弃(U)/选择(S)］<选择>://点取 *E* 点
标注文字 =43.24

【提示】:指定第二条尺寸界线原点或［放弃(U)/选择(S)］<选择>://点取 *F* 点
标注文字 =51.54

【提示】:指定第二条尺寸界线原点或［放弃(U)/选择(S)］<选择>://点取 *H* 点

标注文字 =59.24

如果基准标注为坐标标注，将显示下列提示：

【提示】：指定点坐标或［放弃（U）/选择（S）］＜选择＞：

5.14 坐标标注

坐标标注是用来标注指定点到用户坐标系（UCS）原点的坐标方向距离，如图 5 – 59 所示。圆心的横向坐标为 200，沿纵向坐标方向的距离为 300，半径为 100。

创建坐标标注的方法有以下 3 种：

（1）在菜单栏中，选择"标注"→"坐标"命令；

（2）在命令行中输入 dimordinate；

（3）单击"标注"面板中的"坐标"按钮 坐标(O)。

执行上述任一操作后，命令提示行如示例 5 – 19 所示。

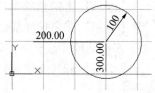

图 5 – 59

【示例 5 – 19】先画出如图 5 – 59 所示的中心点坐标分别为（200，300），半径为 100 的圆，然后用坐标标注命令标注圆心的坐标。

解：

画圆的方法如前已述，在此从略。现阐述其中心坐标标注方法。

【命令】：_dimordinate

【提示】：指定点坐标：//选择圆心后单击

【提示】：创建了无关联的标注。

【提示】：指定引线端点或［X 基准(X)/Y 基准(Y)/多行文字(M)/文字(T)/角度(A)］：//拖动鼠标确定引线端点至合适位置后单击

【提示】：标注文字 =300.00

同理可标注出另一坐标值 200.00。

5.15 综合实例

【示例 5 – 20】在电气工程和机械工程中，气门是常见的元件。如图 5 – 60 所示，先绘制一个常见的气门，绘制完成后，进行尺寸和公差的标注。

解：

本例绘制过程由用户自己完成，在此只讲解尺寸标注的过程。

（1）创建轮廓线层和标注层：选择菜单栏中的"格式"→"图层"建立轮廓线层（线型：Continue；线宽：0.3 mm；颜色：白色）。用同样方法建立中心线层（线型：center；线宽：默认；颜色：红色）和标注层（线型：Continue；线宽：0.15 mm；颜色：绿色）。

（2）绘制中心线：将中心线层设为当前层，单击"绘图"工具栏中的"直线"按钮，在绘图窗口拾取中心线的左端点，向右移动光标，在命令行输入"120"，按回车键确认。

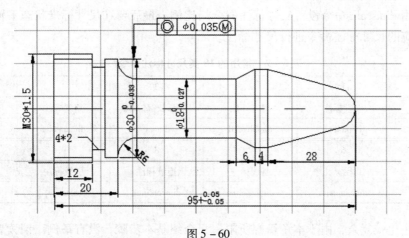

图 5-60

（3）绘制气门：将轮廓层设为当前层，按照绘图的方法和步骤绘制气门。

（4）线性标注：将标注层设为当前层，使用"端点捕捉"功能捕捉各段左端两端点。单击"标注"菜单中的"直径"按钮，设置气门各段的直径尺寸。

注意：在"指定尺寸线位置或［多行文字（M）/文字（T）/角度（A）/水平（H）/垂直（V）/旋转（R）］："的提示下，在命令行输入"M"，按回车键，打开多行文字编辑框。单击@，选择"直径%%c16"，删除编辑框中的原有内容，输入"300^-0.03"，选中"0^-0.03"，单击"a/b"进行叠加。

（5）基线标注：先进行最左端气门底部的线性标注，然后单击"标注"中的"基线"按钮，完成其余标注（20 和 95）。

（6）半径标注：单击"标注"中的"半径"按钮，选择圆弧，完成半径标注。

（7）公差标注：在菜单栏中，选择"标注"→"公差"命令，打开"形位公差"对话框，选择相应符号，输入公差，即可完成公差标注。

（8）连续标注：首先创建"线性标注"（标注为 6）。在菜单栏中，选择"标注"→"连续"命令，完成剩余两个线性标注。

（9）引线标注：在命令行中输入 qleader，选择第一条引线，按回车键，输入文字。

5.16　本章小结

本章分别介绍了文本输入（dtext）和尺寸标注（dim）命令的使用方法。

文字输入有动态文本（dtext）、单行文本（text）和多行文本（mtext）三种。动态文本是常用的，输入文本时注意三个问题：首先，在用 style 命令弹出的对话框中设置文本的字体和对应规律，然后再用文本输入命令（dtext 等）进入文本输入状态下才可输入；其次，如果有必要，可在 dtext 等文本命令提示中设置文本的对齐方式；最后，注意汉字输入和英文输入的不同，汉字输入时按住 Ctrl + Shift 键调出汉字输入法才可输入，英文则不必。

尺寸标注命令在菜单中全部涵盖，可以选择菜单或工具。本章重点以命令输入的方式介绍常用的 10 类尺寸标注命令（见表 5 -2）。命令输入的步骤是先用 dim 命令进入尺寸标注状态，然后用 dimscale 命令设置尺寸标注的全局比例，最后要在尺寸标准状态下输入拟标注某种尺寸相应的尺寸标注命令进行尺寸标注。

表 5 -2　常用的 10 类尺寸标注命令

序号	1	2	3	4	5
标注类型	线性标注	对齐标注	弧长标注	角度标注	半径标注
标注命令	dimlinear	dimaligned	dimarc	dimangular	dimradius
序号	6	7	8	9	10
标注类型	直径标注	基线标注	连续标注	引线标注	坐标标注
标注命令	dimdiameter	dimbaseline	dimcontinue	qleader	dimordinate

公差标注比较复杂，由于本章篇幅所限，只介绍基本步骤，没有举例。请读者参考有关书籍。

第 6 章

图形显示控制*

在本书第 1 章中，为了让初学的读者尽快地进入绘图环境，曾介绍过诸如 zoom 等图形显示方面的命令。在此，考虑到读者已经对该种技术的使用水平达到一定的高度，需要掌握更多的图形显示控制命令才能得心应手地进行工作，本章主要介绍更为详细的与控制图形显示控制有关的一系列操作和命令，并适当结合外文原版软件加以介绍，以满足高级用户的需要。

6.1　视图平移

AutoCAD 图形屏幕尺寸是有限的，要想在屏幕上既能看到图形的全貌，又能看清图形中某个局部的细节，必须学会控制图形显示的位置和范围。通过平移（pan）操作，可以改变当前视窗所显示的图像区域。

AutoCAD 提供的平移图形有利用滚动条进行平移、实时平移、按指定位移进行平移及 Aerial View（鸟瞰）窗口进行平移四种平移方法。

> **提示：**平移操作只是改变了当前视窗的图形区域，并没有改变图形实体在坐标系中实际位置。这如同人坐在汽车上从车窗往外看外面的景观一样，只是视觉方面的改变，没有改变窗外景观一样的道理。

6.1.1　利用滚动条进行平移

利用图形窗口右侧和下方的滚动条，可以对当前视窗中的图形进行平移，观看图形的不同区域。是否显示滚动条，可以在选择"工具"→"选项"菜单项后弹出的"选项"对话框的"显示"选项卡中进行设置。

6.1.2　利用 pan 命令实时平移

1. 命令的功能

当以快速缩放方式打开图形时，pan 命令具有交互平移能力。进入实时平移方式后，图形的图像会随着指点设备的移动而平移到新的位置。进入实时平移方式的方法有选择"视图"→"平移"→"实时"菜单项及在命令行输入 pan 命令两种方法。

2. 命令格式

【命令】:pan∥在命令提示符状态下输入视图平移命令并回车确认

【提示】:按 Esc 或 Enter 键退出,或单击右键显示快捷菜单

提示用户可以按 Esc 键或按回车键退出实时平移方式,结束实时平移操作;用户也可单击鼠标右键,弹出快捷菜单,快捷菜单中提供下述菜单项:

- 退出:结束平移或缩放操作,返回命令提示状态;
- 平移:进入实时平移方式;
- 缩放:进入实时缩放方式;
- 窗口缩放:开窗缩放;
- 缩放为原窗口:返回前一视图;
- 范围缩放:显示所有图形。

从快捷菜单中选择"平移",图形十字光标变成手掌形状,响应提示的方法是按住鼠标拾取键在整个作图区范围内移动手掌形光标,即可平移图形,使当前视窗中显示不同的区域,释放鼠标拾取键则停止平移,此时用户可以把手掌形光标移到新的位置,按住鼠标拾取键重新平移视图。当移到图形的边界时,手掌形光标旁会出现表示边界的短线和一个向内的箭头,并在状态栏显示信息,表示已经移到图形的边界。

> **提示:** 快速缩放方式可以使用 viewres 命令打开和关闭,只有打开快速缩放方式,才能进行实时平移。

6.1.3 利用 pan 命令按指定位移进行平移

1. 命令的功能

按指定位移进行视图平移。

利用 pan 命令按指定位移进行平移时,需要启动 pan 命令。方法有:选择"视图"→"平移"→"定点"菜单项。和在 move 和 copy 等命令中指定位移量一样,在命令行输入 pan 命令时,可以用两种方式指定位移输入两点的坐标,指定图形显示的位移量。

2. 命令操作方法

【命令】:pan∥在命令提示符状态下输入视图平移命令并回车确认

【提示】:指定基点或位移∥输入第一点坐标

【提示】:指定第二点∥输入第二点坐标

3. 透明命令

透明命令是指执行一个命令的过程中可以同时执行另一个命令的功能。视图平移可以执行透明命令,但只有 viewres 命令打开快速 zoom 方式（Fast Zoom mode）时,才能正常或透明 pan 命令进行实时平移。如果关闭快速 zoom 方式,只能按指定位移进行平移。而在与此相关的同类命令执行时,如 vpoint, dview, zoom, pan 或 view 命令的执行期间,则不能透明执行 pan 命令。

4. 操作示例

【示例 6 − 1】将图形分别用输入位移量和指定两点方法水平左移 20 个绘图单位、垂直上移 10 个绘图单位。

解：

（1）输入两点的坐标法。

【命令】：pan∥输入 pan 命令并回车

【提示】：指定基点或位移：0,0∥输入第一点坐标（0,0）

【提示】：指定第二点：−20,10∥输入第二点坐标（−20,10）

（2）输入 X 和 Y 方向的位移量法。

【命令】：pan∥输入 pan 命令并回车

【提示】：指定基点或位移：−20,10∥输入 X 和 Y 方向的位移 −20,10

【提示】：指定第二点：∥按回车键表示前一输入为位移

6.2　视图缩放

关于视图缩放（zoom）在第 1 章已经做过介绍。需要强调的是，zoom 命令不会改变实体的物理尺寸，改变的只是实体在屏幕上显示图像的大小。利用它可以看到屏幕以内或以外的图形，即可以看到图形的一部分或全部，并可以将屏幕变成一个像放大镜一样的镜面，将图形放大或缩小。

6.2.1　视图缩放原理

视图缩放（zoom）是基于绘画学界的视力原理。所谓视力，是指按照一定的缩放倍数、目标点位置和观察方向在视窗中产生的模型图像。改变视力最常用的方法是 AutoCAD 的 zoom 命令的选项，用来增加或减小显示在屏幕上的图像的大小。放大图像靠近模型观察细部称为近摄（Zooming in），缩小图像远离模型扩大观察范围称为远摄（Zooming out）。视图缩放实际上就是近摄与远摄之间的不断转换。

6.2.2　视图缩放方法

1. 命令启动方法

在 AutoCAD 中，启动视图缩放的方法有两种。其一是选取菜单，即选择"视图"→"缩放"菜单命令；其二是输入命令，即在命令行输入 zoom 命令或命令缩写 z。无论何种方法，出现的命令和提示都是相同的，用户可以采用任意一种方法。

2. 命令缩放方法

从命令行输入 zoom 命令后，提示信息中包含了对视图进行缩放的全部方法：

【命令】：zoom∥输入命令并按回车键确认

【提示】:指定窗口的角点,输入比例因子(nx 或 nxp),或者[全部(A)/中心(C)/动态(D)/范围(E)/上一个(P)/比例(S)/窗口(W)/对象(D)]<实时>:

1) Realtime 实时缩放

zoom 命令的"实时"选项,提供了图形显示的交互缩放能力。进入实时缩放方式后,图形的图像会随着鼠标的上下移动,自动放大或缩小。

【命令】:zoom

【提示】:指定窗口的角点,输入比例因子(nx 或 nxp),或者[全部(A)/中心(C)/动态(D)/范围(E)/上一个(P)/比例(S)/窗口(W)/对象(D)]<实时>:R

在进入实时缩放方式时,在命令窗口显示"按 Esc 或 Enter 键退出,或单击右键显示快捷菜单"的提示信息,提示用户可以按 Esc 键或按 Enter 键退出实时缩放方式,结束实时缩放操作。

进入实时缩放方式后,光标变成带加号" + "和减号" − "号的放大镜,在状态栏上显示"按住拾取键并垂直拖动进行缩放"的信息,提示用户按住拾取键向上或向下移动放大镜光标,即可放大或缩小图像。在图形窗口的中点按住拾取键把光标垂直向上移到窗口的顶部（正方向）,图像放大一倍（相对放大倍数为2）;在图形窗口的中点按住拾取键把光标垂直向下移到窗口的底部（负方向）,图像缩小一半（相对放大倍数为 0.5）。当释放鼠标的拾取键后,本次缩放停止。此时,可以把光标移到其他地方,重新按住鼠标拾取键,从该处继续进行缩放。当到达放大或缩小极限时,图形无法继续放大或缩小,光标上的加号" + "或减号" − "消失,并在状态栏显示已经到达放大或缩小极限。

2) Window 开窗放大

在命令行输入 zoom 命令或命令缩写 z,选择"窗口",则进入开窗放大方式。

指定矩形窗口的两对角点,可以快速地使该窗口内的图形放大,充满当前视窗。矩形窗口的中心作为当前视窗新视图的中心。如果用户确定的矩形窗口的长宽比不等于当前视窗的长宽比,AutoCAD 会自动进行调整,以保证矩形窗口内的图形尽可能大地显示在当前窗中。

【示例6-2】 利用 zoom 命令将如图6-1（a）所示的 P1 和 P2 方框中的两个花瓣放大到如图6-1（b）所示的情形。

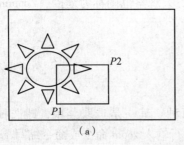

(a)

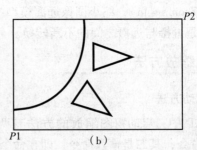

(b)

图6-1

解:

【命令】:zoom//输入命令并按回车键确认

【提示】:指定窗口的角点,输入比例因子(nx 或 nxp),或者[全部(A)/中心(C)/动态(D)/范围(E)/上一个(P)/比例(S)/窗口(W)/对象(D)]<实时>:W

【提示】：指定第一个角点：∥点取矩形窗口第一角点 *P*1

【提示】：指定对角点：∥点取矩形窗口第二角点 *P*2

以上操作过程及其结果如图 6-1（b）所示。

> **提示：** 启动开窗放大方式的方法除上述选项外，选择"视图"→"缩放"→"窗口"下拉菜单项同样可以执行。

3）指定视图的中心和高度进行缩放

zoom 命令的中心选项，可指定视图的中心和高度进行缩放，可以精确地同时实现图形的平移和缩放。

用输入命令方法指定视图中心和高度缩放视图的过程如下。

【命令】：zoom∥输入命令并按回车键确认

【提示】：指定窗口的角点，输入比例因子（nx 或 nxp），或者［全部（A）/中心（C）/动态（D）/范围（E）/上一个（P）/比例（S）/窗口（W）/对象（D）］＜实时＞：C∥选择中心缩放选项并按回车键确认

【提示】：指定中心点：∥输入中心点 P

【提示】：输入比例或高度：∥输入新视图的高度

在指定高度时，可输入新视图的高度、相对于当前视图的比例系数或相对于图纸空间的比例系数。例如，假设当前视图的显示高度为 10 个图形单位，如果输入 5，新视图的显示高度为 5 个图形单位，图形放大 2 倍。

如果输入相对比例系数 2x，图形显示放大一倍，新视图的显示高度缩小一倍，为 5 个图形单位。

如果正在图纸空间的浮动视图内，可以在比例系数后加上后缀"xp"，则相对于图纸空间缩放浮动视图内的视图。

4）根据实体边界显示全图

使用 zoom 命令的"范围"选项，可将新视图的显示区域设为能够包容当前所有图形实体的最小矩形。在当前视窗中最清楚地显示当前绘制的全部图形。

zoom 命令的"范围"选项是根据整个当前视窗而不是根据当前视图计算 zoom 的，在正常情况下，当前视窗是全部可见的，因此，在当前视窗内可以看见全部图形。但如果在图纸空间进行平移或缩放操作，某些浮动视图只有部分可见，在这样的浮动视图内 zoom 命令的"范围"选项，就只能看见部分图形。如果图形中根本没有任何实体，该选项在当前视窗中的显示范围为图限范围。

5）根据实体边界或图形极限显示全图

根据实体边界或图形极限显示全图，就是选择实体边界和图形极限之中的大者作为新视图的显示区域。

启动全图放大方式的方法即选择"视图"→"缩放"→"全部"菜单项或在命令行输入 zoom 命令或命令缩写 z，选择默认选项。这样的选项相当于将屏幕内外的图形全部调到当前屏幕并尽可能最大化显示出来。

提示：对于3D视图，"全部"选项和"范围"选项效果相同。但无限长直线 xline 和射线 ray 不会影响它们。需要指出，由于 zoom 命令的"全部"选项要进行图形再生，因此不能透明执行。

6）显示前一视图

zoom 命令的"上一个"选项，可显示前一视图。它只是按照前一视图位置和放大倍数重新显示图形，而不会作废对图形所作的修改。

返回的视图可以是用 zoom 命令产生的，也可能是用 pan 命令产生的 AutoCAD 最多可以保存已经显示过的10个视图。

7）按比例缩放

按比例缩放是根据指定的比例系数缩放图形。输入命令方式按比例缩放视图的过程如下：

【命令】：zoom∥输入命令并按回车键确认

【提示】：指定窗口的角点，输入比例因子（nx 或 nxp），或者［全部（A）/中心（C）/动态（D）/范围（E）/上一个（P）/比例（S）/窗口（W）/对象（D）］＜实时＞：S∥选择 S 选项并按回车键确认

【提示】：输入比例因子 nx 或 nxp：∥输入比例系数

用户可以用以下三种方式输入缩放比例系数精确地缩放视图。

（1）相对于图形极限按比例缩放图形：在上述 zoom 命令"比例（S）"选项出现的输入比例因子 nx 或 nxp 子提示状态下，直接输入比例系数，则在中心点的位置保持不变的前提下，相对于图的极限缩放图形。例如，输入比例系数1，则在当前视窗内尽可能大地显示图限内的图形；输入比例系数2，则当前视窗的图形将比显示整个图限时大一倍，即当前视窗的显示范围比图形极限小一半；输入比例系数0.5，则当前视窗的图形将比显示整个图限时小一半，即当前视窗的显示范围比图形极限大一倍。

（2）相对于当前视图按比例缩放图形：在输入的比例系数后加上后缀"x"，则相对于当前视图缩放图形，中心点的位置保持不变。例如，输入比例系数2x，则当前的图形将会放大一倍，即当前视窗的显示范围将缩小一半；输入比例系数0.5x，则当前视窗的图形将会缩小一半，即当前视窗的显示范围扩大一倍。显然，输入1x，当前视图不会改变。图6－2是按相对比例因子2x放大前后的图形显示。

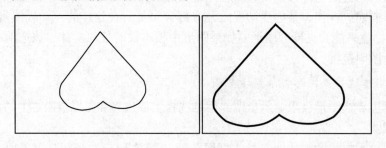

（a）原屏幕显示　　　　　　　　（b）相对比例因子＝2x

图6－2

（3）相对于图纸空间按比例缩放：在绘图设备上输出图形之前，如果图纸上需要绘制不同比例的视图，则需要在图纸空间的浮动视图中，为每个视图设置该视图的显示比例。

在比例系数后加上后缀"xp"，则相对于图纸空间缩放图形。例如，假设图纸空间中某一浮动视图实体的高度为 100，从此浮动视图进入模型空间，zoom/scale 命令，如果输入的比例为 1xp，则当前浮动视图中视图的高度为 100；如果输入的比例为 2xp，则当前浮动视图中视图的高度为 50；如果输入的比例为 0.5xp，则当前浮动视图中视图的高度为 200。

8）动态缩放

动态缩放是缩放过程中利用系统自动弹出的边界框、平移框、辅助框进行视图缩放。动态平移方式和动态缩放方式之间的切换，用鼠标的拾取按钮完成。

进入动态缩放方式的方法，即选择"视图"→"缩放"→"动态"菜单项；或在命令行输入 zoom 命令后，进入动态缩放平移方式，当前视窗中显示出全部图形，并出现 3 个辅助框，如图 6-3 所示。

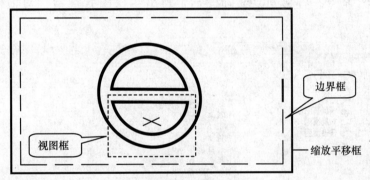

图 6-3

蓝色虚线框称为边界框，表示图形极限或实体边界。绿色点线框称为视图框（View box），表示缩放前当前视窗显示的区域。黑色/白色实线框为缩放平移框。图 6-4 为用 zoom 命令动态缩放方式缩放图 6-3 视图框内图形后的显示效果。

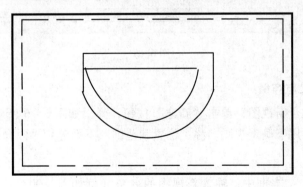

图 6-4

要执行 zoom 命令的缩放功能，单击指点设备的拾取按钮，使一个箭头符号指向视图的右边。左右移动指点设备改变视图框的大小。视图框变大，图像缩小；视图框变小，图像放大。

当利用视图框确定了欲观察的区域后，按回车键，结束 zoom 命令，视图框内的图像变成当前视图。

6.3 命名视图的管理

视图（View）是指三维模型在视窗中的图形表示。命名视图可对视图实行按名管理，即将在视窗中全部或部分图形加以命名存储，和其他命名实体一样，命名视图存储在图形文件中，在需要时可随时恢复显示该视图，或查询和删除。

6.3.1 用视图管理对话框（ddview）管理视图

ddview 命令的功能是以对话框方式进行视图的命名存储、恢复显示、查询和删除。

启动 ddview 命令的方法有：选择下拉菜单的"视图"→"命名视图"菜单项、在命令行输入 ddview 命令。启动 ddview 命令后，弹出"视图管理器"对话框，如图 6-5 所示。

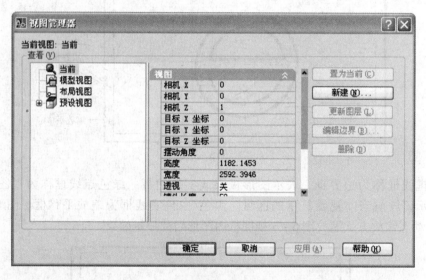

图 6-5

1. 新视图的定义与存储

要定义并存储一个新视图，单击"新建"按钮，弹出如图 6-6 所示的"新建视图"对话框。该对话框主要用于确定视图名称、位置和范围。下面分别予以介绍。

1）确定视图名

在"视图名称"文本框中，输入新视图的名字（例如 V-001）。视图名可以由字母、数字、美元符、连字符和下划线组成。

一个图形中存储的视图不允许重名，否则，AutoCAD 会弹出"警告"对话框，提示用户是否要重新定义该视图。

2）确定视图的位置和范围

AutoCAD 为定义新视图提供了存储视窗中全部图形或指定窗口内的图形两种方法。在图 6-6 中有"当前显示"和"定义窗口"两个单选按钮。单击"当前显示"按钮，则把当前视窗内显示的全部图形存成新视图。单击"定义窗口"按钮，临时关闭对话框，系统提示：

指定第一个角点：

指定对角点：

确定了新视图的范围后，单击"确定"按钮返回"视图管理器"对话框，新视图的名字显示在"当前视图"列表框中。

在存储一个视图时，视点和比例被存储，启动一个新视图时，用户通常只使用一个充满整个作图区的视窗。如果使用多视窗，则当前视窗内的视图被存储。如果是图纸空间，则图纸空间的视图被存储。特别指出，只有单击"确定"按钮关闭"视图管理器"对话框后，定义的所有新视图才能存储到当前图形中。

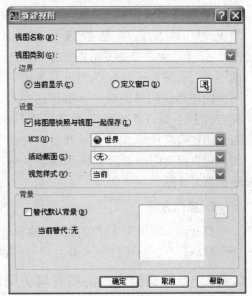

图 6-6

2. 命名视图的调用

调用命名视图要经过 3 个步骤：首先，把欲恢复命名视图的视窗改变为当前视窗；其次，在"当前视图"列表框中选择欲调用的命名视图；再次，单击"应用"按钮，在列表框下面显示选择的视图名；最后单击"确定"按钮关闭对话框，当前视窗中的视图由指定视图所取代。

在图纸空间只能恢复在图纸空间定义的视图。在平贴视窗或浮动视图中，只能恢复在平贴视窗或浮动视图中定义的模型空间的视图。如果当前视窗为平贴视窗或浮动视图，选择的视图为图纸空间视图，则"应用"按钮呈现灰色虚显而无法激活。

3. 命名视图的删除

对于不再需要的视图，可以将它从当前图形中删除。删除命名视图分为三个步骤。首先，在"当前视图"列表框中选择欲删除的命名视图。其次，单击"删除"按钮，该视图名从列表框消失；最后，单击"确定"按钮关闭对话框。

6.3.2 用视图管理命令（view）管理视图

view 命令与 ddview 命令的功能完全相同，但 ddview 不能透明执行。只要打开快速缩放方式，并且当前不在图纸空间，也不在 vpoint、dview、zoom、pan 和 view 命令执行期间，view 命令可以透明执行。

6.4 视觉方式的打开与关闭

视觉方式包括打开与关闭填充方式、十字标记方式、选择图形亮显方式及打开快速文本方式等。鉴于绘制复杂的大型工程图时，视觉方式会影响 AutoCAD 屏幕刷新和命令处理的速度，为提高计算机上处理图形速度并提高作图效率而引入视觉方式控制命令。

6.4.1 填充方式的开关控制命令（fill）

1. 命令的功能

fill 命令用来控制轨迹线（trace）、带宽度的多义线（polyline）、实心区（solid）和图案填充时，区域内部是否进行填充。图6-7（a）为轨迹线关闭填充方式画出的图形，而图6-7（b）为打开填充方式画出的图形。同样的命令，由于选择填充方式的不同，画出的图形效果不同。当关闭这些实体填充只显示和输出轮廓线，可以提高图形显示和图形输出的效率，反之亦然。

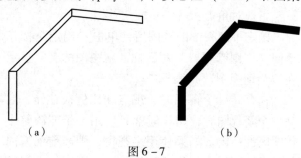

（a）　　　　　　　　　　　　（b）

图6-7

2. 操作方法

打开或关闭填充方式的方法，通常是在命令行输入 fill 命令，在出现的提示"输入模式［开（ON）/关（OFF）］＜开＞:"后直接选取即可。

6.4.2 选择亮显方式的打开与关闭命令（highlight）

选择亮显方式控制选中的实体是否加亮显示。关闭亮显方式可以提高作图效率。

在命令提示符下输入 highlight 命令，在变量提示中把初始值的整型系统变量 HIGHLIGHT 的值设置为1（ON）或0（OFF），可打开或关闭亮显方式。

6.4.3 快速文本方式的打开与关闭命令（qtext）

1. 命令的功能

快速文本方式控制图形中的文本是否只显示文本所占的轮廓方框。当快速文本方式关闭时，文本正常显示。当快速文本方式打开时，则只显示和输出可包容文本的轮廓方框，以提高绘图效率。

用户随时可以打开或关闭快速文本方式。改变了快速文本方式后，新画实体自动遵循新的设置。只有 regen 命令后，已有实体才遵循新的设置。

2. 基本操作

1）输入命令

在命令行输入 qtext 命令。

【命令】:qtext // 启动 qtext

【提示】:输入模式［开（ON）/关（OFF）］＜关＞// 键入 ON 或 OFF 打开或关闭快速文本方式

2）改变变量

把系统变量 QTEXTMODE 的值设置为1或0。

6.5　模型空间与图纸空间

模型空间是一个二维和三维的绘图和编辑图形及显示图形的空间。图纸空间是二维的布置图形和输出图形的空间。一般在模型空间完成绘图和编辑，在图纸空间布置和出图。

AutoCAD R12.0 以前的早期版本，只为用户提供了一个建立模型的环境，即模型空间。然而，从模型空间输出图形具有一定的局限性。例如，在模型空间内同时绘制某一三维模型的多个视图（如平面图、立面图和轴测图），从同一图形输出不同比例的图纸时，应保持尺寸文字、标题和技术要求等文字说明的字高符合制图规范的要求；特别是在同一张图纸上布置几个不同比例的视图将更加困难。为此，从 AutoCAD R12.0 版开始，除了模型空间之外，AutoCAD 又向用户提供了另一种环境，即图纸空间，专门用来解决在图纸上视图的布置和显示方式的控制问题。

6.5.1　模型空间与图纸空间的概念

1. 模型空间

顾名思义，模型空间是用户创建设计对象的 2D 或 3D 模型的空间。在模型空间，用户绘制设计对象的图形以及标注与图形相关的尺寸。用户可以在整个屏幕作图区建模型，称为单视窗建模方式。为了提高建模的效率，也可以把整个屏幕作图区分隔为若干矩形区域，好像用不同大小的地砖（Tile）铺满整个屏幕作图区，每个矩形区域称为平贴视窗，可以显示模型不同类型的视图或不同的范围，称为多视窗建模方式。

2. 图纸空间

图纸空间是一种二维空间，图纸空间中的实体只能二维显示。如果首次加入图纸空间，图形区一片空白，相当于用来布置图形的一张空白图纸，故称图纸空间。

在图纸空间，用户可以确定图纸大小。为了在图纸空间显示模型空间创建的模型，用户可根据需要建立多个浮动视图，用户只能通过浮动视图对模型空间中的实体进行观察和处理。AutoCAD 把浮动视图也作为一种实体来处理，和其他实体一样，用户可以任意定义和改变它的位置和大小，以满足在图纸上布置视图的需要。通过调整每个视窗的显示范围、视点位置和显示比例，可产生模型的不同类型、不同比例的视图。

> **提示**：模型空间是 AutoCAD 的默认空间，在模型空间，不管屏幕上有多少平贴视窗，也只能输出一个视窗内的视图。而在图纸空间，却能够把用户布置的所有浮动视图内的视图同时输出。

6.5.2　模型空间与图纸空间的切换

模型的建立和修改必须在模型空间进行，而在图纸空间不能修改模型。为了在浮动视图修改模型，必需将该浮动视图切换到模型空间（称为浮动模型空间）。这样，在图纸空间，就可以在总览整个图面布置的情况下，对模型进行处理。在浮动视图内修改模型和改变视图的方法与在模型空间几乎没有什么区别。对每个浮动视图中的视图，还可以有更多的独立控制。例如，冻结或关闭某些浮动视图内的层而不会影响其他层，可以控制整个视窗的可见性，可以在视窗之间对齐视图，相对于整个布置对视图进行缩放。

模型空间只有一个，为了叙述方便，我们把平贴视窗工作方式下的模型空间称为平贴模型空间，把通过图纸空间当前视窗进入模型空间称为浮动模型空间，把图纸空间和浮动模型空间又统称为图纸空间环境。

1. 平贴模型空间和图纸空间的切换

实现平贴模型空间和图纸空间的切换的方法为设置系统变量 TILEMODE。

系统变量 TILEMODE 用来实现平贴模型空间和图纸空间的切换。把 TILEMODE 设置为 0，从平贴模型空间进入图纸空间；把 TILEMODE 设置为 1，从图纸空间环境进入平贴模型空间。如果当前处在浮动模型空间，把 TILEMODE 设置为 1 则进入平贴模型空间，再把 TILEMODE 设置为 0，只能返回图纸空间，而不能返回浮动模型视窗。

2. 图纸空间和浮动模型空间的切换

在图纸空间环境中，用户有时需要在图纸空间插入中间关系符号（如图框、比例尺、指北针、图例、文字说明等）和对浮动视图进行必要的编辑（如改变浮动视图的位置和大小），有时又要进入浮动视图，对视图比例、层的可见性、甚至模型进行修改。为此，AutoCAD 提供了在图纸空间环境中，进出浮动模型空间的方法。

1）从图纸空间进入浮动模型空间

只要在图纸空间创建了浮动视图并且没有关闭全部视窗，就能通过一个视窗进入浮动模型空间，并在当前浮动视图内对模型进行操作。否则，系统提示：

没有活动模型空间视口

此时，需要至少打开一个浮动视图。从图纸空间切换到浮动模型空间的方法为：在命令行输入 ms，执行 mspace 命令。此时，所有打开的（Active）浮动视图显示模型 UCS 图标，但只有在当前浮动视图内光标为十字形，在其他地方（包括其他浮动视图区域内）为箭头。

2）从浮动模型空间返回图纸空间

从浮动模型空间切换到图纸空间的方法有：

（1）双击状态栏上标识为"模型"的图标，此时该按钮的标识变为"图纸"，Tile 按钮灰色虚显；

（2）在命令行输入 ps，执行 pspace 命令。

6.6　平贴视窗和浮动视图

本节将介绍建立多视窗的方法。建立多视窗是为了在不同的视点观察同一个三维模型。用户只需建立一个三维模型，就能用不同的视窗显示它的平面图、立面图、剖面图和透视图等。

视窗相当于取景框，图形屏幕上用来显示模型空间实体的矩形区域称为视图窗口，简称视窗（Viewport）。在默认状态下，AutoCAD 把整个屏幕作图区作为一个视窗，即单视窗方式。所谓视图（View）是指显示在视窗中的图形，它是 3D 模型的 2D 投影。多视窗同时也为三维模型的显示提供了方便，如同时显示全图和多个局部详图。

在 AutoCAD 系统中，用户可能在两种不同的空间环境内建立两类不同的视窗。一类是在模型空间环境中（TILEEMODE = 1）用 vports 命令建立的平贴视窗；另一类是在图纸空间环境中（TILEEMODE = 0）用 mview 命令建立的浮动视图。

6.6.1　平贴视窗

平贴视窗是指在模型空间用 vports 命令创建的视窗。就如同在一个房间中铺砌地砖一样，所有视窗充满整个作图区，任何两个视窗都无缝连接且不许相互搭接。

所谓视窗配置（Viewport configuration）是指不同大小的多个平贴视窗在作图区的布局形式。采用何种形式的视窗配置，需要根据显示的视图数量、视图类型和视图大小确定。

在多视窗中，同一时间只能有一个视窗处于激活状态，称为当前视窗。当前视窗的边框用粗线表示，用定点设备单击某一视窗，该视窗就成为当前视窗。

在多视窗环境下，可以对每一个视窗进行平移、缩放和调用命名视图，以改变每个视窗中的图形显示，也可以把视窗配置按名存储在图形中，以供随时调用。与此同时，可为每个视窗设置捕捉网格、用户坐标系。在一条命令的执行过程中，可以在不同的视窗中为该命令指定参数。

1. vports 命令的功能

vports（或 viewports）命令具有配置、合并、切换、存储、删除视窗的功能。其中，配置是指产生标准视窗配置；合并是指合并两个具有共同边界的视窗；切换是指切换当前视窗为全屏单视窗。

2. 操作方法

在命令行键入 vports 命令，弹出"视口"对话框，如图 6 - 8 所示。

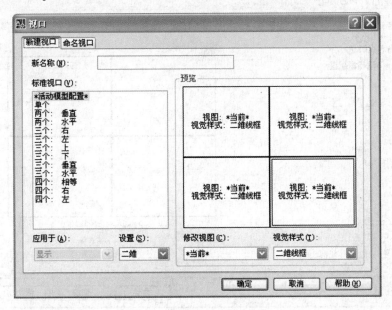

图 6 - 8

在"视口"对话框中，系统提供了 12 种预定义视口布局，在"标准视口"列表框中列出。右侧的"预览"框中则显示在左侧"标准视口"列表框中所选择的视口布局的样式。用户可以根据需要选择视口布局，在"新名称"文本框中给视口命名后，单击"确定"按钮，即可创建预定义配置的视口。例如图 6-9 则为"四个：右"模型配置的效果。

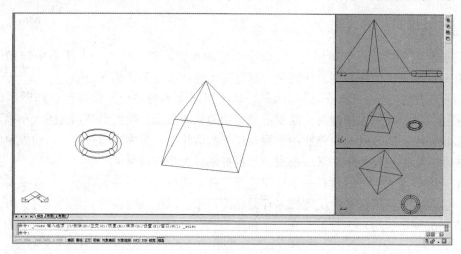

图 6-9

如果需要查看模型中已定义的视口名称及其配置，则可以单击图 6-8 中的"命名视口"标签，打开如图 6-10 所示的"命名视口"选项卡。可以在这里选择已经命名的视口，单击"确定"按钮即可切换到所选视口。

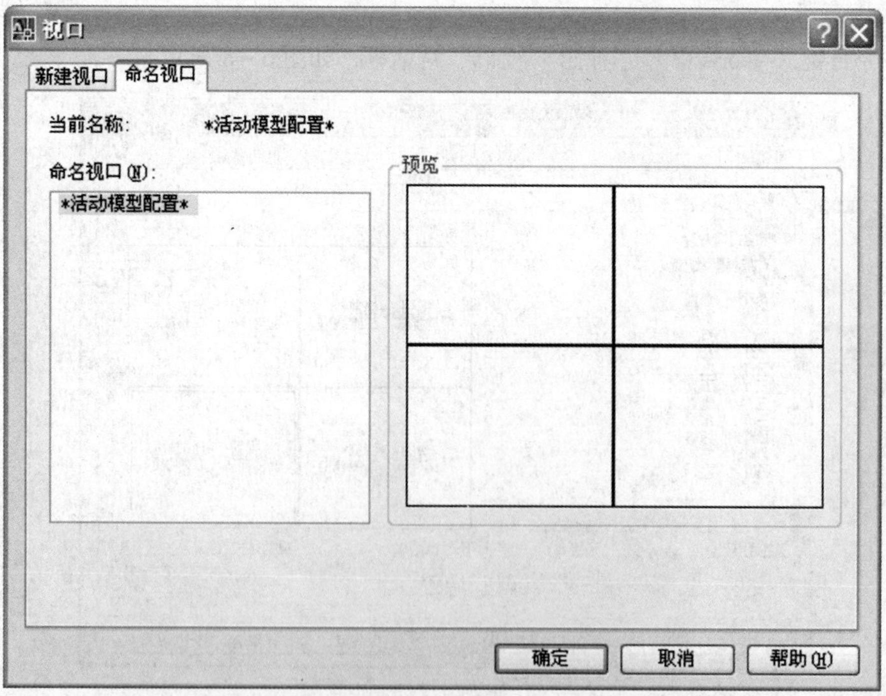

图 6-10

6.6.2　浮动视图

浮动视图与模型空间的平贴视窗不同的是，每个视窗都是一个独立的实体。创建的浮动视图驻留在当前层上。为了控制浮动视图边框的可见性，在创建浮动视图前，应该为它们专门创建一个层，并使之成为当前层。在创建浮动视图之后，用户还可以像对其他图形实体一样，对浮动视图进行删除、移动、缩放等编辑操作。根据设计项目和图面布置的具体要求，用户可以用 mview 命令把任意数量、任意大小的浮动视图放在图纸空间的任何位置。就像使用平贴视窗一样，用户可以使用 AutoCAD 提供的一系列标准配置，如果只需要一个视图，可以在图纸空间的任何位置创建一个浮动视图。实际上，任何用户都不会在图框外创建视窗的。如果需要在图纸上显示多个视图，可以同时创建多个浮动视图。

1. 命令的功能

mview 命令的功能主要有四项：其一是将用 vports 命令在模型空间生成的视窗配置生成图纸空间的浮动视图；其二是在图纸空间内创建一个或多少浮动视图；其三是打开或关闭浮动视图，控制在图纸空间能否看得见模型空间；其四是控制在输出图形时各视窗内的实体是否进行消隐。

2. 基本操作

启动 mview 命令的方法主要有选择菜单和输入命令两种方法。即选择"视图"→"命名视图"菜单命令，或者在命令行输入 mview 命令或命令缩写 mv，均可出现"视图管理器"对话框，如图 6 – 11 所示。

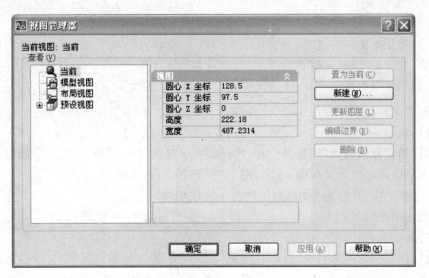

图 6 – 11

在图 6 – 11 中单击"新建"按钮，打开如图 6 – 12 所示的"新建视图"对话框。在"视图名称"文本框中输入视图名称，在"视图类别"下拉列表中选择视图类别；在"边界"选项区中则可以定义视图的范围，若选择"当前显示"则把当前屏幕上的显示范围内容定义为视图的范围；如果需要另行指定视图范围，则选择"定义窗口"单选按钮，此时对话框暂时隐藏，在屏幕上按命令提示选取所需的范围，确定后返回"新建视图"对话框。单击"确定"按钮，即可完成新视图的创建工作。

3. 操作示意

下面通过例子介绍通过命令行输入方法进行视图管理的步骤。

【命名】:mview

【提示】:指定视窗的角点或[开(ON)/关(OFF)/布满(F)/着色打印(S)/锁定(L)/对象(O)/多边形(R)/2/3/4]<布满>:

1）浮动视图的创建

浮动视图的创建过程，实际上是响应上述命令提示的过程。在创建新视窗时，需要指定它在图纸空间中的位置和大小，一般采用拾取两点的方式指定。

（1）用两对角点定义一个视窗（默认选项）

在命令提示符下输入建立浮动视图mview命令并按回车键确认，出现提示后在屏幕上分别指定两个对角点 PS_1 和 PS_2 即可定义一个视窗，即:

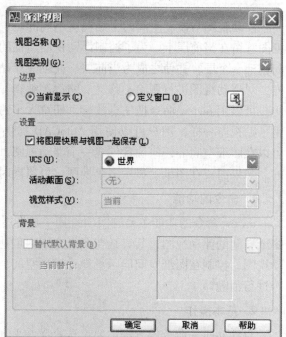

图 6 - 12

【命名】:mview

【提示】:指定视窗的角点或[开(ON)/关(OFF)/布满(F)/着色打印(S)/锁定(L)/对象(O)/多边形(R)/2/3/4]<布满>://转入 PS_1 点坐标

【提示】:指定对象点://输入浮动视图的对角点 PS_2 坐标

（2）创建满屏视窗

【命名】:mview

【提示】:指定视窗的角点或[开(ON)/关(OFF)/布满(F)/着色打印(S)/锁定(L)/对象(O)/多边形(R)/2/3/4]<布满>:F//键入"F"选择 Fit 选项

创建的新浮动视图与当前图纸空间的显示区域相同。

（3）创建两个视窗

【命名】:mview

【提示】:指定视窗的角点或[开(ON)/关(OFF)/布满(F)/着色打印(S)/锁定(L)/对象(O)/多边形(R)/2/3/4]<布满>:2//键入 2 选择创建两个视窗

【提示】:输入视窗排列方式[水平(H)/垂直(V)]<垂直>://选择视窗的布局方式

【提示】:指定第一个角点或[布满(F)]<布满>://若回答"F",则新建的两个视窗占据整个图形屏幕；否则指定两个对角点确定新建两个视窗的位置和大小

【提示】:指定对角点:

（4）创建三个视窗

【命名】:mview

【提示】:指定视窗的角点或[开(ON)/关(OFF)/布满(F)/着色打印(S)/锁定(L)/对象(O)/多边形(R)/2/3/4]<布满>:3//键入 3 选择创建 3 个视窗

【提示】:输入视窗排列方式[水平(H)/垂直(V)/上(A)/下(B)/左(L)/右(R)]<右>://选择视图布局

【提示】:指定第一个角点或[布满(F)]<布满>:

【提示】:指定对角点:

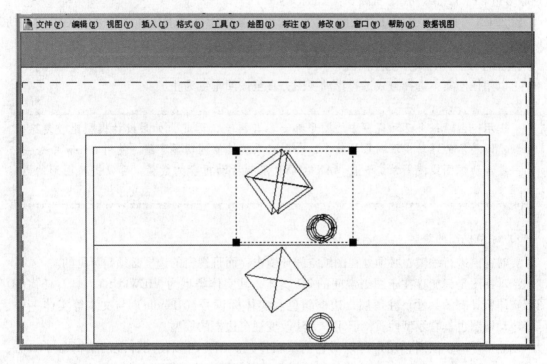

图 6-13

（5）在指定的矩形区域内一次创建 4 个视窗

【命名】:mview

【提示】:指定视窗的角点或[开(ON)/关(OFF)/布满(F)/着色打印(S)/锁定(L)/对象(O)/多边形(R)/2/3/4]<布满>:4//键入 4 选择创建 4 个视窗

【提示】:指定第一个角点或[布满(F)]<布满>://确定 4 个视窗的矩形位置和大小的方法与创建上述视窗类似

（6）创建与指定平贴视窗配置相一致的浮动视图

【命名】:mview

【提示】:指定视窗的角点或[开(ON)/关(OFF)/布满(F)/着色打印(S)/锁定(L)/对象(O)/多边形(R)/2/3/4]<布满>:R//键入 R 选择"恢复"选项

【提示】:输入视窗配量名或[?]<* Active>://输入视窗配置名

【提示】:指定第一个角点或[布满(F)]<布满>://使用同样的方法确定这些视窗填充的矩形区域

要求输入的视窗配置名为在模型空间用 vports 命令建立并存储的视窗配置。按回车键选择"< * ACTIVE >"则为模型空间的当前视窗。如果用户不知道模型空间建立了哪些视窗配置，可用"?"选项查询。

2）浮动视图的打开与关闭

【命名】:mview

【提示】:指定视窗的角点或[开(ON)/关(OFF)/布满(F)/着色打印(S)/锁定(L)/对象(O)/多边形(R)/2/3/4]<布满>:ON 或 OFF

键入 ON（打开）或 OFF（关闭）后，系统重复提示，要求选择欲打开或关闭的浮动视图：

【提示】:选择对象://选择视窗

可以用任何实体选择方式选择浮动视图，直至按回车键为止。

> **提示：** 由于每个活动视窗中的图形都要参与再生，因此，如果设计模型比较复杂，图纸空间显示的浮动视图的数量较多，会引起系统性能的明显下降。使用 mview 命令关闭一些浮动视图或使用系统变量 MAXACTVP 限制活动视窗的数量，可以提高图形的再生速度。

3）浮动视图的编辑

要对视窗进行编辑，必须处在图纸空间环境中，而且视窗的边框必须是可见的。

浮动视图是只能存在于图纸空间的 2D 实体，其实体类型为 VIEWPORT，具有任何 2D 图形实体所具有的共性，驻留层、边框颜色和实体标识号（Handle）与文本等实体一样，尽管浮动视图也具有线型性质，但用户无法改变视窗边框的线型。

创建了浮动视图后，用户可以对它们重新排列。用户可以使用标准的编辑命令 copy、scale、stretch、erase 和 move 对它们进行编辑，或者利用实体捕捉和夹点编辑方式。

> **提示：** 对浮动视图的编辑不会改变其中的视图比例，只能改变浮动视图在图纸上视图的可见范围。

4）浮动视图的边框的可见性控制

浮动视图的边框是否显示在屏幕上或绘制在图纸上，是通过打开/关闭和冻结/解冻视窗实体的驻留层来控制的。通常，应该为视窗实体建立一个或几个专用层，使图纸空间的所有视窗都驻留在专用层上。

5）活动视窗的数量限制

所谓活动视窗是指处于打开状态的浮动视图。AutoCAD 对图形中浮动视图的数量是没有限制的，但是，活动视窗的数量受到操作系统和显示驱动程度的限制。系统变量 MAX-ACTVP 用来设置图纸空间当前活动视窗（Active Viewport）的最大数量，其合法取值范围为 2～48，初始设置值为 48。图纸空间至少有一个活动视窗，这就是屏幕作图区显示的图纸空间区域，称为图纸空间视窗 AutoCAD 之所以要把 MAXACTVP 的最小值规定为 2，就是保证至少能在图纸空间创建一个浮动视图。

在创建新视窗时，如果视窗的总数超过 MAXACTVP 的当前设置值，则把原有视窗变为非活动视窗，以保证新视窗是活动的。如果用户用 mview 命令的 OFF 选项关闭一个视窗，该视窗即成为非活动视窗。

> **提示：** 如果用户关闭了所有浮动视图，或使用 erase 命令删除了所有活动视窗，则无法从图纸空间进入浮动模型空间。要使一个视窗成为活动视窗，应该 mview 命令的 on 选项打开该视窗。

用户也可以使用系统变量 MAXACTVP 来设置活动视窗的最大数量，适当降低系统 MAXACTVP 的设置值，可以改善系统性能。

6.7 本章小结

本章对平移（pan）、视图缩放（zoom）这两个命令的所有选项进行了深化讲解。

此外，本章还阐述了用"视口"对话框及用视图管理命令（view）进行视图管理的方法；以及填充方式的开关控制命令（fill）。最后介绍了平铺视窗和浮动视图、模型空间和图纸空间及其转换。

第 7 章

图层绘图技术

借助 AutoCAD 软件绘图时，是按照一定的步骤进行的，即通过"建立图形文件→设置绘图界限→设定绘图单位→建立绘图图层→绘制并编辑图形→设置图纸空间出图"等基本步骤完成。图层是其中必需的步骤。有关图层的基本概念已经在第 4 章中做过简单的介绍，本章结合实例进行更为详细的阐述。引入图层是为了使图形的管理和控制更方便，绘图时通常会赋予图形一定的特性，AutoCAD 可以用图层工具对颜色、线型、线宽特性进行设置。例如，用不同的颜色、不同的线型和线宽来代表不同的内容等。使用这些不同特性，能够将不同的对象相互区别开来，使得图形更容易管理和控制。

7.1　图层的基本概念

在此，首先介绍图层的概念、作用、要素和状态。图层相当于透明纸，图形由"透明纸"重叠而成。先在透明纸上面绘制图形，然后将纸一层一层重叠起来，就构成了最终图形。

在 AutoCAD 中，图层功能和用途非常大，可以根据需要建图层，然后将具有相同特性的图形对象放在同一图层上，以此来管理图形对象。AutoCAD 中每个图层具有相同的坐标系、绘图界线和显示时的缩放倍数，可以对位于不同图层上的对象同时进行编辑操作。

每个图层都有一定的属性和状态，包括图层名、开关状态、冻结状态、锁定状态、颜色、线型、线宽、打印样式、是否打印等。图层的名称最多可由 255 个字符组成。通常图层名称应使用描述性文字，如轴线、墙体、地板或管路等。

在 AutoCAD 中只能在当前图层上绘图。允许将对象从一个图层转移到另一个图层。图层应用之一是在一个图层上创建辅助线。可以创建如直线、圆和圆弧之类的几何辅助线，这些辅助线生成交点、端点、圆心、切点、中点及其他有用的数据。

在图层上绘制对象，首先要创建这个图层，将它设置为当前层。不要关闭当前层，否则结果可能会很混乱。

7.2　图层的建立和状态控制

默认情况下，在 AutoCAD 中绘制的图形对象都存放在每个图形文件自动生成的 0 图层上，作为默认设置，图层名称为 0，状态设置为"开"，颜色指定为白色，线宽设置为默认，线型设置为连续。用户可以通过图层特性管理器对话框进行图层新建及图层参数设置等操作。打开图层特性管理器对话框主要有以下几种操作方法：

（1）单击"图层"工具栏中的"图层特性管理器"按钮；

（2）选择"格式"→"图层"命令。

（3）在命令行输入 Layer（LY）命令。

执行以上任意操作都将打开图层特性管理器对话框，如图 7 - 1 所示。

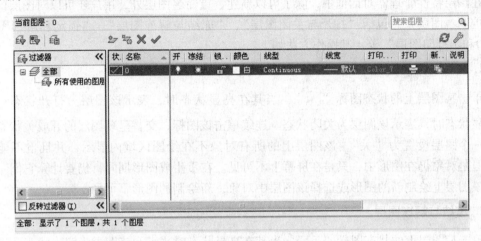

图 7 - 1

7.2.1　建立图层

在图层特性管理器对话框中单击"新建图层" 按钮，即可新建一个图层。此时新建图层名称呈现可编辑状态，如图 7 - 2 所示。输入所需要的图层名称即可重新命名该图层。如果以后需要更改图层名称，首先需选择要重命名的图层，使其底色呈蓝色，再单击该图层的名称，待其呈现可编辑状态时，输入所需名称后按回车键即可。层名输入后，单击列表框中颜色小白框，弹出"颜色"对话框，从中选择需要的颜色；然后单击列表框中的线型文字处，弹出"线型"对话框，从中选择需要的线型，如当前对话框中没有所需线型，则调用线库选择。当图层的层名、颜色和线型均设置后，该图层设置完成。

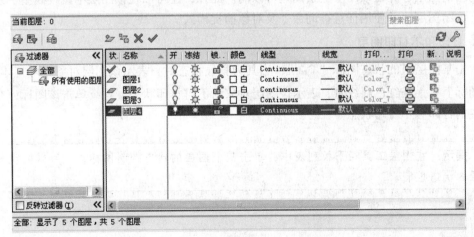

图 7 - 2

7.2.2　图层状态控制

在图层特性管理器对话框中，除了可以新建、重命名图层外，用户还可以对图层的状态进行控制，图层状态包括"打开与关闭图层"、"冻结与解冻图层"、"锁定和解锁图层"、"打印和不打印图层"等。其操作方法如下。

1. 打开与关闭图层

单击某图层上的状态图标"💡"，当其在亮显状态时，表示该图层为打开状态；当其为灰显状态时，表示该图层为关闭状态。连续单击该图标，交替呈现图层的开或关状态。如果将一个图层设置为"关"，该图层上的所有对象不在绘图区域内显示，并且也不能被打印。但是对象仍在图形中，只是在屏幕上不可见。在重生成图形期间，仍要计算它们。但可以在该图层上绘制新的图形或选择该图层中对象，新绘制的图形不可见。

2. 冻结与解冻图层

单击某图层上的状态图标"☼"，当其在亮显状态时，表示该图层为解冻状态；当其为灰显状态时表示该图层为冻结状态。连续单击该图标，交替呈现图层的解冻和冻结状态。冻结的图层将在视图窗口中不可见，也不能被打印。在这种情况下，冻结图层与关闭图层是相似的，但冻结的图层上的对象不能选择或修改，每次在系统重生成时，仅考虑关闭的图层，不考虑那些冻结的图层，冻结图层后可以减少系统重新生成图形的计算时间，但在冻结和解冻图层时重新生成该图层需要更多的时间。

3. 锁定和解锁图层

单击某图层上的状态图标"🔓"，当锁是打开状态时，表示该图层为解锁状态；当锁为闭合状态时，表示该图层为锁定状态。连续单击该图标，交替呈现图层的锁定和解锁状态。被锁定的图层上的对象在视图窗口下是可见的，但却不能用修改命令去修改。但是使锁定图层成为当前图层，并在该图层上绘图是可以的。此外，还可以在该图层中修改线型、线宽和颜色、冻结图层，并使用任意查询命令及对象捕捉模式。

4. 打印和不打印图层

单击某图层上的状态图标"🖶"，当其为亮显状态时，表示该图层对象为可打印状态；当其图标上有一条红色斜线时，表示该图层对象为不可打印状态。连续单击该图标，交替呈现图层的打印和不打印状态。

> **提示：** 在图层工具栏下拉列表中，单击某个图层的状态控制图标，也可以实现相应图层的状态控制。

7.3　图层的属性与管理

7.3.1　图层属性设置

图层属性主要包括图层颜色、图层线型和图层线宽，其设置方法如下。

1. 设置图层颜色

默认状态下，AutoCAD 将直接把上一个图层的颜色指定给新创建的图层。在图层特性管理器对话框中单击需要设置图层的"颜色"图标，可打开选择颜色对话框，在该对话框中选择所需的颜色，单击"确定"按钮即可。设置结果如图 7-3 所示。

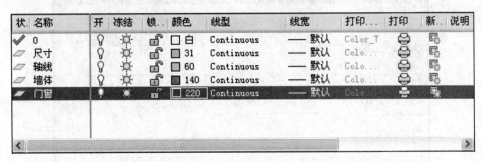

图 7-3

2. 设置图层线型

在默认状态下，AutoCAD 将直接把上一个图层的线型指定给新创建的图层。在图层特性管理器对话框中单击需要设置图层的"线型"图标，在打开的如图 7-4 所示的"选择线型"对话框中选择所需线型，单击"确定"按钮即可。

> **注意**：在"选择线型"对话框中列出了仅在当前图形中加载的线型。要在当前图形中加载其他线型，选择"加载"按钮，将显示"加载或重载线型"对话框，如图 7-5所示。

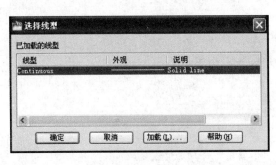

图 7-4

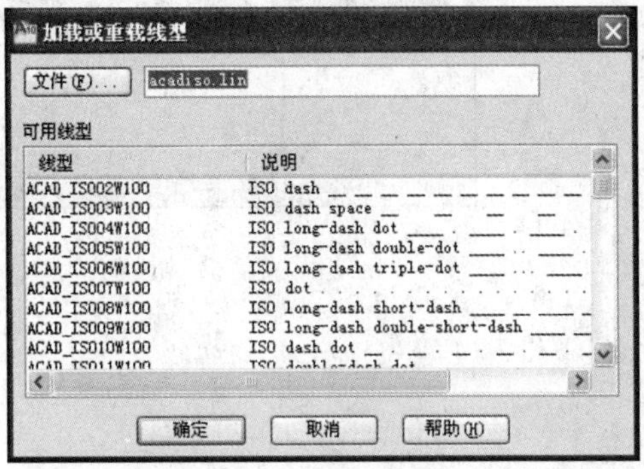

图 7-5

AutoCAD 列出了默认线型文件 acadiso.lin 中的所有线型。选择所有需要加载的线型，单击"确定"按钮，返回到"选择线型"对话框。也可通过如图 7-6 所示的"对象特性"工具栏进入如图 7-7 所示"线型管理器"对话框加载所需要的线型，设置结果如图 7-8 所示。

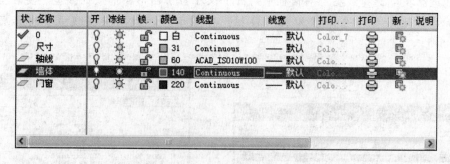

图 7-6

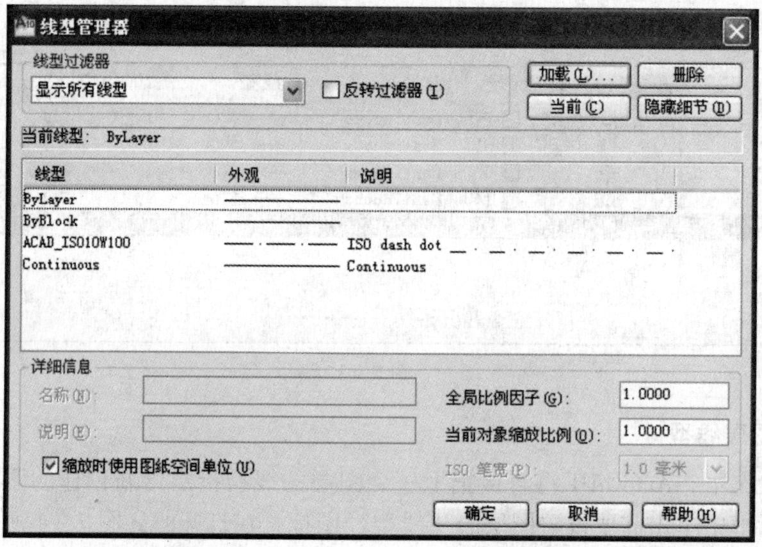

图 7-7

图 7-8

3. 设置图层线宽

在默认状态下，AutoCAD 将直接把上一个图层的线宽指定给新创建的图层。在图层特性管理器对话框中单击需要设置图层的"线宽"图标，在如图 7-9 所示的"线宽"对话框中选中所需线宽，单击"确定"按钮即可。设置结果如图 7-10 所示。

图 7-9

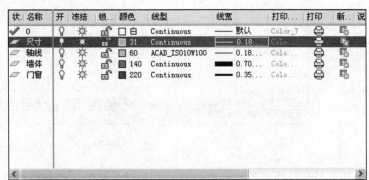

图 7-10

提示： 为图层设置特性后，在对象特性工具栏中将对象特性设置为"随层"选项，则在该图层中绘制的对象将自动应用该图层的线型、线宽、颜色等特性。若要改变该图层中图形特性，选中图形后在相应的下拉列表中选择相应的特性即可，如图 7-11 所示。

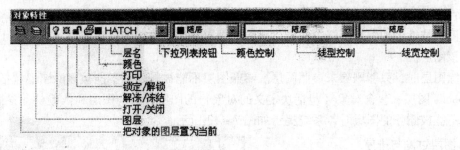

图 7-11

7.3.2 图层管理

如果想在某个图层上绘图，首先应将该图层置为当前图层。系统默认的当前图层为 0 图层，可以通过设置将新建任意图层置为当前图层。同时对于不再使用的图层，可将其删除。

1. 设置当前图层

设置当前图层有三种途径。其一是在图层特性管理器对话框的图层列表中选择要置为当前的图层，单击顶端的"√"按钮，所选图层的状态图标成为"√"样式，如图 7-12 所示；其二是在图层特性管理器对话框的图层列表中双击要置为当前的图层；其三，是在

"图层"工具栏下拉列表中单击需要置为当前的图层。

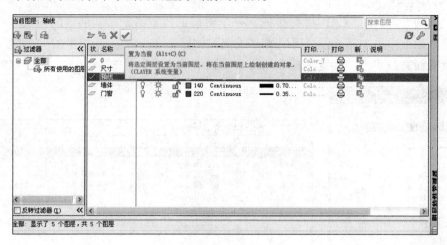

图 7 - 12

> **提示：** 在绘图区中，选择已经绘制的图形对象，然后在"图层"工具栏的下拉列表中选择某个图层，可以将对象移动到该图层上。单击"图层"工具栏中的"将对象图层置为当前"按钮 ，可以将选择对象所在的图层置为当前图层。
>
> 单击"上一个图层"按钮 ，将放弃对图层设置的上一个或上一组更改。使用"上一个图层"时，用户对图层设置所做的每一个更改都会被追踪，并且可以通过"上一个图层"放弃操作。

2. 删除图层

在图层特性管理器对话框中选择要删除的图层，单击删除图层按钮"×"或按 Del 键即可删除该图层。

删除图层时，只能删除未参照图层。参照图层不能被删除。不能被删除图层包括 0 图层和 Defpoints 图层、包含对象（包括块定义的对象）的图层、当前图层和依赖外部参照图层。当删除不能被删除的图层时，系统提示如图 7 - 13 所示。

3. 图层过滤与排序

对于复杂图形，可能包含十几个、几十个甚至上百个图层，寻找所需要的图层时，往往需要对图层进行过滤和排序。因此 AutoCAD 提供了"图层特性过滤器"、"图层组过滤器"和"图层状态管理器"。

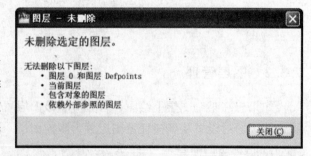

图 7 - 13

1）图层特性过滤器

图层过滤器特性是指通过过滤留下包括名称或其他特性相同的图层。例如，可以定义一个过滤器，其中图层为打开状态并且名称包括"图层"的所有图层。在图层特性管理器对话框中单击"新建特性过滤器"按钮，将弹出"图层过滤器特性"对话框，如图 7 – 14 所示。在其中的"过滤器名称"文本框中输入名称，然后在"开"栏选择灯泡为亮显，在"锁"栏选择为开锁，如图 7 – 15 所示。返回图层特性管理器对话框后，单击图层过滤器名，结果如图 7 – 16 所示。

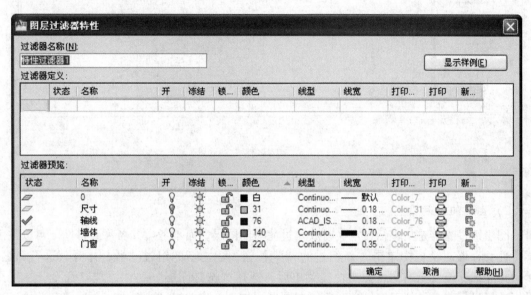

图 7 – 14

"反转过滤器"前复选框打对勾时，符合过滤条件的图层将不被显示，仅显示不符合过滤条件的图层。

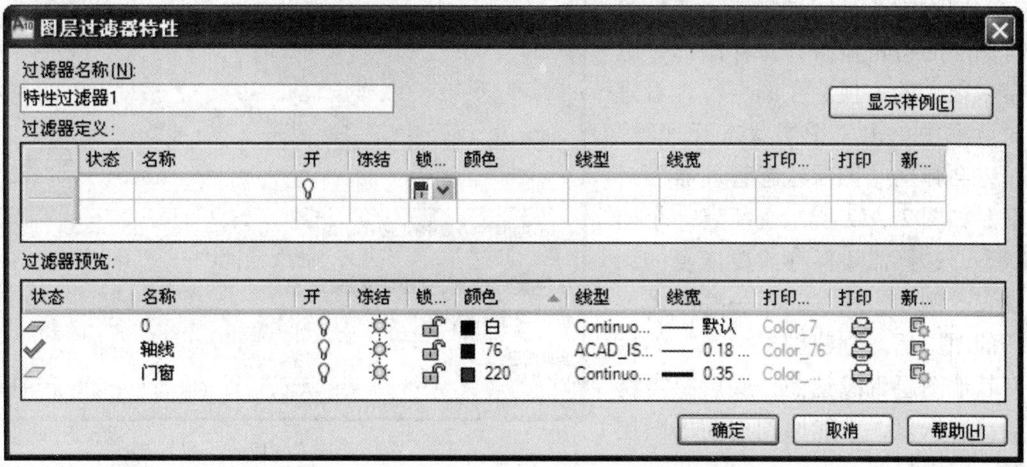

图 7 – 15

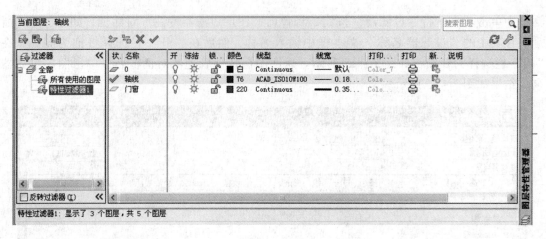

图 7 – 16

2）图层组过滤器

图层组过滤器是指包括在定义时放入过滤器的图层，而不考虑其名称或特性。可以在图层特性管理器对话框中单击"新组过滤器"按钮，建立新的组过滤器，并对其进行命名，然后将光标移至其上右击，弹出快捷菜单后，选择"选择图层"→"添加"命令，在绘图界面选择目标对象，便可将目标对象所在图层添加到新建的组过滤器中。在快捷菜单中还能选择创建下一级的"特性过滤器"和"组过滤器"，形成一个树状结构。

3）图层状态管理器

图层状态管理器主要用于将图形的当前图层设置保存为命名图层状态，以后再恢复这些设置。如果在绘图的不同阶段或打印过程中需要恢复所有图层的特定设置，保存图形设置会带来很大的方便。在图层特性管理器对话框中单击"图层状态管理器"按钮，会弹出"图层状态管理器"对话框，如图 7 – 17 所示。新建一个图层状态，选择需要保存或要恢复的图层设置。例如：现在关闭一些不需要打印的图层后，创建图层状态，然后打开其他图层继续绘图，最后只需将图层状态恢复，就能回到先前的图层设置，可以打印。

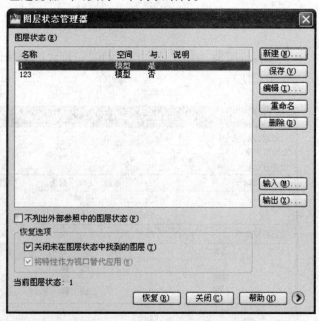

图 7 – 17

4. 保存及调用图层设置

为了提高绘图效率，在 AutoCAD 中可以将图层状态的设置保存为单独的文件，方便在以后新建图形文件时直接调用该图层状态文件到当前图形文件中。

1）保存图层设置

如果经常绘制较复杂的图形，且在这些图形文件中需要创建的图层及设置又相同或相似时，则可以只在某个图形文件中设置一次，然后将图层设置保存为 ∗.las 格式的文件，方便以后在其他图形文件中调用该图层设置，操作方法如下。

（1）打开图层特性管理器对话框，单击"图层状态管理器"按钮，在打开的"图层状态管理器"对话框中单击"新建"按钮，图 7 – 18 所示。

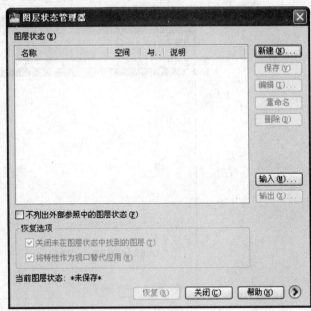

图 7 – 18

（2）打开"要保存的新图层状态"对话框，在新图层状态名下拉列表框中输入要保存的图层的名称，在说明文本框中为图层设置文件添加相应说明信息（也可不添加），单击"确定"按钮，如图 7 – 19 所示。

（3）在返回的"图层状态管理器"对话框中显示了新建图层设置名称，单击"输出"按钮，如图 7 – 20 所示。

（4）在打开的"输出图层状态"对话框中选择保存路径并设置文件名后，单击"保存"按钮，如图 7 – 21 所示。

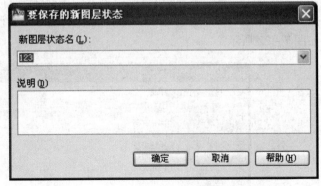

图 7 – 19

（5）在返回的"图层状态管理器"对话框中单击"关闭"按钮完成输出任务。

2）调用图层设置

将图层设置保存为文件后，当需要在其他图形文件中创建相同的图层时，直接调用该图层文件即可，操作方法如下。

（1）新建一个图形文件。

（2）通过任意方式打开图层特性管理器对话框，单击"图层状态管理器"按钮，打开"图层状态管理器"对话框。

图 7 - 20

（3）单击"输入"按钮，在"输入图层状态"对话框的"文件类型"下拉列表框中选择"图层状态（＊las）"选项，然后找到并选择需要调用的图层设置文件，单击打开按钮，如图 7 - 22 所示。

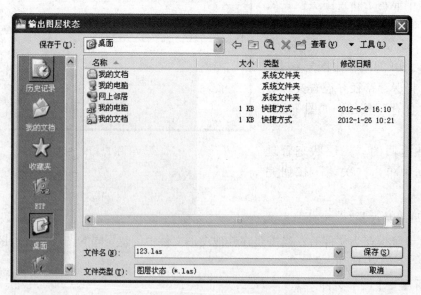

图 7 - 21

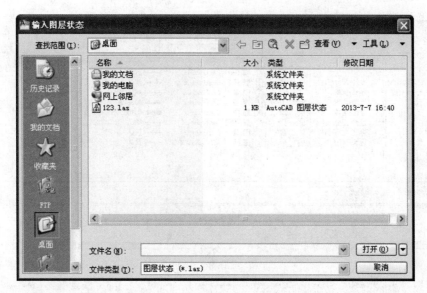

图 7 – 22

（4）在系统提示对话框中，单击"恢复状态"按钮将其载入到新建的图形文件中，如图 7 – 23 所示。

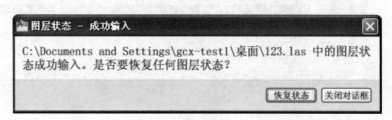

图 7 – 23

7.4 利用图层绘图示例

绘制图形，首先建立图层。例如，建筑图常见图层一般有建筑 – 轴线，建筑 – 墙体，建筑 – 尺寸标注，建筑 – 门窗，建筑 – 文字标注，建筑 – 家具，建筑 – 卫生洁具等。假如轴线设置为红色点划线，尺寸标注设置为绿色细实线，文字标注设置为黄色，卫生洁具设置为洋红，家具设置为青色，线宽均为默认线宽，墙体设置为白色 0.7 mm 实线，门窗设置为蓝色 0.35 mm 实线，设置结果如图 7 – 24 所示，操作步骤如下。

（1）在新建的 AutoCAD 文件中选择"格式"→"图层"命令，弹出图层特性管理器对话框，连续单击"新建"按钮，图层列表框中出现图层 1～图层 7 共 7 个图层，如图 7 – 25 所示。

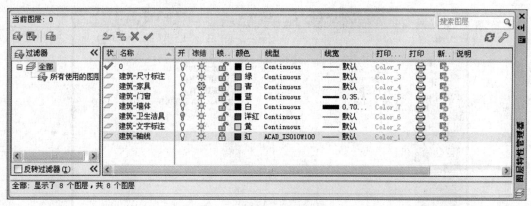

图 7 – 24

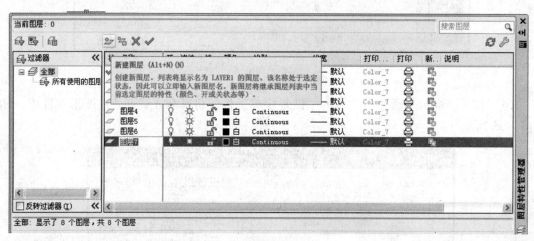

图 7 – 25

（2）单击"图层 1"图标，图层名处于可编辑状态，输入图层名"建筑 – 轴线"，如图 7 – 26 所示。按同样方法设定图层名为：建筑 – 墙体，建筑 – 尺寸标注，建筑 – 门窗，建筑 – 文字标注，建筑 – 家具，建筑 – 卫生洁具，效果如图 7 – 27 所示。

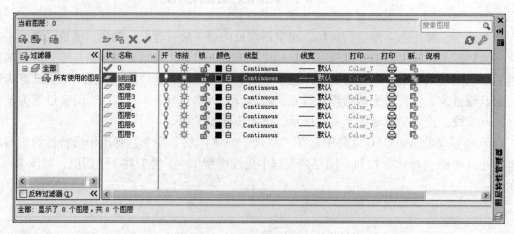

图 7 – 26

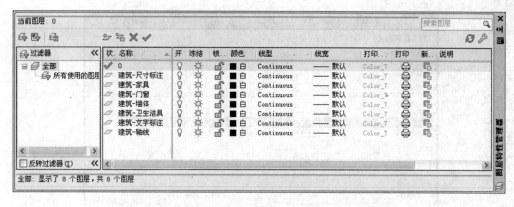

图 7 – 27

（3）单击"建筑 – 轴线"图层颜色图标 ■白，弹出"选择颜色"对话框，在"索引颜色"选项组中选择红色色块，单击"确定"按钮完成设置。按同样的方法为其他图层进行颜色设置。如图 7 – 28 所示为颜色设置结果。

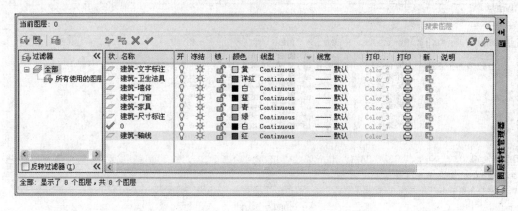

图 7 – 28

（4）单击"建筑 – 轴线"图层线型图标" Continuous "，弹出"选择线型"对话框，单击"加载"按钮，弹出"加载或重载线型"对话框，在"可用线型"列表框中选择线型"ACAD_ISO10W100"，在单击"确定"按钮后回到"选择线型"对话框，线型"ACAD_ISO10W100"出现在对话框中。选择刚加载的线型，单击"确定"按钮，完成"建筑 – 轴线"图层线型设置。

（5）选择"格式"→"线型"命令，弹出"线型管理器"对话框，选择"ACAD ISO10W100"线型，单击"显示细节"按钮，在"详细信息"栏将"全局比例因子"设置为需要的数值，如图 7 – 29 所示。

（6）单击"建筑 – 墙体"图层线宽设置图标" —— 默认 "，弹出"线宽"对话框，在"线宽"对话框列表中选择 0.7 mm，单击"确定"按钮，完成"建筑 – 墙体"图层线宽设置。同样方法可以完成"建筑 – 门窗"图层线宽的设置。图 7 – 30 为线宽设置结果。

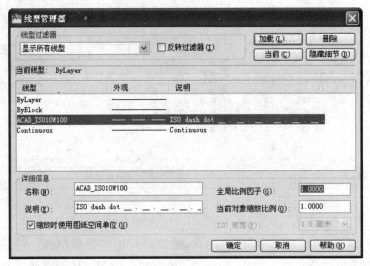

图 7 – 29

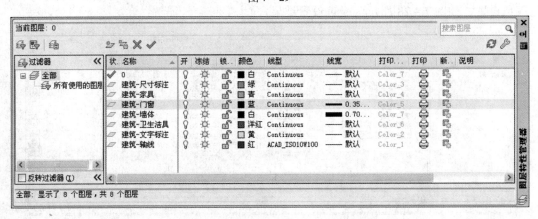

图 7 – 30

（7）选中"建筑 – 轴线"图层，单击置为当前图标" 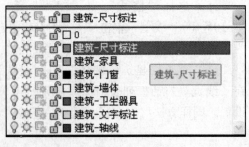 "，该图层设置为当前图层。

（8）单击"确定"按钮，关闭图层特性管理器对话框，完成图层设置，返回到绘图界面。

（9）在"建筑 – 轴线"图层中" 💡☀️🖿🔓■建筑-轴线 ⌄ "
绘制图形。

（10）单击图层控制" 💡☀️🖿🔓■0 ⌄ "右侧箭头弹
出下拉列表，单击所需控制图层的"灯泡"、"太
阳"、"锁"，根据需要设置图层状态。也可通过图
层特性管理器对话框控制图标进行设置，还可以
通过单击工具栏右侧的小箭头来选择需要置为当
前的图层。如图 7 – 31 所示，单击选中图层即可
更改当前图层设置。同样，图层状态设置也可通
过相同方法完成。

图 7 – 31

7.5　本章小结

本章主要介绍了图层的概念、新建图层、图层特性设置、控制图层状态、图层管理、图层的过滤与排序、保存及调用图层设置等内容。图层对于第一次接触 AutoCAD 的新手来说不太容易理解，因此对图层概念的理解很重要。创建图层时，除了应设置图层名称外，还要对图层的 6 个状态和 3 个特性进行设置，即开/关状态、冻结/解冻状态、锁定/解锁状态，以及颜色、线型、线宽等特性。图层状态是为了保护已有成果，防止误删除和眼花缭乱的图线干扰绘图者的视线而引起误判断。其中打开和关闭、冻结和解冻的效果相似，所不同的是前者计算后显示，后者直接显示。在图形文件运行过程中可以根据需要灵活运用。

进行图层设置时，一般可将实线、虚线、点划线和绘图辅助线各设置一层，不同线型、不同线宽、不同要求的图形放置在不同图层上。另外，尺寸标注应单独设置一层，以便在出图时单独设置其尺寸线和尺寸界线的宽度；有时为出图需要，将图框、图标也单独设层。总之，一个图形文件中需设置多少图层，应根据绘图意图和图形的复杂程度来决定。

第 8 章
三维图高级绘制和编辑技巧*

三维实体包括三维面和三维体，三维绘图的方法通常有三种方法（见表 8 - 1），其一是直接利用三维绘图基本命令绘制，如圆球体、圆柱体、圆锥体、圆环体、长方体、楔体等，但对于那些较为简单的三维实体，可以通过三维实体图元经过简单的三维编辑而成；其二是由二维图通过拉伸或旋转的办法向三维转换；其三是利用三维图元体通过三维对齐、合并等编辑操作，结合三维布尔运算求差集、并集、交集等完成。第一种方法已在第 2 章和第 3 章中阐述。由于本章内容多为高级用户使用，故用英文讲解，示例为方便中英文对照学习，采用中文版制作。

三维面和三维体表达均用面或体轮廓线表达。系统变量 SURFTAB1 和 SURFTAB2 及 ISOLINES 可设定显示的轮廓线条数。

表 8 - 1　常用三维绘图方法

成图方法	操　作　方　法		相　关　命　令
图元拼接和布尔运算法	先用三维实体元拼接，再用三维布尔运算成图		并集（union），差集（subtract），交集（intersect），剖切（slice），剖面（section）等
旋转成图法	利用二维实体旋转	二维面旋转成三维面	revsurf（绘制旋转曲面）
		二维体旋转成三维体	revolve（绘制旋转实体）
拉伸成图法	利用二维实体拉伸	二维面拉伸成三维面	tabsurf（绘制拉伸曲面）
		二维体拉伸成三维体	extrude（绘制拉伸实体）

8.1　三维实体的布尔运算

基本图形绘制命令只能绘制一些简单的三维实体，复杂的三维实体通过一次绘制不能完全生成。一般除采用拉伸和旋转外，还可以用对齐等操作并通过三维布尔运算生成。三维布尔运算就是对多个三维实体求并（union）、求差（subtract）和求交（intersect）的运算。

三维图形的布尔运算中，选取的实体可以接触，也可以不接触或不重叠。对这类实体进行求并运算的结果是生成一个组合体。

8.1.1　求并运算

1. 命令功能

对所选实体进行求并运算，可将两个或两个以上的实体进行合并，使之成为一个实体，但合并结果并不是仅仅将两个实体紧靠在一起，而是由两个实体的公共部分和非公共部分形成新的实体。例如，在图 8 – 1 中的一个三棱体和一个长方体，求并后就形成如图 8 – 2 所示的一个新实体，这便是求并运算的意义，也是 union 命令的实质功能。

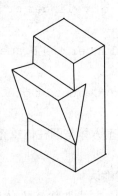

图 8 – 1

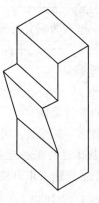

图 8 – 2

2. 基本操作

1）命令与提示

【COMMAND】:union∥输入求并命令并按回车键确认

【OPTION】:Select objects

2）选项含义

Select objects：选取要合并的实体。也可以一次选取一个实体，选取完毕后，继续提示"Select objects:"在此提示下可以继续选取，按回车键结束选取。选取结果后系统进行合并运算。

3. 操作示例

【示例 8 – 1】 绘制边长为 100 的正方体和高度为 200、底面半径为 30 个图形单位的一个圆柱体，然后进行求并运算，观察结果，体会其意义。

解：

（1）设置绘图环境。

本图的绘制和布尔运算拟直接在三维环境的三维显示状态中进行。首先启动 AutoCAD 系统，然后用 new 命令新建一个名称为 T – 001. dwg 的图形文件；接下来用 vpoint 命令设置视点；From X Axis：30°；XY plane 30°；最后用 isolines 命令设置图形显示的网格密度为 20。

（2）绘制正方体。

【COMMAND】:box∥输入画正方体命令并回车键确认

【OPTION】:Specify corner of box [Center]:0,0,0∥输入坐标

【OPTION】:Specify corner or[Cube/Length] <0,0,0 >@ 100,100,0∥输入数据按回车键确认

【OPTION】:Specify height : <0,0,0 >100∥输入数据按回车键确认

（3）绘制圆柱体。

【COMMAND】:Cylinder∥输入画圆柱体命令并按回车键确认

【OPTION】:Specify corner point for base of cylinder or [elliptical] <0, 0,0 >:50,50, -30∥输入数据并按回车键确认

【OPTION】:Specify radius for base of cylinder or [Diameter] <0,0,0 >:30 ∥输入数据并按回车键确认

【OPTION】:Specify height of cylinder or [Center of other end] <0,0,0 >: 100∥输入数据并按回车键确认

上述操作结果如图 8 - 3 所示，可见绘制结果是正方体与圆柱体重叠。

（4）正方体与圆柱体进行求并运算。

【COMMAND】:union∥输入求并命令并按回车键确认

【OPTION】:Select object:∥输入 Crossing 方式选取正方体和圆柱体,按回车键确认

【OPTION】:Select object:∥按回车键确认

以上操作的运算法结果如图 8 -4 所示。

　　　　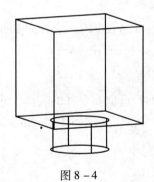

图 8 - 3　　　　　　　　　　图 8 - 4

8.1.2　求差运算

1. 命令功能

对所选实体进行求差运算，可从一个实体中减去另一个实体，最后得到一个新实体。其中一个实体叫做被减实体，另一个叫做减数实体。求差运算后，两个实体的公共部分被移除。例如，图 8 -5 中的一个圆柱和一个立方体求差就形成一个新实体（见图 8 -6），这求差的意义，也是 subtract 命令的实质功能。

2. 基本操作

1）命令与提示

【COMMAND】:subtract∥输入求差命令并按回车键确认

【OPTION】:Select solids and regions to subtract from…

【OPTION】:Select objects:

【OPTION】:Select objects:

【OPTION】:Select solids and regions to subtract …

【OPTION】:Select objects:

2）选项含义

Select solids and regions to subtract from…：选取被减的实体。

Select objects：选取被减的实体。

Select objects：选取被减的实体，回车确认被减实体选择结束。

Select solids and regions to subtract…：选取作为减数的实体。

Select objects：选取作为减数的实体。

3. 操作示例

【示例 8-2】将如图 8-5 所示的圆柱和长方体实体进行求差运算，
观察结果，体会其意义。

解：

【COMMAND】:subtract//输入求差命令并按回车键确认

【OPTION】:Select solids and regions to subtract from …

【OPTION】:Select objects://用拾取框选择长方体

【OPTION】:Select objects://回车结束选择

图 8-5

【OPTION】:Select solids and regions to subtract …

【OPTION】:Select objects://用拾取框选择圆柱体

【OPTION】:Select objects://回车结束选择

上述操作结果见图 8-6 所示。

图 8-6

8.1.3　求交运算

1. 命令功能

对所选多个实体进行求交运算，可将这些实体的公共部分所呈现的新实体。求差运算
后，两个实体的非公共部分被移除。例如，对图 8-7 中的圆锥与长方体进行求交运算，就
形成一个新实体——圆台体（见图 8-8），这求交的意义，也是 intersect 命令的实质功能。

2. 基本操作

1）命令与提示

【COMMAND】:intersect//输入求交命令并回车键确认

【OPTION】:Select objects

2）选项含义

Select objects：选取要求交的三维实体，也可以一次选取一个实体，选取完毕后，继续

提示"Select objects"，在此提示下，可以继续选取，也可以回车结束选取，选取后系统进行求交运算。

3. 操作示例

【示例8-3】将图8-7所示的长方体和圆柱实体进行求交运算，观察结果，体会其意义。

解：

【COMMAND】:intersect //输入求交命令并回车键确认

【OPTION】:Select objects: //用 Crossing 方式选取正方体和圆柱体,按 Enter 键确认

【OPTION】:Select objects: //回车结束选择

上述操作结果如图8-8所示。

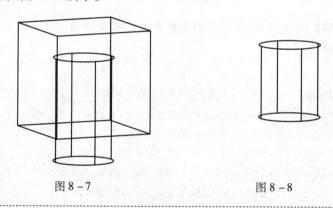

图8-7   图8-8

8.2　旋转和拉伸成图技巧

8.2.1　旋转成图法

旋转成图法是利用二维体绕指定的轴旋转成三维实体，有二维面旋转成三维面和二维体旋转成三维体两种方法。

1. 绘制旋转曲面命令（revsurf）

1）命令功能

将二维实体线条旋转成三维表面，例如，一条直线以另一条平行直线为旋转轴，作360°旋转就成为一个圆筒。再如，一条样条曲线围绕某一个轴旋转一定角度，可以产生光滑的曲面；若旋转一周，则可生成一个封闭的曲面。这便是二维面旋转成三维面的意义，也是revsurf 命令的实质功能。

2）基本操作

（1）命令与提示

【COMMAND】:revsurf∥输入命令并回车确认

【OPTION】:Select objects:

【OPTION】:Select object that defines axis of revolution:

【OPTION】:Specify start angle(0):

【OPTION】:Specify include angle(full circle):

（2）选项含义

Select objects：选取拟进行旋转操作的二维实体。

Select object that defines axis of revolution：选择旋转轴。

Specify start angle（0）：输入旋转的起始角度。

Specify include angle（full circle）：输入旋转角度，逆时针为正，顺时针为负，默认值是 360°。

3）操作示例

【示例 8-4】　先用 line 命令绘制如图 8-9 左侧所示的直线，再用 pline 命令绘制该图右侧的多段线，最后用 revsurf 命令将多段线围绕直线旋转 360°，形成如图 8-10 所示的三维实体面。

解：

（1）先绘制一条直线。

【COMMAND】:line∥输入命令并回车确认

【OPTION】:First point :40,50

【OPTION】:To point :@ 0,150

【OPTION】:To point:∥回车结束

（2）再绘制一条多段线。

【COMMAND】:pline∥输入命令并回车确认

【OPTION】:Specify start point :100,80

【OPTION】: Specify next point or ［Arc/Colse/Halfwidth/Lenth/Undo/Width］:@ 40,0

【OPTION】: Specify next point or ［Arc/Colse/Halfwidth/Lenth/Undo/Width］:A

【OPTION】:Specify end point of arc or ［Angle/CEter/Close/Direction/halfWidth/line/Radius/Second pt/Undo/Width］:@ 50 <90

【OPTION】:Specify end point of arc or ［Angle/CEter/Close/Direction/halfWidth/line/Radius/Second pt/Undo/Width］:R

【OPTION】:Enter Radius :50

【OPTION】:Specify end point:@ -40,50

【OPTION】:Specify end point of arc or ［Angle/CEter/Close/Direction/halfWidth/line/Radius/Second pt/Undo/Width]:L

【OPTION】: Specify next point or ［Arc/Colse/Halfwidth/Lenth/Undo/Width]:@ 0,50

【OPTION】: Specify next point or ［Arc/Colse/Halfwidth/Lenth/Undo/Width]://回车结束选择

（3）用三维面旋转命令将多段线绕直线旋转。

【COMMAND】:revsurf//输入旋转命令并按回车键确认

【OPTION】:Select object to revolve://选择拟旋转实体,此处点选多段线并回车确认

【OPTION】:Select object that define axis of revolution://选择旋转轴线,点选直线线并回车确认

（4）设置视点观看效果。

【COMMAND】:ddvpoint//输入视点设置命令并按回车键确认,弹出对话框后在相应文本框输入视点位置,即:

From Xaxis:250°,XY plane:45°

上述操作结果如图8-10所示。

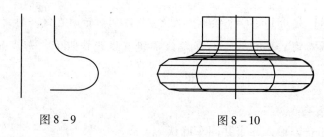

图8-9　　　　　　　　　　图8-10

4）用法说明

（1）用户选取旋转轴,在轴上拾取的点的位置会影响曲线的旋转方向,旋转方向可由右手定则确定。

（2）用于创建曲线面的轨迹线,可以是直线、弧线、圆、二维多段线、样条曲线。但旋转轴必须是直线,这条直线可以是二维或三维多段线。选择多段线定义轴线实际上是定义其首尾连线作为旋转轴。

（3）面由网格（轮廓线条）表示,系统变量 SURFTAB1 和 SURFTAB2 设置 M 和 N 方向网格密度。为清晰表达旋转后的效果,在使用旋转命令前,可预先设置上述系统变量。

2. 绘制旋转实立体命令（revolve)

1）命令功能

将二维实体面域旋转成三维实体立体图形。例如,一个实心矩形面域围绕其一条侧边旋转一周就成为一个圆柱实心体,这便是二维面域旋转成三维实体的意义,也是该命令的实质功能。

用于旋转生成三维体的二维对象有圆、椭圆、二维多段线及面域。当二维体旋转成三维体时,用于旋转的原图形必须是二维多段线且是封闭的。如果线条为非二维多段线且没有封闭,要用多段线编辑命令 pedit 将其转化为多段线且要封闭。封闭后的二维多段线要用 region 生成面域命令生成面域后才能通过旋转形成三维实体。

2）基本操作

（1）命令与提示

【COMMAND】:revolve//输入命令并回车确认

【OPTION】:Select objects:

【OPTION】:Select objects://回车结束选择

【OPTION】:Specify start point for axis of revolution or define axis by [Object/X(axis)/Y(axis)]:

（2）各选项含义

Select objects：选取拟进行旋转操作的二维实体。

Specify start point for axis of revolution or define axis by [Object/X（axis）/Y（axis）]：上述提示符中的各选项分别为指定旋转轴的几种不同的方式，现分别叙述如下。

① Specify start point for axis of revolution or define axis：该选项是默认选项，是指通过两个端点的位置来指定旋转轴。该提示让用户指定其中一个端点位置，当输入该点后接着出现关联提示"Specify endpoint of axis"，要求输入另一个端点位置坐标。

② Object：该选项是要求用户指定一条直线作为旋转轴，这条直线可以是 line 命令或 pline 命令绘制的，但只能是一条直线。选择此提示的子提示为"Select an objects:"，即选择一个实体作为旋转轴，此时用鼠标左键点选实体就是旋转轴。

③ X（axis）：指定 X 轴作为旋转轴。当选择后出现子提示为"Specify angle of revolution <360>:"，要求指定旋转角度，旋转角度是指在实体绕旋转轴旋转过程中，究竟是旋转一周、半周，还是全圆周的几分之几所对应的度数。

④ Y（axis）]：指定 Y 轴作为旋转轴。当选择后出现的子提示与上述相同，响应方法亦同。

3）操作示例

【示例8-5】先用 line 命令在屏幕上绘出如图 8-11 所示的图形，并用 pedit 命令编辑成多段线。再利用 revolve 命令将二维实体旋转成三维实体。

解：

① 设置网格密度。

【COMMAND】:ISOLINES//输入命令并回车确认

【OPTION】:Enter new value for [ISOLINES <4>]:30//设置新值

② 绘制被旋转二维实体。

用 line 命令在屏幕上绘出如图 8-11 所示的图形，并用 pedit 命令编辑成多段线。

③ 旋转形成三维实体。

【COMMAND】:revolve//输入视点设置命令并按回车键确认

图 8-11

【OPTION】:Select objects://点取矩形,选取拟进行旋转操作的二维实体

【OPTION】:Select objects://按回车键结束选择

【OPTION】:Specify start point for axis of revolution or define axis by

[Object/X(axis)/Y(axis)]:∥捕捉 *A* 点

【OPTION】:Specify endpoint of axis:∥捕捉 *B* 点

【OPTION】:Specify angle of revolution <360>:∥按回车键确认 360°旋转

④ 设置三维视点显示。

【COMMAND】:ddvpoint∥输入视点设置命令并按回车键确认，弹出对话框后在相应文本框输入视点位置，即：

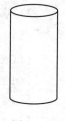

图 8 – 12

From Xaxis：250°，XY plane：45°

上述操作结果见图 8 – 12。

4）用法说明

（1）面由网格（表面的轮廓线条）表示，系统变量 SURFTAB1 和 SURFTAB2 设置 *M* 和 *N* 方向网格密度。为清晰表达旋转后的效果，在使用旋转命令前，可预先设置上述系统变量。

（2）图块中的二维实体不能旋转，其他二维实体每执行一次 revolve 命令，只能旋转生成一个实体。

8.2.2 拉伸成图法

1. 二维面拉伸成三维面命令（tabsurf）

1）命令功能

拉伸曲面是由一条初始轨迹线沿着指定方向伸展成曲面。其特点是在曲面的任一个位置，平行于初始轨迹所在平面的界面都是与原轨迹线相同的曲线或直线。面由网格表示，系统变量 SURFTAB1 和 SURFTAB2 设置 *M* 和 *N* 方向网格密度，拉伸前可以设置系统变量。

2）基本操作

（1）命令与提示

【COMMAND】:tabsurf∥输入命令并回车确认

【OPTION】: Select object for path curve:∥选择被拉伸实体

【OPTION】:Select object for direction vector:∥选取方向矢量

（2）选项含义

Select object for path curve：取轨迹线，即被拉伸的二维实体。

Select object for direction vector：选取方向矢量，即拉伸方向。

3）操作示例

【示例 8 – 6】将半径为 100 个图形单位的圆（见图 8 – 13），按照圆心方向的法线拉伸成圆筒。

解：

① 绘制二维圆形。

【COMMAND】:circle

【OPTION】:Specify center point for circle or〔2p/3p/ttr (tan tan radius〕:50,60//输入圆心坐标并回车确认

【OPTION】:Specify radius of circle or〔Diameter〕:100//输入圆的半径并回车确认

② 通过圆心绘制三维多段线。

【COMMAND】:pline

【OPTION】:Specify start point://捕捉圆的圆心

【OPTION】:Specify next point or〔Arc/Close/Direction/Halfwidth/Length /Undo/Width〕:@ 60,70,90

③ 用 tabsurf 拉伸命令将实体拉伸。

【COMMAND】:tabsurf

【OPTION】:Select object for path curve://选取轨迹线,即圆

【OPTION】:Select object for direction vector://选取方向矢量,点取三维直线

④ 改变视点方向观测效果。

【COMMAND】:ddvpoint//输入视点改变命令,改变视点方向。

From Xaxis:30°,XY plane:45°

上述操作结果见图 8 – 14。从图中可以看到,拉伸后似乎不是圆筒,像个六棱筒,其原因是系统变量 SURFTAB1 和 SURFTAB2 设置值为 6,若设置的数值大些(如 30),则显示就能酷似圆筒且光滑。

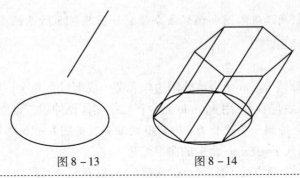

图 8 – 13　　　　　　　图 8 – 14

4) 用法说明

(1) 拉伸曲面的轨迹线可以是线、弧、圆、样条曲线、二维多段线和三维多段线,每执行一次命令,只能选择一个实体作为拉伸轨迹线。

(2) 矢量方向由用户任意确定,矢量的长度就是拉伸曲面的长度。

(3) 拉伸曲面的多边形网格密度由系统变量 SURFTABL 确定,默认值为 6。面由网格代表出来,系统变量 SURFTAB1 和 SURFTAB2 设置 M 和 N 方向网格密度。

2. 拉伸实体命令 (extrude)

1) 命令功能

拉伸实体是将一些二维图形沿着指定路线进行拉伸,可以建立较复杂而不规则的图形的

复合实体。例如，一个实心圆可拉伸成圆柱体。使用拉伸命令时被拉伸的二维封闭图形包括封闭多段线、多边形、圆、椭圆、封闭样条曲线、面域等。

特别指出，对并不是多段线的二维封闭图形，应用拉伸命令之前，首先用 pedit 命令转化成多段线，然后用 region 命令生成面域，最后使用 extrude 命令进行拉伸。另外，三维绘图中，表达三维立体的图形用面轮廓线表达，面轮廓线越稠密，越能形象表达三维实体。绘制三维图时，应用系统变量 ISOLINES 设置面轮廓线条数。

2）基本操作

（1）命令与提示

【COMMAND】:extrude//输入命令并确认

【OPTION】: Select object:

【OPTION】: Specify height of extrusion or[path]:

（2）各选项含义

Select object：选取被拉伸的二维实体。

Specify height of extrusion or [path]：指定拉伸高度或拉伸路径。其中，path 选项可以指定符合要求的拉伸路线，执行该选项，系统提示"Select extrusion path"，要求选择作为拉伸路径的实体。选择完毕后，二维实体沿着指定的路径拉伸，其长度与作为实体的路径相同。

3）操作示例

【示例8－7】用二维绘图和编辑命令绘制如图 8－15 所示的图形，并用 extrude 命令将其拉伸成三维立体图。

解:

首先，通过生成面域 region 命令将外围边框和圆生成面域；其次，用三维布尔减运算从外围面域减去内部面域；最后，用 extrude 命令将二维实体拉伸成三维立体。

（1）先用 rec 命令绘制一个边长为 120×90 的矩形，如图 8－16 所示。

【命令】:rec//输入 rectang 命令的命令缩写

【提示】:指定第一个角点或[倒角（C）/标高（E）/圆角（F）/厚度（T）/宽度（W）:0,0//输入矩形左下角坐标并回车

【提示】:指定另一个角点:@ 120,90//输入矩形右上角坐标并回车

（2）在矩形的四个角分别绘制半径为 30 个图形单位的四个圆，如图 8－17 所示。

【命令】:circle

【提示】:指定圆的一圆心或[三点（3P）/两点（2P）/相切、相切、半径（T）://用目标捕捉的办法捕捉矩形左上角点作为圆心

【提示】:指定圆的半径或[直径]:30//输入半径 30 并按回车键确认

【提示】:copy

【提示】:选择实体://用点选方法选择矩形左上角的那个小圆

【提示】:指定圆的半径或[直径]:50//输入半径 50 并按回车键确认

【提示】:指定基点或位移的第二点,或者[重复（M）]:M//

【提示】:指定基点://目标捕捉小圆的圆心

【提示】:指定基点或位移的第二点,或者[重复(M)]://目标捕捉矩形右上、左下、右下角

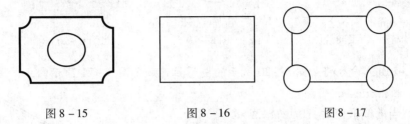

图 8 - 15 图 8 - 16 图 8 - 17

(3) 用 trim 命令,将矩形的四个角的四个圆修剪成如图 8 - 18 所示的图形。

【命令】:trim

【提示】:选择目标://用鼠标光标以框选方式选择全部目标后回车确认

【提示】:选择要修剪的对象或[投影(P)/边(E)/放弃(U)]://用鼠标左键分别单击四个角处的小圆。至此,将图 8 - 17 修剪成如图 8 - 18 所示的图形。

(4) 用 pedit 命令,将图 8 - 18 所示的图形编辑成如图 8 - 19 所示的图形。

【命令】:pedit

【提示】:选择多段线://用鼠标光标单击多段外边框,只选中一条边

【提示】:所选对象不是多段线,是否将其转化为多段线(Y)?:Y//输入选项 Y

【闭合(C)/合并(J)/宽度(W)/编辑顶点(E)/拟合(F)/样条曲线(S)/非曲线化(D)/线形生成(L)/放弃(U)】:J//输入 J 选择"合并"选项

屏幕随即出现目标拾取靶,依次单击各条边,各段变虚线,单击完回车,即将其转化为封闭的多段线。

(5) 在如图 8 - 19 所示的图形的中心点处用画一个椭圆。

(6) 用 region 命令将外框和内部的椭圆分别生成面域:

【命令】:region

【提示】:选择多段线://选取外框,找到 1 个

【提示】:选择目标://用鼠标光标拾取内部的椭圆,找到 1 个,总共 2 个

【提示】:选择对象://按回车键结束选择

【提示】:已提取两个环,已创建两个面域。至此,面域全部生成。

(7) 在如图 8 - 19 所示的图形中,用 subtract 命令将外框生成的面域和椭圆面域相减,如图 8 - 20 所示。

【命令】:subtract

【提示】:选择要从中删除的实体或区域

【提示】:选择对象://用鼠标光标拾取外框,找到 1 个

【提示】:选择对象://回车结束选择

【提示】:选择要从中删除的实体或区域

【提示】:选择对象://用鼠标光标拾取内部的圆,找到一个

【提示】:选择对象://回车结束选择

至此,已完成三维布尔运算的相减操作,相减后的面域为图 8 - 20 中的浅色阴影部分。

图8－18　　　　　　　　图8－19　　　　　　　　图8－20

（8）用 extrude 命令将如图8－20所示的图形拉伸成如图8－21所示的立体图。

【命令】:extrude

【提示】:当前线框密度:ISOLINES = 4

【提示】:选择对象:∥选择处理好的面域（选图8－20中的阴影部分），找到1个

【提示】:指定拉伸高度或［路径(P)］:40∥输入拉伸高度为40个图形单位

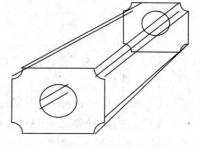

【提示】:指定拉伸倾斜角度:0∥拉伸倾斜角度为0

【提示】:选择对象:∥回车结束选择

图8－21

（9）用 vpoint 命令调整视点，在弹出的对话框中或直接输入（0，1，0）观看绘制出的立体图效果，如图8－21所示。

4）用法说明

（1）三维实体用命令 extrude 拉伸成三维实体时，常伴随生成面域命令 region、三维布尔运算（如相减或相加）等处理。

（2）作为拉伸路径的图形必须与被拉伸的二维实体在不同的平面上。

（3）当拉伸多段线时，多段线包含的顶点数不能少于3个，且不能多于500个，也不能拉伸自交叉或重叠的多段线。

（4）拉伸高度有正负之分，负值为沿 Z 轴的反方向拉伸。

8.3　三维实体的高级编辑

对三维实体进行高级编辑，通常采用 solidedit 高级编辑命令，可对三维实体的形状进行变形处理。三维实体高级编辑主要有表面编辑、实体棱边编辑和实体组编辑。为方便中英文对照学习，本节所讲命令用英文，操作示例用中文。

在行提示区的命令状态 Command 下输入 solidedit 命令并回车后，出现首级提示为 Enter a solids editing option［Face/Edge/Body/Undo/eXit］＜exit＞；其中，Face 选项出现的继后提示为 Enter a face editing option［Extrude/Move/Rotate/Offset/Taper/Delete/Copy/coLor/Undo/eXit］；表明可对三维实体表面进行修改，包括拉伸、移动、旋转、偏移、倾斜、删除、复制、着色等操作。Edge 选项的继后提示为 Enter edge editing option［Copy/Color/Undo/eXit］，表明对实体可进行边界复制、表面颜色改变等操作。Body 选项表示对实体组进行编辑，该选项的继后提示为 Enter option［Imprint/Separate－solids/Shell/Clean/Check/Undo/eXit］＜eXit＞，表示对实体表面刻画印痕、分离实体、抽壳、清除实体和进行检查等操作。

8.3.1 表面编辑

对三维实体表面进行修改，包括拉伸、移动、旋转、偏移、倾斜、删除、复制、着色等操作。

1. 表面拉伸

1) 命令功能

对实体表面进行多方向的拉伸，拉伸表面得到的实体将返回到原实体上，二者成为一个整体。

2) 基本操作

(1) 命令与提示

【COMMAND】:solidedit//输入命令并回车

【OPTION】:Enter a solids editing option [Face/Edge/Body/Undo/eXit] <exit >:F//选择 Face

【OPTION】:Enter a face editing option [Extrude/Move/Rotate/Offset/Taper/Delete/Copy/color/Undo/eXit]:E//选择 Extrude

(2) 选项含义

Enter a solids editing option [Face/Edge/Body/Undo/eXit] <exit >:F//选表面编辑选项

Enter a face editing option [Extrude/Move/Rotate/Offset/Taper/Delete/Copy/coLor/Undo/eXit]】:E//选择拉伸表面 E 选项后引出如下子提示：

Select faces or [Undo/Remove]//选择要拉伸的实体表面或执行方括号中的选项

- **Undo**：取消最近一次选择的实体表面。
- **Remove**：有选择地取消已经选取的实体表面，执行完上述操作，继续提示：

Select faces or [Undo/Remove/All] All//选取被选择实体的所有表面

Specify Height of extrusion or [path]://确定拉伸表面的高度，或者以指定路径的方式确定实体的拉伸方向以及高度

Specify angle of taper for extrusion://确定拉伸斜度

3) 操作示例

 【示例 8 - 8】 将图 8 - 22 按 30°角向上拉伸 50 个图形单位的高度。

解：

【命令】:solidedit//输入三维实体高级编辑 solidedit 命令并按回车键确认

【提示】:实体编辑自动检查： SOLIDCHECK =1

【提示】:输入实体编辑选项 [面(F)/边(E)/体(B)/放弃(U)/退出(X)] <退出 >:F//输面编辑选项

【提示】:[拉伸(E)/移动(M)/旋转(R)/偏移(O)/倾斜(T)/删除(D)/复制(C)/着色(L)/放弃(U)/退出(X)] <退出 >:E//输入拉伸表面选项

【提示】:选择面或［放弃(U)/删除(R)］:∥选 ABCD 面

【提示】:选择面或［放弃(U)/删除(R)/全部(ALL)］:∥回车结束选择

【提示】:指定拉伸高度或［路径(P)］:50

【提示】:指定拉伸的倾斜角度 <0>:30

上述操作结果如图 8-23 所示。

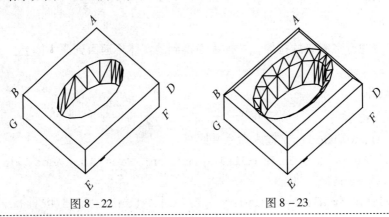

图 8-22　　　　　　　　　　　图 8-23

2. 表面移动

1) 命令功能

移动三维实体的表面到新位置，此时三维实体同时随着这个表面移动变为一个增长的新实体。

2) 基本操作

(1) 命令与提示

【COMMAND】:solidedit

【OPTION】:Enter a solids editing option［Face/Edge/Body/Undo/eXit］<exit>:F

【OPTION】:Enter a face editing potion［Extrude/Move/Rotate/Offset/Taper/Delete/Copy/Undo/eXit］:M

(2) 选项含义

Enter a solids editing option［Face/Edge/Body/Undo/eXit］<exit>:F∥选表面编辑选项

Enter a face editing potion［Extrude/Move/Rotate/Offset/Taper/Delete/Copy/coLor/Undo/eXit］:M∥选择拉伸表面 M 选项后引出如下子提示:

Select faces or［Undo/Remove］:∥选择要拉伸的实体表面或执行方括号中的选项，方括号中选项含义如下:

● Undo：取消最近一次选择的实体表面。

● Remove：有选择地取消已经选取的实体表面，执行完上述操作，继续提示:

Select faces or［Undo/Remove/All］∥All 选项指选取被选择实体的所有表面

Specify a base point or displacement://确定移动基点
Specify a second point or displacement://确定移动终点

3）操作示例

【示例8-9】将图8-24（a）中 *ABGH* 面移动到 *J* 处。

解：

【命令】：solidedit//输入三维实体高级编辑 solidedit 命令并按回车键确认

【提示】：实体编辑自动检查：SOLIDCHECK=1

【提示】：输入实体编辑选项［面(F)/边(E)/体(B)/放弃(U)/退出(X)］<退出>：F//输面编辑选项

【提示】：［拉伸(E)/移动(M)/旋转(R)/偏移(O)/倾斜(T)/删除(D)/复制(C)/着色(L)/放弃(U)/退出(X)］<退出>：M//输入移动表面选项

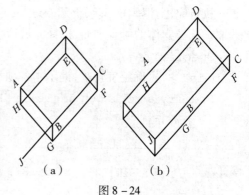

图 8-24

【提示】：选择面或［放弃(U)/删除(R)］://选择 *ABGH* 面用目标捕捉的方法捕捉该面上的任意三个点,一般捕捉各边棱角点

【提示】：选择面或［放弃(U)/删除(R)/全部(ALL)］://回车

【提示】：指定基点或位移://捕捉 *B* 点

【提示】：指定位移的第二点://捕捉 *J* 点

【提示】：已开始实体校验

上述操作结果如图8-24（b）所示。

4）用法说明

（1）表面移动并非只是移动实体表面,而是实体重新生成的过程。

（2）当被移动的表面是实体外表面时,与拉伸效果相同。

3. 表面旋转

1）命令功能

对三维实体内表面进行旋转,并以旋转后的表面与原表面重新生成新的三维实体。

2）基本操作

（1）命令与提示

【COMMAND】:solidedit

【OPTION】:Enter a solids editing option ［Face/Edge/Body/Undo/eXit］<exit>:F

【OPTION】:Enter a face editing option ［Extrude/Move/Rotate/Offset/Taper/Delete/Copy/ coLor/Undo/eXit］:R

（2）选项含义

Enter a solids editing option [Face/Edge/Body/Undo/eXit] <exit>:F//选表面编辑选项

Enter a face editing option [Extrude/Move/Rotate/Offset/Taper/Delete/Copy/coLor/Undo/eXit]]:R//选择旋转表面R选项后引出如下子提示：

Select faces or [Undo/Remove]//选择要拉伸的实体表面或执行方括号中的选项

执行完上述操作,继续提示"Select faces or [Undo/Remove/All]:"其中,"All"选取被选择实体的所有表面,选择完成后提示如下：

Specify an axis point or [Axis by object/View/Xaxis/Yiew/Zaxis] <2point>://确定旋转轴,提示中各项作用与前述的rotate 3D命令各提示含义相同

Specify a rotation angle or [Reference]://确定旋转角度

3）操作示例

 【示例8-10】 将图8-25（a）中长方体中嵌入的椭圆旋转。

解：

【命令】：solidedit//输入三维实体高级编辑solidedit命令并按回车键确认

【提示】：实体编辑自动检查：SOLIDCHECK=1

【提示】：输入实体编辑选项[面(F)/边(E)/体(B)/放弃(U)/退出(X)]<退出>:F//输面编辑选项

【提示】：[拉伸(E)/移动(M)/旋转(R)/偏移(O)/倾斜(T)/删除(D)/复制(C)/着色(L)/放弃(U)/退出(X)]<退出>:R//输入旋转表面选项

【提示】：选择面或[放弃(U)/删除(R)]://选择内部椭圆柱表面

【提示】：选择面或[放弃(U)/删除(R)/全部(ALL)]://回车

【提示】：指定旋转轴上的一点://捕捉上面圆心点

【提示】：指定旋转轴上的一点://捕捉下面圆心点

上述操作结果如图8-25（b）所示。

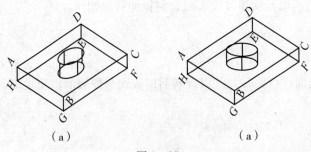

（a）　　　　　　　　　　　（a）

图8-25

---

4. 表面偏移

1）命令功能

对三维实体内表面进行偏移，并以偏移后的表面与原表面重新生成新的三维实体。偏移

正负决定表面偏移方向，偏移为正时，表面将向着使得体积增大的方向偏移，反之亦然。

2）基本操作

（1）命令与提示

【COMMAND】:solidedit

【OPTION】:Enter a solids editing option［Face/Edge/Body/Undo/eXit］＜exit＞:F

【OPTION】:Enter a face editing option［Extrude/Move/Rotate/Offset/Taper/Delete/Copy/ coLor/Undo/eXit］:O

（2）选项含义

Enter a solids editing option［Face/Edge/Body/Undo/eXit］＜exit＞:F∥选表面编辑选项

Enter a face editing potion［Extrude/Move/Rotate/Offset/Taper/Delete/Copy/coLor/Undo/eXit］:O∥选择偏移表面 O 选项后引出如下子提示：

Select faces or［Undo/Remove］:∥选择要拉伸的实体表面或执行方括号中的选项执行完上述操作,继续提示"Select faces or［Undo/Remove/All］",其中 All 选项用于选择实体的所有表面

Specify the offset distance :∥指定偏移量

5. 表面倾斜

1）命令功能

对三维实体内表面按照指定的方向和角度进行倾斜，并以倾斜后的表面与原表面重新生成新的三维实体。三维实体倾斜时的倾斜角要在 90°到 −90°之间。

2）基本操作

（1）命令与提示

【COMMAND】:solidedit

【OPTION】:Enter a solids editing option［Face/Edge/Body/Undo/eXit］＜exit＞:F

【OPTION】:Enter a face editing option［Extrude/Move/Rotate/Offset/Taper/Delete/Copy/Undo/eXit］:T

（2）选项含义

Enter a solids editing option［Face/Edge/Body/Undo/eXit］＜exit＞:F∥选表面编辑选项

Enter a face editing option［Extrude/Move/Rotate/Offset/Taper/Delete/Copy/coLor/Undo/eXit］:T∥选择拉伸表面 T 选项后引出如下子提示：

Select faces or［Undo/Remove］∥选择要拉伸的实体表面或执行方括号中的选项执行完上述操作，继续提示"Select faces or［Undo/Remove/All］"，其中，All 选取被选择实体的所有表面。选取实体表面后，系统继续提示：

Specify the base point:∥指定倾斜方向的第一点

Specify another point: along the axis of tapering: // 指定倾斜方向的第二点

Specify the taper angle: // 指定倾斜角度

3）操作示例

【**示例 8 - 11**】将图 8 - 26（a）所示的长方体作表面倾斜。

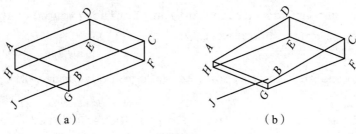

（a） （b）

图 8 - 26

解：

【命令】：solidedit // 输入三维实体高级编辑 solidedit 命令并按回车键确认

【提示】：实体编辑自动检查： SOLIDCHECK = 1

【提示】：输入实体编辑选项［面 (F) / 边 (E) / 体 (B) / 放弃 (U) / 退出 (X)］＜退出＞：F // 选择面编辑选项

【提示】：［拉伸 (E) / 移动 (M) / 旋转 (R) / 偏移 (O) / 倾斜 (T) / 删除 (D) / 复制 (C) / 着色 (L) / 放弃 (U) / 退出 (X)］＜退出＞：T // 表面倾斜选项

【提示】：选择面或［放弃 (U) / 删除 (R)］：// 选择 *ABCD* 面

【提示】：选择面或［放弃 (U) / 删除 (R) / 全部 (ALL)］：// 回车

【提示】：指定基点：// 捕捉 *C* 点

【提示】：指定沿倾斜轴的另一个点：// 捕捉 *J* 点

【提示】：指定倾斜角度：30 // 倾斜 30°

【提示】：已开始实体校验

上述操作结果见图 8 - 26（b）。

6. 表面复制

1）命令功能

对三维实体内表面进行复制，复制后将得到一个曲面或面域，如果对实体所有表面同时进行复制，则得到一个选项组。

2）基本操作

（1）命令与提示

【COMMAND】：solidedit

【OPTION】：Enter a solids editing option［Face/Edge/Body/Undo/eXit］＜exit＞：F

【OPTION】：Enter a face editing option［Extrude/Move/Rotate/Offset/Taper/Delete/Copy/

coLor/Undo/eXit]：C

（2）选项含义

Enter a solids editing option [Face/Edge/Body/Undo/eXit] <exit>:F//选表面编辑选项

Enter a face editing option [Extrude/Move/Rotate/Offset/Taper/Delete/Copy/color/Undo/eXit]:C//选择复制表面 C 选项后引出如下子提示：

Select faces or [Undo/Remove]:选择要复制的实体表面或执行方括号中的选项

执行完上述操作，继续提示（"Select faces or [Undo/Remove/All]"）其中 All 选取被选择实体的所有表面。选取实体表面后，系统继续提示：

Specify a base point or displacement://指定基点

Specify a second point or displacement://指定第二点，即复制点

在基点和复制点确定后，表面随之复制。

3）操作示例

 【示例 8 – 12】将图 8 – 27（a）所示的长方体的前面作表面复制。

解：

【命令】：solidedit //输入三维实体高级编辑 solidedit 命令并按回车键确认

【提示】：实体编辑自动检查：SOLIDCHECK = 1

【提示】：输入实体编辑选项 [面(F)/边(E)/体(B)/放弃(U)/退出(X)] <退出>:输 F //选表面编辑选项

【提示】：[拉伸(E)/移动(M)/旋转(R)/偏移(O)/倾斜(T)/删除(D)/复制(C)/着色(L)/放弃(U)/退出(X)] <退出>：C//选表面倾斜选项

【提示】：[选择面或 [放弃(U)/删除(R)]://选择 *BGFC* 面

【提示】：[选择面或 [放弃(U)/删除(R)/全部(ALL)]://回车

【提示】：[指定基点或位移：//捕捉 *G* 点

【提示】：[指定位移的第二点：//指定 *K* 点

上述操作结果如图 8 – 27（b）所示。

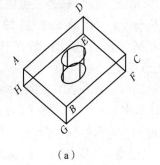
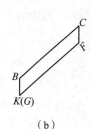

（a）　　　　　　　（b）

图 8 – 27

7. 表面颜色改变

1）命令功能

对三维实体指定的表面颜色进行修改，当实体表面被修改为某种颜色时，该表面的线框颜色同步改变。

2）基本操作

（1）命令与提示

【COMMAND】：solidedit

【OPTION】：Enter a solids editing option［Face/Edge/Body/Undo/eXit］＜exit＞：F

【OPTION】：Enter a face editing potion［Extrude/Move/Rotate/Offset/Taper/Delete/Copy/coLor/Undo/eXit］：L

//后续操作简单，详见示例 8 - 13。

（2）选项含义

Enter a solids editing option［Face/Edge/Body/Undo/eXit］＜exit＞：F//选表面编辑选项

option：Enter a face editing potion［Extrude/Move/Rotate/Offset/Taper/Delete/Copy/coLor/Undo/eXit］：：L //选择着色表面 C 选项后引出如下子提示：

Select faces or［Undo/Remove］//选择要变色的实体表面或执行方括号中的选项：

- Undo：取消最近一次选择的实体表面。
- Remove：有选择地取消已经选取的实体表面。

执行完上述操作，继续提示 "Select faces or［Undo/Remove/All］"，其中 All 选取被选择实体的所有表面。

3）操作示例

【示例 8 - 13】将如图 8 - 28 所示的长方体的前表面变成红色。

解：

【命令】：solidedit

【提示】：实体编辑自动检查：SOLIDCHECK = 1

【提示】：输入实体编辑选项［面 (F)/边 (E)/体 (B)/放弃 (U)/退出 (X)］＜退出＞：F//选表面编辑选项

【提示】：［拉伸 (E)/移动 (M)/旋转 (R)/偏移 (O)/倾斜 (T)/删除 (D)/复制 (C)/着色 (L)/放弃 (U)/退出 (X)］＜退出＞：L//表面着色选项

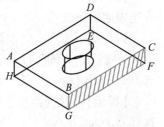
图 8 - 28

【提示】：选择面或［放弃 (U)/删除 (R)］：//选择 *BGFC* 面

【提示】：选择面或［放弃 (U)/删除 (R)/全部 (ALL)］：//回车

【提示】：出现颜色对话框,选择红色

上述操作结果如图 8 - 28 所示，阴影面为红色面。

---

8. 删除实体表面

1）命令功能

在选取实体后回车结束 solidedit 命令即可将实体表面删除。能够删除的实体表面只有实体的内表面和倒圆角及倒直角。如果删除实体内部的空洞就是将其填实。

2）基本操作

【COMMAND】：solidedit

【OPTION】：Enter a solids editing option［Face/Edge/Body/Undo/eXit］＜exit＞：F

【OPTION】:Enter a face editing option［Extrude/Move/Rotate/Offset/Taper/Delete/Copy/coLor/Undo/eXit]:D

后续操作简单，只要选择了实体表面回车即可删除。

9. 取消表面编辑操作

1）命令功能

取消 solidedit 命令表面编辑操作。

2）基本操作

【COMMAND】:solidedit

【OPTION】:Enter a solids editing option［Face/Edge/Body/Undo/eXit]＜exit＞:F

【OPTION】:Enter a face editing option［Extrude/Move/Rotate/Offset/Taper/Delete/Copy/coLor/Undo/eXit]:U

后续操作简单，只要选择了实体表面回车即可取消。

10. 退出表面编辑操作

1）命令功能

退出 solidedit 命令的操作。

2）基本操作

【COMMAND】:solidedit

【OPTION】:Enter a solids editing option［Face/Edge/Body/Undo/eXit]＜exit＞:F

【OPTION】:Enter a face editing potion［Extrude/Move/Rotate/Offset/Taper/Delete/Copy/coLor/Undo/eXit]:X

8.3.2　边界编辑

1. 复制边界

1）命令功能

对三维实体的棱或边进行复制。

2）基本操作

【COMMAND】:solidedit

【OPTION】:Enter a solids editing option［Face/Edge/Body/Undo/eXit]＜exit＞:E//选择边编辑选项并回车确认

【OPTION】:Enter an editing option［Copy/coLor/Undo/eXit]:C//选择边复制选项并回车确认后续操作简单,只要选择了实体的边回车即可复制。

3）操作示例

【示例8-14】将图8-29（a）所示长方体的 *BG* 和 *FG* 边复制到 *K* 处。

解：

【命令】: solidedit

【提示】:实体编辑自动检查:SOLIDCHECK＝1

【提示】:输入实体编辑选项［面(F)/边(E)/体(B)/放弃(U)/退出(X)］＜退出＞:E∥选边编辑选项

【提示】:输入边编辑选项［复制(C)/着色(L)/放弃(U)/退出(X)］＜退出＞:C∥边复制选项

【提示】:选择边或［放弃(U)/删除(R)］:∥选择 *BG* 和 *GF* 边

【提示】:选择边或［放弃(U)/删除(R)］:∥回车

【提示】:指定基点或位移:∥捕捉 *G* 点

【提示】:指定位移的第二点:∥指定 *K* 点

上述操作结果如图8-29（b）所示。

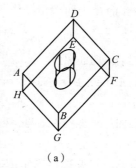

（a）　　　　　　（b）

图8-29

2. 边界着色

1）命令功能

对三维实体的棱或边进行着色。

2）基本操作

【COMMAND】:solidedit

【OPTION】:Enter a solids editing option［Face/Edge/Body/Undo/eXit］＜exit＞:E∥选择边编辑选项并回车确认

【OPTION】:Enter an editing option［Copy/coLor/Undo/eXit］:L∥选择边着色选项并回车确认,后续操作简单,见示例8-15。

3）操作示例

【示例8-15】将图8-30所示长方体的 *AB* 边变为红色。

解：

【命令】: solidedit

【提示】:实体编辑自动检查:SOLIDCHECK＝1

【提示】:输入实体编辑选项［面(F)/边(E)/体(B)/放弃(U)/退出(X)］＜退出＞:E∥边编辑选项

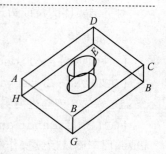

图8-30

【提示】:输入边编辑选项［复制(C)/着色(L)/放弃(U)/退出(X)］<退出>:L//选择颜色选项

【提示】:选择边或［放弃(U)/删除(R)］:选择 *AB* 边

【提示】:选择边或［放弃(U)/删除(R)］://回车

【提示】:提示对话框中选取红色

操作结束后，*AB* 边即变成红色。

8.3.3　实体组编辑

1. 表面刻记

1) 命令功能

表面刻记就是在三维实体的表面做印记、刻划或增加一些图形。在此过程中不改变原三维实体的大小和形状。但作为印记使用的三维实体必须与被刻记的三维实体的表面共面。实际上，是在不改变实体形状和大小的前提下，将其他与此三维实体共面的二维图形附着在三维实体表面，二者成为一个整体。

2) 基本操作

(1) 命令与提示

【COMMAND】:solidedit

【OPTION】:Enter a solids editing option［Face/Edge/Body/Undo/eXit］<eXit>:B

【OPTION】:Enter a body editing option[Imprint/seParate solids /Shell/cLean/Check/Undo/eXit < eXit >

(2) 选项含义

Enter a body editing option：输入边编辑选项。

Imprint：实体印记，该项子提示如下:

Select a 3D solid://选取三维实体

Select an object to imprint://选取作为印记的实体

Delete the object <N>://确定是否删除作为印记的原目标图形

Select an object to imprint://用户可以在此提示符下继续选取作为印记的图形，也可以按回车键结束选择

seParate solids：分离实体，但不能分离运用求并运算形成的实体。

Shell：实体抽壳，即内部挖空。

cLean：清除实体表面多余的边界线条。

Check：核查实体。选择该项后，在选择一个三维实体提示符下选择要校核的实体后，系统立即对其校核最终给出结果。

Undo：取消本次操作。

eXit：退出三维实体组编辑状态，回到命令提示符状态。

3）操作示例

【**示例 8 – 16**】如图 8 – 31（a）所示为一个长方体表面，顶面上绘制了一个二维实体圆，将这个圆刻在长方体表面上。

解：

【命令】：solidedit

【提示】：实体编辑自动检查：SOLIDCHECK = 1

【提示】：输入实体编辑选项［面 (F) /边 (E) /体 (B) /放弃 (U) /退出 (X)］＜退出＞：B

【提示】：输入体编辑选项［压印 (I) /分割实体 (P) /抽壳 (S) /清除 (L) /检查 (C) /放弃 (U) /退出 (X)］＜退出＞：I

【提示】：选择三维实体：∥选长方体

【提示】：选择要压印的对象：∥选择圆

【提示】：是否删除源对象［是 (Y) /否 (N)］＜N＞：Y

【提示】：选择要压印的对象：∥回车

上述操作结果如图 8 – 31（b）所示。由此可见，压印结果是把重叠部分刻划在三维表面上，非重叠部分则没有。

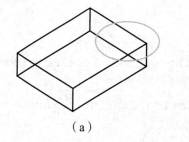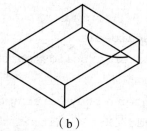

（a）　　　　　　　　　（b）

图 8 – 31

----

2. 抽壳

1）命令功能

将三维实体内部挖空，挖空方式有从内部中心往外挖及从表面往里挖两种，它是通过输入抽壳距离的正负号来控制。

2）基本操作

（1）命令与提示

【COMMAND】：solidedit

【OPTION】：Enter a solids editing option ［Face/Edge/Body/Undo/eXit］ ＜ exit ＞：B

【OPTION】：Enter a body editing option ［imprint/seParate solids /Shell/cLean/Cheek/Undo/eXit］ ＜ eXit ＞ S

（2）选项含义

如前已述，兹不重述。

3）操作示例

 【示例 8 – 17】将如图 8 – 32（a）所示的一个长方体进行抽壳处理。

解：

【命令】：solidedit

【提示】：实体编辑自动检查：SOLIDCHECK = 1

【提示】：输入实体编辑选项［面(F)/边(E)/体(B)/放弃(U)/退出(X)］＜退出＞：B∥输入实体组编辑选项

【提示】：［压印(I)/分割实体(P)/抽壳(S)/清除(L)/检查(C)/放弃(U)/退出(X)］＜退出＞：S∥抽壳选项

【提示】：选择三维实体：∥选择长方体；

【提示】：删除面或［放弃(U)/添加(A)/全部(ALL)］：∥回车

【提示】：输入抽壳偏移距离：50

【提示】：已开始实体校验。已完成实体校验。

上述操作结果如图 8 – 32（b）所示。为使读者能够看清抽壳后的效果，可使用 Slice 命令剖切，之后可看到如图 8 – 32（c）所示的效果。

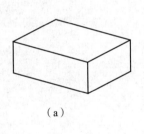
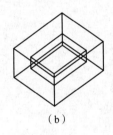
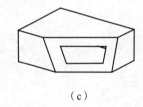

（a）　　　　　　　　　　（b）　　　　　　　　　　（c）

图 8 – 32

8.4　本章小结

本章为满足高端用户的选学内容。三维实体图形绘制常有拼凑法、拉伸法、旋转法和修改法。

本章首先介绍三维实体的布尔运算，属于拼凑法，包括求并运算（union）、求差运算（subtract）、求交运算（intersect）。由于这些运算需要实体是有互相接触的面，所以往往用于首先将绘制的单个三维实体图元用三维对齐（align）命令等移动到一起。

本章接下来介绍旋转和拉伸成图技巧，包括绘制旋转曲面（revsurf）、绘制旋转实立体（revolve）、绘制拉伸曲面（tabsurf）、绘制拉伸实体（extrude）。建议绘制这些实体前先用表面轮廓线系统变量（SURFTAB1 和 SURFTAB2）设置合适条数，以清晰反映三维表面的立体效果。

本章还介绍了三维实体的高级编辑命令——solidedit 命令，这个命令的选项或提示分为三级，逐级响应即可完成三维实体高级编辑，包括表面编辑、实体棱边编辑和实体组编辑。表面编辑包括拉伸、移动、旋转、偏移、倾斜、删除、复制等操作，表明对实体可进行边界复制、表面颜色改变等操作。实体组编辑包括实体表面刻划印痕、分离实体、抽壳、清除实体和实体检查等操作。有些编辑项目是有条件的，如表面旋转只有内表面才能旋转。另外，高级编辑后的效果不能及时看出，要配合其他命令实现。例如，封闭的球体等实体抽壳后看不出抽壳结果，要配合使用 slice 命令切开观察。尽管是三维实体表面编辑，但随着表面位置和形状的改变，实体内部也作相应调整，成为新的实体。

第 9 章

图块与图案填充

9.1 图 块

在绘图过程中免不了要在不同的图形中使用一些形状和大小相同或形状完全一致而大小不同的图形，如果要分别在图中反复绘制这些相同的图形，既费时又费工。为解决这一问题，AutoCAD 引入图块的概念。即先将这些相同的图形制成图块，哪里需要就插入到哪里，对上述问题加以解决。

所谓图块，它实际上是用一个图块名命名的一组图形实体的总称。在一个图块中，各图形实体均有各自的图层、线型、颜色等特征，但 AutoCAD 总是把图块作为一个单独的、完整的对象来操作。用户可以根据实际需要将图块按给定的缩放系数和旋转角度插入到指定的任一位置，也可以对整个图块进行复制、移动、旋转、比例缩放、镜像、删除和阵列等操作。

9.1.1 图块的优点

1. 节省磁盘空间

图形文件中的每一个实体都有其特征参数，如图层、位置坐标、线型、颜色等。用户保存所绘制的图形，实质上也就是让 AutoCAD 将图中所有实体的特征参数存储在磁盘上。利用插入图块功能既能满足工程图纸的要求，又能减少存储空间。因为图块作为一个整体图形单元，每次插入时，AutoCAD 只需保存该图块的特征参数（如图块名、插入点坐标、缩放比例、旋转角度等），而不需保存该图块中每一个实体的特征参数。特别是在绘制相对比较复杂的图形时，利用图块就会节省大量的磁盘空间。

2. 便于图形修改

在工程项目中，特别在讨论方案、产品设计、技术改造等阶段，经常要反复修改图形。如果在当前图形中修改或更新一个早已定义的图块，AutoCAD 将会自动更新图中插入的所有该图块。

3. 便于携带属性

有些常用的图块虽然形状相似，但需要用户根据制造装配的实际要求确定特定的技术参数。如在机械制图中，要求用户确定不同加工表面的粗糙度值。AutoCAD 允许用户为图块携带属性。所谓属性，即从属于图块的文本信息，是图块中不可缺少的组成部分。在每次插入图块时，可根据用户需要而改变图块的属性。如机械设计中表面的粗糙度，在插入该图块时，就可以确定其属性值。

4. 便于创建图块库

如果将绘图过程中经常使用的某些图形定义成图块，并保存在磁盘上，就形成一个图块库。当需要某个图块时，将其插入图中，即把复杂的图形变成几个图块简单拼凑而成，避免了大量的重复工作，大大提高了绘图效率和质量。

9.1.2　图块的定义

定义一个图块时，首先要绘制组成图块的实体，然后用 block 命令（或 bmake 命令）来定义图块的插入点，并选择构成图块的实体。下面分别介绍在 AutoCAD 中定义图块的两种方式。

1. 用 block 命令定义图块

1）命令功能

AutoCAD 允许用户通过命令行方式定义图块，其命令是 block。早期版本的 AutoCAD 大都采用命令方式定义图块。

在命令提示符下，输入 block 命令并回车即可开始定义图块。另外，在命令提示符下，输入简写命令 B 并回车也可以启动 block 命令。启动 block 命令后，AutoCAD 要求用户输入图块名并确定图块的插入点，然后选择要定义成图块的一组图形。

在 AutoCAD 中，图块名最多可达 255 个字符，可以包括中文汉字、英文字母（大小写均可）、数字（0~9）、空格或其他未被 Microsoft Windows 或 AutoCAD 使用的任何字符。但图块名中不允许含有大于号（＞）、小于号（＜）、斜杠（/）、反斜杠（\）、引号（"）、冒号（:）、分号（;）、问号（?）、逗号（,）、竖杠（|）和等号（＝）等符号。用户输入的小写英文字母将被 AutoCAD 自动替换成相应的大写字母，因此图块名中没有大小写字母的区别。

2）基本操作

用 block 命令定义图块的具体操作过程如下：

（1）在命令行输入 block 并回车确认 AutoCAD 将给出如下操作提示：

【提示】：输入块名或？

（2）输入要创建的图块名称，或输入"？"符号来查询已经建立的图块。如果用户直接输入图块名，AutoCAD 还会要求确定以下信息：

【提示】：指定图块的插入点：

（3）采用目标捕捉的方法捕捉图块上的特征点作为插入点。插入点是一个参考点，插入一个图块时，AutoCAD 将根据图块的插入点的位置来定位图块。虽然在理论上可以选择任意点作为图块的插入点，但为插入图块时的方便，应结合图块的具体结构来确定插入点的位置。通常都把插入点定义在图块的特征点位置，如对称中心、左下角或右下角等。确定插入总后系统提示如下：

【提示】：选择实体：

（4）选择构成图块的实体目标。

如果用户输入"？"，AutoCAD 将提示输入要查询的图块名或通配符。这时 AutoCAD 将自动从图形窗口切换到文本窗口，显示当前图形文件的图块信息。为了进一步理解图块定义的过程，图 9 - 1 给出定义图块的步骤示意图。

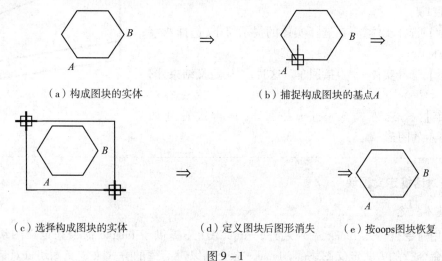

（a）构成图块的实体　　　　　　　（b）捕捉构成图块的基点 A

（c）选择构成图块的实体　　　（d）定义图块后图形消失　　（e）按 oops 图块恢复

图 9 - 1

定义完毕的图块关键是要插入到其他图形中，否则图块定义毫无意义。在插入图块时选择基点位置至关重要，定义图块时的插入基点位置不同，插入在同一图中效果也不同。图 9 - 2 显示了正六角形图块，定义 A 为插入点和定义 B 为插入点时插入同一个图形的效果。

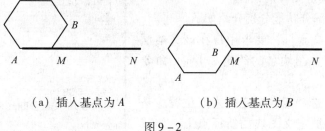

（a）插入基点为 A　　　　　（b）插入基点为 B

图 9 - 2

在新建图块时，所确定的图块名如果和当前图形文件中已定义的图块名相同，AutoCAD 将会提示以下警告信息："图块 ＊ ＊ ＊ 已经存在，是否重定义？［是/否］"。AutoCAD 的默认值为 N。如果直接回车或输入 N，AutoCAD 将取消本次定义图块的操作；若输入 Y，则对该图块进行重新定义，原图块将被新图块取代。

【示例 9 - 1】 利用 block 命令来定义如图 9 - 3 所示的桥梁八字墙平面设计图为一个图块，图块名为 B - 001。

解：

（1）绘制如图 9 - 3 所示的图形。

（2）定义图块。

【命令】：block // 在命令状态下输入定义图块命令并回车确认

【提示】:输入块各式[?]:∥在输入图块名称的提示符下,输入图块名 B-001 并回车

【提示】:输入块的插入点　∥在选择图块基点位置提示符下,捕捉 A 点。

【提示】:选择实体:∥在选择实体的提示符下,选择八字墙图形实体

【提示】:选择实体:∥直接回车。这时,图块定义结束,图形消失

【命令】:oops ∥ 输入 oops 并回车,将再次看到如图 9-3 所示的图形

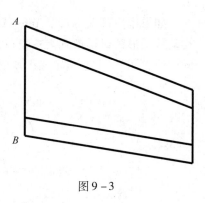

图9-3

---

2. 用对话框定义图块

1）基本概念

除了用命令行输入 block 命令之外，AutoCAD 还提供了 bmake 命令来定义图块。block 命令是以命令行的方式定义图块的，bmake 命令则以对话框的方式来定义图块。对话框方式定义图块和命令方式相比一目了然，便于操作。

2）基本操作

在命令提示符下输入 bmake 后回车，打开如图 9-4 所示的"块定义"对话框。

该对话框中各部分功能分别介绍如下。

（1）"名称"文本框：要求用户在该文本框中输入图块名，有关图块名的约定和 block 命令一样。

（2）"基点"选项组：确定插入点位置。基点位置一般定义在被定义图块的特征点上，如圆图块的圆心、长方形图块的角点等。用户可以单击"拾取"按钮，然后用十字光标在绘图区内选择一个点。也可以在 X、Y、Z 文本框中输入插入点的具体坐标参数值。

（3）"对象"选项组：选择构成图块的实体及控制实体显示方式。单击"选择对象"按钮，用户可在绘图区内用鼠标选择构成图块的实体目

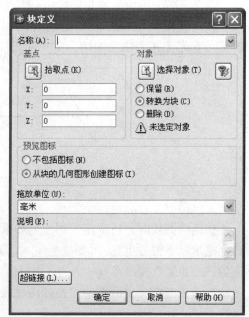

图9-4

标，然后单击鼠标右键或直接回车确认。选择"保留（Retain）"单选按钮，表明在用户创建完图块后，AutoCAD 将继续保留这些构成图块的实体，并把它们当做普通的单独实体来对待。选择"转换为块"单选按钮，表明当用户创建完图块后，AutoCAD 将自动把这些构成图块的实体转化为一个图块。选择"删除"单选按钮，表明当用户创建完图块后，AutoCAD 将删除所有构成图块的实体目标。

（4）"预览图标"选项组：用来控制是否显示图块的图标。选择"不包括图标"单选按钮后，AutoCAD 将不会显示用户新定义的图块的几何轮廓图标。选择"从块的几何图形创建图标"单选按钮后，AutoCAD 将在"预览图标"选项组的右边显示用户新定义图块的轮廓图标。

（5）"拖放单位"下拉表列框：设置当用户从 AutoCAD 设计中心拖曳该图块时的插入比例单位。

（6）"说明"列表框：用户可在其中输入与所定义图块有关的描述性说明文字。

如果用户仅确定了图块名而未选择构成图块的实体目标，就要结束图块定义操作，此时 AutoCAD 将弹出一提示信息框，要求用户选择构成图块的实体目标。这时，单击"是"按钮，将继续图块定义操作；单击"否"按钮，将终止定义图块操作，退出"块定义"对话框。

【示例 9 - 2】利用 bmake（或 block）命令来定义如图 9 - 5 所示的图形为图块。

解：

（1）绘制如图 9 - 5 所示的图形。

（2）单击"绘图"工具栏上的"图块"按钮，打开"块定义"对话框。

（3）在"名称"文本框中输入 B - 002。

（4）单击"选择对象"按钮，选择图 9 - 5 中所有的图形。

（5）单击"拾取点"按钮，利用捕捉功能选择其中心作为插入点。

（6）选择"转换为块"单选按钮。

（7）单击"确定"按钮，定义图块操作到此结束。

图 9 - 5

9.1.3　图块的存盘

1. 基本概念

图块一般是就地定义就地使用。亦即用 block（或 bmake）定义的图块，只能在图块所在的当前图形文件中使用，不能被其他图形引用。为使图块可供其他图形文件插入和引用，AutoCAD 提供了图块存盘 wblock（即 write block）命令，将图块单独以图形文件（ * . DWG）的形式存盘。用 wblock 定义的图形文件和其他图形文件无任何区别。

2. 基本操作

AutoCAD 进行图块存盘（wblock）操作时，先在命令提示符后输入 wblock 或者 w 并回车，即可启动图块存盘命令。启动 wblock 命令后，AutoCAD 将打开"写块"对话框（见图 9 - 6）。现将该对话框中各部分功能介绍如下。

图 9 – 6

（1）"源"选项组。

①"块"单选按钮及下拉列表框：选择"块"单选按钮表明用户将把已用 block（或 bmake）命令定义过的图块进行图块存盘操作，即从"块"下拉列表框中选择所需的图块。如果在当前图形文件中尚未用 block（或 bmake）命令定义过图块，则 Auto-CAD 将拒绝用户使用"块"单选按钮和下拉列表框。特别指出，选择"块"单选按钮后，AutoCAD 将拒绝用户使用"基点"选项组和"对象"选项组中的各选项，因为在用 block（或 bmake）命令定义图块时，用户已经确定了插入点和构成图块的实体目标。如果用户先选择要存盘的图块，然后再启动 wblock 命令，AutoCAD 将自动选择"块"单选按钮，同时右边的下拉列表框中显示所选择图块的名称。

②"整个图形"单选按钮：选择该单选按钮，表明用户将把整个当前图形文件进行图块存盘操作，这样 AutoCAD 将把当前图形文件当做一个独立的图块来看待。选择该单选按钮后，AutoCAD 将拒绝使用"基点"选项组和"对象"选项组中的各选项。这是因为 AutoCAD 把当前的图形文件的基准点默认为图块的插入点。另外，因为全部选择当前图形文件，所以没有必要再使用"对象"选项组进行实体目标的选择。

③"对象"单选按钮：选择该单选按钮，表明 AutoCAD 将把用户选择的实体目标直接定义为图块并进行图块存盘的操作。使用这种操作方法，可以省去先用 block（或 bmake）进行图块定义的步骤。

（2）"基点"选项组：利用"基点"选项组可选择将插入那个图块的插入点。一般采用目标捕捉的方法选择。

（3）"对象"选项组：通过"对象"选项组可以选择构成图块的实体目标。可采用点选或框选方法选择。

> 　　提示："基点"选项组和"对象"选项组中，各选项的含义功能和"块定义"对话框中的完全相同。只有当用户选择"对象"单选按钮后，AutoCAD 才允许使用"基点"选项组和"对象"选项组中的各选项。

（4）"目标"选项组。

该选项组中可设置图块存盘后的文件名、路径及插入比例单位等。

①"文件名和路径"文本框：用户可在该文本框内设置图块存盘后的文件名和路径。AutoCAD 默认的文件名是 new block. dwg，有关文件名的规定和图块名相同。

②"插入单位"下拉列表框：设置该图块存盘文件的插入比例。

【示例 9 – 3】 利用 wblock 命令来将如图 9 – 7 所示的图块存储为图形文件。

解：

（1）在命令提示状态输入 wblock 命令并回车确认。

（2）弹出"写块"对话框。

（3）在"源"选项区中选择"对象"单选按钮。

（4）单击"基点"选项区的"拾取点"按钮，捕捉图 9 – 7 中的

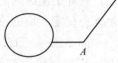
图 9 – 7

A 点。

（5）单击"对象"区的"选择对象"按钮，框选图 9 – 7 中的图形作为图块。

（6）在"文件名和路径"文本框中输入图块名称。

（7）单击"确定"按钮存盘。

用上述方式将图块存盘，不必事先用 block（或 bmake）命令来定义图块，而直接将所选择的图块实体作为一个图形文件存到磁盘上。

9.1.4　图块的插入

1. 命令作用

插入图块，就是将已经定义的图块插入到当前的图形文件中。在插入图块（或文件）时，用户必须确定 4 组特征参数，即要插入的图块名、插入点位置和插入比例系数及图块的旋转角度。插入的图块是一个整体，用户可以用 explode 命令分解图块，使图块分解成各种单独的实体。

2. 基本操作

把图块插入图中，有以下 3 种方式：

（1）打开"插入"菜单，单击"块"命令；

（2）单击"绘图"工具栏上的"插入块"按钮；

（3）在命令提示符下输入 insert 或输入简写命令 i 并回车。

启动 insert 命令后，AutoCAD 将打开如图 9 – 8 所示的"插入"对话框。该对话框中各部分功能介绍如下。

（1）"名称"下拉列表框

用户可通过该列表框输入或选择所需要的图块名。如果所输入的图块名不存在，AutoCAD 将给出警告信息。

（2）"浏览"按钮

用来确定将要插入的图形文件名。单击"浏览"按钮，可打开"选择图形文件"对话框，可从中选择需要插入的图形文件。

（3）"插入点"选项组

确定图块的插入点位置。选择其中的"在屏幕上指定"复选框，表示

图 9 - 8

用户将在绘图区内确定插入点。随后，AutoCAD 将在命令行提示选择插入点，要求用户用十字光标确定图块的插入点位置。

如不选择"在屏幕上指定"复选框，用户可在 X、Y、Z 三个文本框中输入插入点的三维坐标值。如果直接输入 X、Y、Z 三维坐标值来确定插入点较为困难且麻烦，则可选择"在屏幕上指定"复选框，通过十字光标来确定图块的插入点。

（4）"缩放比例"选项组

确定图块的插入比例系数。选择其中的"在屏幕上指定"复选框，表示用户将在命令行中直接输入 X、Y、Z 轴方向的插入比例系数值。如果不选择"在屏幕上指定"复选框，用户可在 X、Y、Z 三个文本框中分别输入 X、Y、Z 轴方向的插入比例系数。选择"统一比例"复选框，表示 X、Y、Z 轴三个方向的插入比例系数均相同。建议用户直接在 X、Y、Z 文本框中直接输入比例系数，这比通过命令行方式输入系数更为便捷。

（5）"旋转"选项组

确定图块的旋转角度。选择其中的"在屏幕上指定"复选框，表示用户将在命令行中直接输入图块的旋转角度。

如不选择"在屏幕上指定"复选框，用户可在"角度"文本框中直接输入具体的数值以表示图块的旋转角度。

（6）"分解"复选框

选择此复选框，表示 AutoCAD 在插入图块的同时，将把该图块炸开并使其成为各自独立的图形实体，否则插入后的图块将作为一个整体。

9.2　图案填充

9.2.1　图案填充及其用途

在工程设计中，常常需要制作剖面图以反映实体局部详细形状和尺寸。这种剖面图实际上就是在图形轮廓形状内添些一些斜线组，如果一条一条地画出既费时又烦琐，把这些斜线统一做成一个图块，这个图块就是图案或图样，使用时直接调出图案插入到当前的图形轮廓

内即为图案填充。例如，图 9 - 9 是某工程结构的断面设计轮廓形状，其轮廓为一个矩形边框，当绘制其剖面图时，直接在其内部填充图案后形成如图 9 - 10 所示的图形，这便是图案填充。

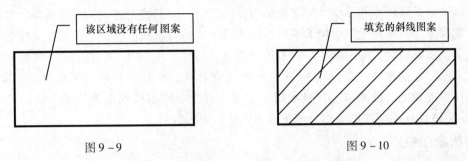

图 9 - 9　　　　　　　　　　　　　　　图 9 - 10

上述示例只是以斜线图案为例说明，实际上图案不仅仅是斜线。为此，AutoCAD 把各种常用的图案图形文件编制成图案库供用户选用。用户也可以使用预定义的填充图案、使用当前的线型定义简单的直线图案，或者创建更加复杂的填充图案。为使图案填充能达到预期效果，建议读者在进行图案填充前，可首先使用 boundary 命令创建被填充实体的边界。

9.2.2　图案的种类与特性

1. 图案的种类

图案各式各样，除系统图案库中提供的图案外，还有用户自定义图案。图 9 - 11 列出的是图案库中部分图案的样式。

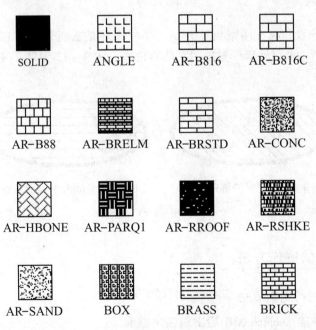

图 9 - 11

理论上，每条图案直线都被认为是直线族的第一个成员，是通过应用 X、Y 两个方向上的偏移增量生成无数平行线来创建的。增量 Δx 的值表示直线族成员之间在直线方向上的位移，它仅适用于虚线。增量 Δy 的值表示直线族成员之间的间距，也就是到直线的垂直距离。直线被认为是无限延伸的。虚线图案叠加于直线之上。图案填充的过程是将图案定义中的每一条线都拉伸为一系列无限延伸的平行线。所有选定的对象都被检查是否与这些线中的任意一条相交；如果相交，将由填充样式来控制填充线的打开和关闭。生成的每一族填充线都与穿过绝对原点的初始线平行从而保证这些线完全对齐。如果要创建的图案填充密度过高，AutoCAD 可能拒绝此图案填充并显示指示填充比例太小或虚线长度太短的信息。可以通过设置 MAXHATCH 系统注册表变量来更改填充线的最大数目。

2. 图案的特性

图案有一些独特的特性参数，这些参数包括填充比例、旋转角度等。它们可以帮助用户设置和更改欲填充图案的密度、角度和样式。

填充比例反映了填充图案的疏密程度，系统默认比例值为 1。比例越大，说明图案越疏，反之亦然。图案比例存储于 AutoCAD 规定的系统变量 HPSCALE 中。图 9-12 表示因斜线图案的比例不同而导致填充密度各异的效果。

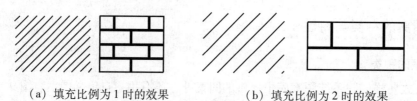

（a）填充比例为 1 时的效果　　　　　　（b）填充比例为 2 时的效果

图 9-12

角度是指让用户设置填充图案相对于 UCS 坐标 X 轴的旋转角度。它是通过 AutoCAD 规定的系统变量 HPANG 来存储所设置的图案旋转角度。图 9-13 说明了不同旋转角度的填充效果。

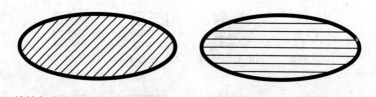

（a）旋转角度为 45°时的填充效果　　　　（b）旋转角度为 0°时的填充效果

图 9-13

9.2.3 图案填充的操作方法

1. 直接用命令进行图案填充

在命令提示符下输入 hatch 回车后出现四句提示。

第一句"输入图案名或［？/实体（S）/用户定义（U）］＜ANGLE＞:"要求用户输入图案名或在中括号中做出选择。其中，"？"表示列举图案库的图案；"用户定义"选项表示用户自定义的图案；"<ANGLE>"为系统默认的图案，它是一种斜线图案，常作剖面图使用。

第二句"指定图案缩放比例 <1.0000>:"，当输入图案库对应的名称后，接着要求输入比例。

第三句"指定图案角度 <0>"：要求输入图案角度。

第四句"选择定义填充边界的对象或 <直接填充>:"，输入角度后，接下来要求选择定义填充边界的对象，选择对象后图案填入实体边界范围内。

【示例 9 – 4】 利用 hatch 命令，将如图 9 – 14（a）所示的图形填充 ANGLE131 图案。

解:

（1）绘制如图 9 – 14（a）所示的矩形。

（2）进行图案填充。

【命令】:hatch∥在命令状态下输入图案填充命令并回车确认

【提示】:输入图案名或［？/实体(S)/用户定义(U)］<ANGLE>:∥直接按回车键选择默认图案

【提示】:指定图案缩放比例 <1.0000>:5∥选择比例为 5 并按回车键确认

【提示】:指定图案角度 <0>:∥按回车键选择默认角度 0 度

【提示】:选择定义填充边界的对象或 <直接填充>:∥按回车键

【提示】:选择对象:∥点选 AB 边:找到 1 个

【提示】:选择对象:∥依次点取 BC、CD、DA 边:∥提示找到 4 个（1 个重复），总计 4 个

【提示】:选择对象:∥回车确认选择结束

上述操作结果见图 9 – 14（b）。

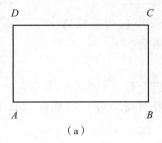　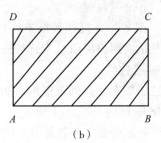

（a）　　　　　　　　　（b）

图 9 – 14

---

2. 使用对话框进行图案填充

在命令行输入 bhatch 命令或在"绘图"菜单选择"图案填充"下拉菜单，便引出一个如图 9 – 15 所示的对话框，用户可以用对话框的方式进行图案填充。现将对话框各选项以及其中的选项阐述如下。

1）"图案填充"选项卡

单击"边界图案填充"对话框中的"图案填充"标签，打开如图9-15所示的"图案填充"选项卡。在该选项卡中，可以选择、创建、定义图案类型以快速进行图案填充，下面详细介绍各部分的功能。

（1）"类型"下拉列表框。

在图案填充之前，必须选择要采用何种类型填充图案，系统提供了预定义图案、用户自定义图案和定制图案三种类型。

① 预定义：该选项将使用AutoCAD 提供的填充图案库中的

图9-15

图案进行填充。该图案库保存在 acad.pat 和 acadiso.pat 文本文件中。系统允许用户在填充时改变比例和进行旋转。

② 自定义：通过"自定义"选项，可以使用当前线型定义自己的填充图案，也可以创建更复杂的填充图案。用户可以在该文件中添加填充图案定义，也可以创建自己的文件。无论将定义存储在哪个文件中，自定义填充图案都具有相同的格式，即包括一个带有名称（以星号开头，最多包含 31 个字符）和可选说明的标题行。

③"定制"：定制图案填充，这个图案必须已经定义在 AutoCAD 搜索路径下的定制图案类型文件（ *.PAT ）中。在该方式下，用户可以控制该定制图案的旋转角度。

（2）"图案"下拉列表框。

图案类型在"图案"下拉列表框中列出，图案下拉列表框列出了系统预定义图案的类型，如图9-16所示。用户可以从中选择需要的图案。

（3）图案库按钮。

图案库按钮位于图案下拉列表框的右边，按钮上有三个小点，单击它会引出一个图案库对话框，这个图案库对话框实际上就是"填充图案选项板"对话框，列出了 ANSI 图案、ISO 图案、其他预定义图案、自定义图案四种选项卡，如图9-17所示。

（4）"样例"框。

用来显示用户所选择的填充图案的式样。

（5）"角度"下拉列表框。

利用"角度"下拉列表框，用户可以设置填充图案相对于 UCS 坐标 X 轴的旋转角度。

（6）"比例"下拉列表框。

利用"比例"下拉列表框，用户可以设置系统预定义或定制填充比例。只有选择系统预定义图案和定制图案时才能设置比例。

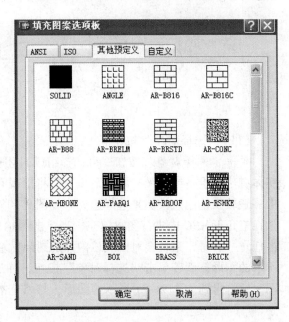

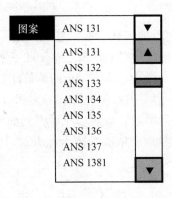

图 9 – 16　　　　　　　　　　　　　　　　　图 9 – 17

（7）"相对图纸空间"复选框。

"相对图纸空间"复选框用于控制是否将填充图案的比例适当反映在图纸空间里，如果选择该复选框，系统自动在图纸空间中将填充图案按照合适比例显示出来。

（8）"间距"文本框。

当使用用户自定义的填充类型时，该下拉列表框可以激活。倘若控制填充线型之间的间隔距离时，在"间距"文本框中输入一个数值，此间隔距离用来控制填充图案的疏密程度。系统默认间距值为 1。

（9）"ISO 笔宽"下拉列表框。

当采用系统预定义图案，并选择了 ISO 填充图案后，"ISO 笔宽"下拉列表框才可激活。"ISO 笔宽"用以设置当前 ISO 填充图案的笔宽。AutoCAD 除提供实体填充及 50 多种行业标准填充图案外，可以使用它们区分对象的部件或表现对象的材质。AutoCAD 还提供 14 种符合 ISO（国际标准化组织）标准的填充图案，笔宽确定图案中的线宽。

（10）"拾取点"按钮。

单击"拾取点"按钮，此时当光标在拟填充的区域内任意一点处单击鼠标左键时，系统自动创建填充边界。所谓边界，实际上就是直接由图形实体组成的封闭区域，图案填充实际上就是在由边界围成的区域内填充图案。例如图 9 – 18（a）中，直接在拟填充区域内单击，边界自动创建，如图 9 – 18（b）所示。填充结果如图 9 – 18（c）所示。值得注意的是，当单击"拾取点"按钮时，对话框暂时关闭，AutoCAD 将显示一个提示："选择内部点："，该提示要求在填充区域内指定一点。指定点时，也可以随时在绘图区域内单击鼠标右键以显示快捷菜单，可以利用此快捷菜单放弃最后一个或所有指定点、更改选择方式、更改孤岛检测样式或预览图案填充或渐变填充。

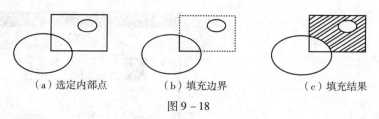

（a）选定内部点　　　（b）填充边界　　　（c）填充结果

图 9 – 18

（11）"选择对象"按钮。

单击"选择对象"按钮，可选择组成封闭区域的边界的实体。必须指出，如果选择的实体有部分重叠或交叉，则图案填充后将出现有些图形超出边界的现象。鉴于此，实际工作中一般较少使用该按钮来选择边界。如图 9 – 19 所示的直线 *AB*、*BC*、*AC* 两两彼此相交，现欲在三角形 *ABC* 内进行图案填充，当单击"拾取点"按钮，用鼠标光标在三角形 *ABC* 内单击任意一点时，系统会对围成该内点的封闭区域边界进行判断，最后填充后得到如图 9 – 20 所示的图形；倘若单击"选择对象"按钮，弹出的目标拾取靶依次选择 *AB*、*BC*、*AC*，填充图案后将得到如图 9 – 21 所示的图形，与填充本意违背。

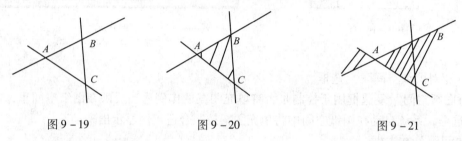

　　　图 9 – 19　　　　　　　图 9 – 20　　　　　　　图 9 – 21

（12）"组合"选项组。

"组合"选项组用来控制图案填充或渐变填充是否关联。创建修改其边界时随之更新的填充称为关联；创建独立于边界的填充谓之不关联。创建关联图案填充是指填充图案随边界的更改自动更新。默认情况下，使用 bhatch 命令创建的图案填充区域是关联的。任何时候都可以删除图案填充的关联性，或者使用 hatch 命令创建无关联填充。如果通过编辑创建了开放的边界，AutoCAD 将自动删除关联性。填充图形时，将忽略不在对象边界内的整个对象或局部对象。如果图案填充线遇到文字、属性或实体填充对象，而且这些对象被选定为边界集的一部分，AutoCAD 将填充这些对象的周围部分。因此，如果绘制一个饼图，用文字标记进行填充时，文字将不会被填充图案覆盖（形成"孤岛"）而保持清晰易读。

（13）其他选项。

其他选项包括删除孤岛、查看选择集、继承特性、双向，此处不做详细介绍。

2）"高级"选项卡

单击"边界图案填充"对话框中的"高级"标签，打开如图 9 – 22 所示的"高级"选项卡。

在该选项卡中，可以选择图案填充方式、控制边界类型、边界设置和孤岛检测等高级操作。下面详细介绍各部分的功能。

（1）"孤岛检测方式"选项组。

用 AutoCAD 进行图案填充的关键是边界的选择和创建，不同的边界选择将会导致不同的结果，作为边界的实体必须显示在当前视窗区域内，根据屏幕中可见的现有对象确定边界，而这些对象必须构成一个闭合区域。AutoCAD 使用此选项检测对象的方式取决于在"高级"选项卡上选定的孤岛检测方式。例如，如果孤岛检测方式选定为"填充"，AutoCAD 将最外层边界内的对象检测为孤岛，并将它们包括在边界定义中。此后，孤岛检测方式（也在"高级"选项卡上设置）将确定如何填充检测出的孤岛。孤岛检测方式（Island detection style）选项组有普通（Normal）、外部（Outer）、忽略（Ignore）三个单选按钮，代表了 3 种检测方式。

图 9 - 22

① 普通方式：普通方式最为简单也最为常用，它是 AutoCAD 默认的填充方式，建议一般用户采用。采用普通方式后，AutoCAD 从最外层边界开始由外向里进行图案填充，碰到第一个边界就终止填充，然后从下一个边界（即第二个边界）开始，由外向里进行图案填充，依此类推。例如，在图 9 - 23 中，从外层边界向里层边界填充，遇到奇数实体边界就填充，遇到偶数边界就停止填充，如此交替地完成填充。

② "外部"方式：单击"外部"单选按钮，表明用户采用最外层方式进行图案填充。采用这种方式后，AutoCAD 从最外层边界开始由外向里进行图案填充，碰到第一个边界就彻底终止填充，不再继续进行边界判别和图案填充，如图 9 - 24 所示。

③ "忽略"方式：单击"忽略"单选按钮，表明用户采用忽略方式进行图案填充。采用这种方式后，AutoCAD 从最外层边界开始由外向里全部进行图案填充。该方式不再进行内部边界判别，不管内部还有无边界全都当成内部没有边界处理，认为只有最外层边界而进行填充，如图 9 - 25 所示。

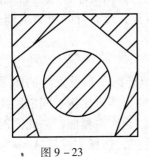

图 9 - 23

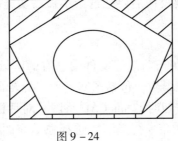

图 9 - 24

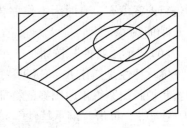

图 9 - 25

（2）"对象类型"选项组。

"对象类型"（Object type）选项组用来控制填充边界类型，包含以下几个选项。

① "对象类型"下拉列表框：该下拉列表框用以控制新建边界类型。只有在"保留边界"复选框被选中后才可激活。该下拉列表框中有"多段线"和"面域"两个选项，分别表示选择多段线作为填充区域的边界和以面域作为填充区域的边界。

② "保留边界"复选框：选择该复选框后，AutoCAD 自动将图案填充区域的边界存储在

当前图形文件的数据库中，为定义边界提供原始数据。

（3）"边界集"选项组。

当采用拾取内点方式设置图案填充边界时，AutoCAD 将自动分析当前的图形文件中可见的各个实体，并搜索出包围该内点的各个实体及其组成的边界。该选项组有一个下拉列表框，在该下拉列表框的右侧有一个"新建"按钮。在下拉列表框的当前视口中分析各个可见实体并判断图案填充边界。单击"新建"按钮可以重新设置选择范围。此时下拉列表框中将增加"已有设置"选项，表明 AutoCAD 已经将刚才用户用"新建"按钮选择的一组实体目标用来构造新的边界。此时当单击"边界图案填充"对话框中的"拾取点"按钮时，系统将按照用户指定的边界进行图案填充。

（4）"孤岛检测方式"选项组。

孤岛是存在于一个大区域内不能进行图案填充的小区域。孤岛检测方法有"填充"和"射线法"两种。孤岛的最初的含义是鉴于有些图形中写有文字，在进行这些图形的图案填充时不让填充的图案覆盖这些文字而引出的概念。例如，对于图 9 - 26（a）所示的图形，在如图 9 - 26（b）所示的拟填充的区域（即圆）内写有文字"AUTOCAD"，如果不进行孤岛检测，填充结果是文字被覆盖，如图 9 - 26（c）所示。倘若进行孤岛检测，则填充结果是文字不被覆盖，如图 9 - 26（d）所示。

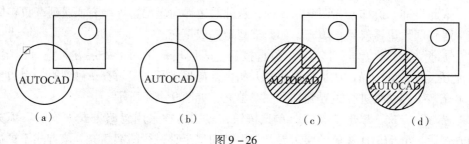

（a）　　　　　　　（b）　　　　　　　（c）　　　　　　　（d）

图 9 - 26

（5）"删除孤岛"按钮。

当 AutoCAD 进行边界自动检测判断时，会将处于封闭区域的边界内的小区域当做孤岛不进行图案填充。有时因工作需要反而需要把这个小孤岛实施填充，此时可以用"取消孤岛"功能。

（6）"继承特性"按钮。

继承特性是指让 AutoCAD 利用当前图形文件中已有的区域填充图案来设置新的图案。也就是说新图案继承原图案的特征参数，包括图案名称、旋转角度、填充比例、间隔距离、ISO 笔宽等。单击"继承特性"按钮时，AutoCAD 将隐藏对话框，返回主界面。与此同时，十字光标转换成一个图标，同时在命令行提示"选择原填充图案："，选择完成后 AutoCAD 自动返回"边界图案填充"对话框。

3. 渐变色选项卡

单击"边界图案填充"对话框中的"渐变色"标签，打开如图 9 - 27 所示的"渐变色"选项卡。渐变填充在一种颜色的不同灰度之间或两种颜色之间使用过渡，可用于增强演示图形的效果，使其呈现光在对象上的反射效果，也可以用作徽标中的有趣背景。

关于此对话框具体操作，不作详细介绍，请读者在练习中体会。

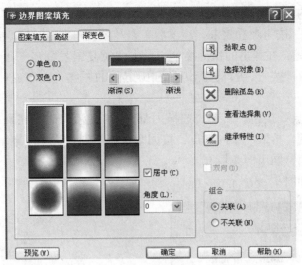

图 9－27

4. 图案填充操作示例

【示例9－5】利用"边界图案填充"对话框，将如图9－28所示的图形填充ANS131 图案。

解：

（1）绘制如图9－28所示的图形。

（2）进行图案填充，步骤如下：

① 单击"绘图"工具栏上的"图案填充"按钮，打开如图9－29所示的"边界图案填充"对话框。

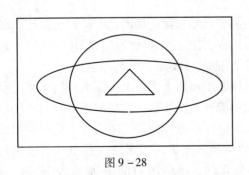

图 9－28

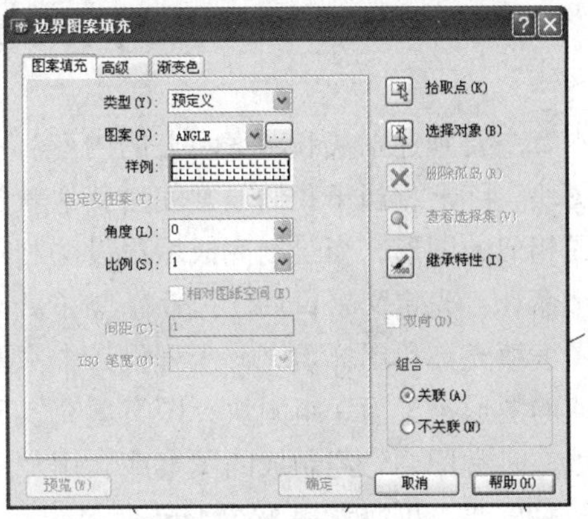

图 9－29

② 单击图案选择按钮，打开如图9－30所示的"填充图案选项板"对话框。在对话框内选择 ANSI 选项卡中的 ANS131 图案，单击"确定"按钮。

③ 单击"拾取点"按钮，出现选择内部点提示符时，在矩形和圆之间任意位置单击鼠

标左键，拾取一个内部点。

④ 单击"预览"按钮观看效果，满意后单击"确定"按钮。

⑤ 单击鼠标右键，在弹出的快捷菜单中单击"重复图案填充"命令。

⑥ 单击"继承特性"按钮，选择矩形和圆之间的图案，回车返回到"边界图案填充"对话框。

⑦ 单击"拾取点"按钮，出现"选择内部点："提示符时，在椭圆和三角形之间的任意位置单击鼠标左键，拾取一个内部点，按回车键返回到"边界图案填充"对话框。

⑧ "确定"按钮，结束图案填充。

上述操作结果如图9-31所示。

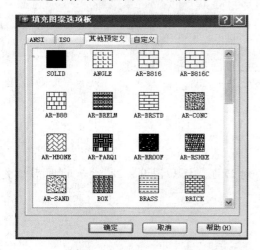

图9-30

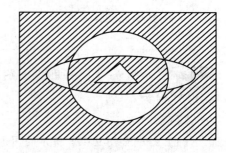

图9-31

9.3　本章小结

本章主要阐述图块和图案填充的内容。

图块实际上相当于我们通常使用其他软件的复制和粘贴功能，绘图也一样，总是有一些相同或相似的图形，当绘制完成后再设法利用就可以省去重复绘制的劳动。使用图块时，涉及三个命令：先定义（block）、后存盘（wbolck）、再插入（insert）。

图案填充亦称图样填充，工程设计中主要用来绘制断面图。实际上，图案相当于将一组有规律的图形定义为一组图块，图案填充实质上就是把这组图块插入到当前图形中去。使用图案填充时常用到已经制成的图案库，用户只要在图案库中选择即可。图案插入前建立图形边界至关重要，可以先用boundary命令建立边界后再插入图案。图案插入所填充的区域是一个图案块，删除时一并删除所有的图案，如部分删除，可使用explode命令先分解、再删除。

第10章

AutoCAD 与三维建模*

三维建模是在 AutoCAD 软件中实现三维制图的基本功能，在学习利用 AutoCAD 进行三维绘图和建模的同时，可以在 3ds Max 中进一步熟悉三维建模、渲染的操作，提升 AutoCAD 三维图像的质量。通过 AutoCAD 和 3ds Max 两大三维制图软件的结合可以在屏幕中展现生动的建筑效果图、工程设计效果图等。

10.1 AutoCAD 中的三维建模

三维制图不同于二维绘图，空间基础上的建模需要更多的想象力和抽象思维，具体到软件执行时，所涉及的辅助工具也就更加复杂。首先我们要了解的是三维建模中的坐标系、视图、三维动态观察、视觉样式这 4 个基本的概念和相关操作。

10.1.1 坐标系

从本意上说，"坐标"是为了确定空间一点的位置，在参照系中按规定方法选取的、有次序的一组数据。这组数据可以为解决某些问题提供具有说明、证明意义的多重信息，规定这些数据具体性质的方法的集合就是"坐标系"。AutoCAD 中所运用的坐标系主要有两种：世界坐标系和用户坐标系。

1. 世界坐标系

AutoCAD 中系统默认的坐标系是世界坐标系（WCS），世界坐标系是相对固定的，但是可以从不同视角观察创建的物体（见图 10 - 1）。系统默认情况下绘制三维模型时，XOY 平面是绘制特征视图的平面（见图 10 - 2）。

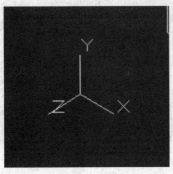

图 10 - 1

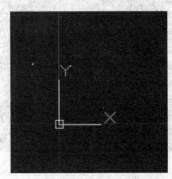

图 10 - 2

2. 用户坐标系

为了能够让用户操作更加自主化，AutoCAD 也配有用户坐标系（UCS），它与世界坐标系的不同之处在于，你可以运用用户坐标系自己定义坐标，这为输入坐标、定义图形平面和设置视图起到很大帮助作用。然而，改变用户坐标系（UCS）并没有改变视点，只是改变了坐标系的方向和倾斜度。

10.1.2　视图

1. 三维视图设置

在 AutoCAD 中，6 个基本视图和 3 个等轴测视图可以帮助我们更好地观察创建的物体和模型。

右击任意工具栏，选择工具栏中"视图"按钮，即可进入视图工具栏（见图 10-3），可以在出现的下拉列表中通过选取不同的视角，实现视图的基本切换。

图 10-3

例如，单击"视图"工具栏上的"左视"按钮，模型即可显示左视图视角（见图 10-4），单击"西南等轴测"按钮时，则会显示三维等轴测状态（见图 10-5）。这时的 XY 平面已经转到左视图的平面，你可以直接绘制水平图放置在左视图中。

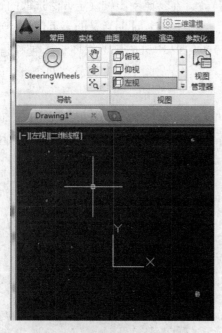

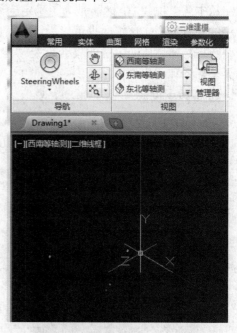

图 10-4　　　　　　　　　　　　　　　图 10-5

2. 视口设置

在 AutoCAD 三维建模中，还可以通过运用视口功能帮助观察模型的具体细节。例如，我们常常设置 4 个视口，较大视口用于绘图，较小视口用于观察，4 个视口的结合可更好地把握模型的空间形态。

右击任意工具栏，选择工具栏中"视口配置"按钮，即可进入视口设置工具栏（见图 10 - 6）。在"视口配置"下拉列表中选择"四个：相等"即可实现如图 10 - 7 所示的视口效果，这 4 个视图角度分别是前视窗、左视图、俯视图和西南等轴测图。

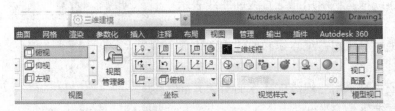

图 10 - 6

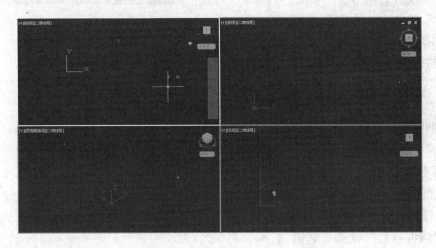

图 10 - 7

10. 1. 3　三维动态观察

除了以上提到的 6 个基本视图和 4 个等轴测视图之外，观察三维模型还可以使用三维动态观察（见图 10 - 8）。"动态观察"工具栏有"动态观察"、"自由动态观察"和"连续动态观察"3 种。

（1）动态观察：沿着 XY 平面或 Z 轴约束三维动态观察。

（2）自由动态观察：不参照平面，在任意方向上进行动态观察。

（3）连续动态观察，在要使用连续动态观察移动的方向上单击并拖动，然后松开鼠标，动态观察会沿着选定方向继续移动。

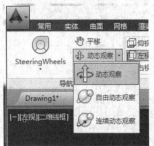

图 10 - 8

10.1.4　视觉样式

视觉样式可以为我们带来不同的视觉呈现方式，在 AutoCAD 中，通过对 5 种不同的

视觉样式的切换，既可以让视图简单明了，也可以让视图生动绚烂。这 5 种不同的视觉样式分别是：二维线框、线框、隐藏、真实、概念（见图 10－9）。

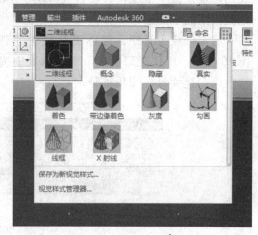

（1）二维线框：显示用二维直线和曲线表示边界的物体。

（2）线框：显示用三维直线和曲线表示边界的物体。

（3）隐藏：显示用三维线框表示的对象并隐藏后向面的直线。

（4）真实：着色多边形平面间的对象，并使对象的边平滑化，同时将显示对象的材质。

图 10－9

（5）概念：着色多边形平面间的对象，并使对象的边平滑化。虽然概念视觉样式的效果缺乏真实感，但更便于查看模型细节。

10.1.5　运用 AutoCAD 建模

新版的 AutoCAD 可以实现更生动的建模效果，常用的基本体有棱柱、棱锥、圆柱、圆锥、球、圆环等，生成基本形体的方法有拉伸和旋转两种最基本的形式。

1. 基本体生成

在 AutoCAD 中，建立基本体有 15 个命令。"建模"工具栏前面 10 个按钮是建立常见基本体的命令，后面 5 个按钮则是建立基本形体的 5 种方法，下面通过一个实例来加以说明。

【示例 10－1】　建立长 100，宽 80，高 60 的长方体。

解：

方法一：命令栏输入尺寸数值。

单击"视图"工具栏的"西南等轴测"按钮，绘图区域显示三维坐标，然后在命令行输入相关数值。

方法二：动态输入尺寸数值。

① 单击"视图"工具栏的"西南等轴测"按钮，绘图区域显示三维坐标。

② 单击"建模"工具栏上的"长方体"按钮（见图 10－10），在绘图区域任意位置单击确定长方体的一个顶点（见图 10－11）；

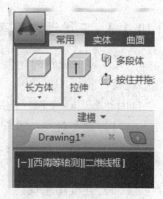

③ 在 X 轴方向的动态框里输入 100（见图 10－12），按键盘 Tab 键，在 Y 轴方向的动态框里输入 80，最后，在 Z 轴方向的动态框里输入 60（见图 10－13），按 Enter 键后即可完成长方体建模（见图 10－14）。

图 10－10

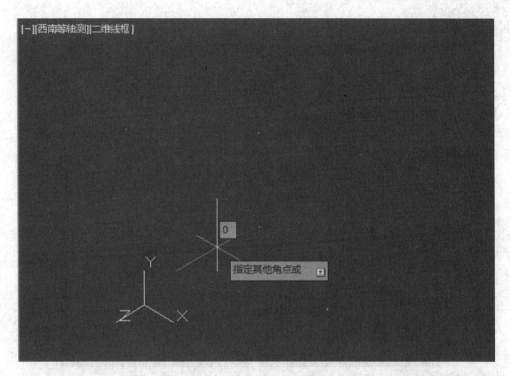

图 10 – 11

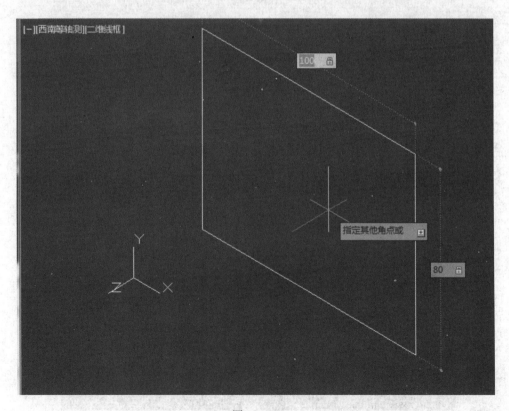

图 10 – 12

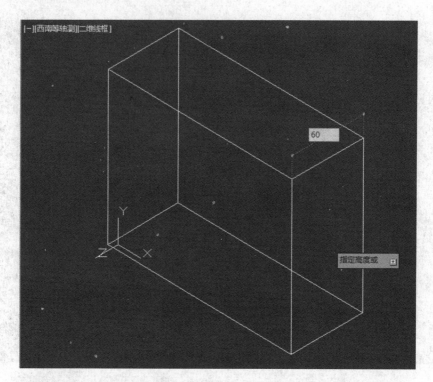

图 10 – 13

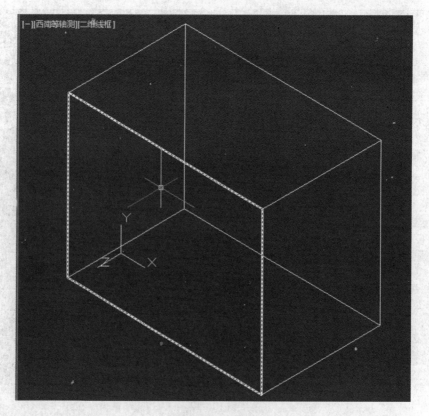

图 10 – 14

按照这样的方法，可以运用 AutoCAD 中自带的基本体，实现基本体的建模，其建模的具体说明和图例如表 10 – 1 所示。

表 10 – 1 AutoCAD 自带基本体建模说明与图例

名称	按钮	图例
多段体	多段体	
长方体	长方体	
楔体	楔体	
圆锥体	圆锥体	
球体	球体	
圆柱体	圆柱体	

续表

名称	按钮	图例
圆环体	◎ 圆环体	
棱锥体	△ 棱锥体	

同时，AutoCAD 中也有自带的 5 种基本体建立的方法，其建立的命令说明和图例如表 10-2 所示。

表 10-2　建立 AutoCAD 基本体的命点说明与图例

方法	按钮	说明	图例
拉伸	↑ 拉伸	将二维对象或三维面的标注延伸到三维空间	**拉伸** 通过拉伸二维或三维曲线来创建三维实体或曲面 当被拉伸时，开放的曲线创建曲面，闭合的曲线创建实体或曲面（具体取决于指定的模式）。对于曲面，请使用 SURFACEMOD-ELINGMODE 系统变量来控制曲面是使用 NURBS 曲面还是使用程序曲面。使用 SURFACEASSOCIATIVITY 系统变量来控制程序曲面是否关联。若要拉伸网格，请使用 MESHEXTRUDE 命令。

方法	按钮	说明	图例
扫掠	扫掠	沿路径扫掠二维对象来创建三维实体或曲面	**扫掠** 通过沿路径扫掠二维或三维曲线来创建三维实体或曲面 扫掠对象会自动与路径对象对齐。使用 SURFACEMODELINGM-ODE 设定 SWEEP 是创建程序曲面还是 NURBS 曲面。
旋转	旋转	通过绕轴扫掠二维对象来创建三维实体或曲面	**旋转** 通过绕轴扫掠二维或三维曲线来创建三维实体或曲面 如果"实体"选项卡处于活动状态，REVOLVE 命令会创建实体。相反，如果"曲面"选项卡处于活动状态，则会创建曲面（程序曲面或 NURBS 曲面，具体取决于 SURFACEMODELI-NGMODE 系统变量的设定方式）。
放样	放样	通过横截面创建三维实体或曲面	**放样** 在数个横截面之间的空间中创建三维实体或曲面 放样横截面可以是开放或闭合的平面或非平面，也可以是边子对象。开放的横截面创建曲面，闭合的横截面创建实体或曲面（具体取决于指定的模式）。

2. 组合体生成

布尔运算在组合体生成中作用巨大。布尔运算有"并集"、"差集"和"交集"。这三个命令按钮在"建模"工具栏和"实体编辑"工具栏都有。如表 10 - 3 所示是布尔运算的三种方式。

表 10 – 3

布尔运算	按钮	说明	图例
并集	并集	将三维实体、二维面或曲面合并	**实体，并集** 用并集合并选定的三维实体或二维面域 可以将两个或多个三维实体、曲面或二维面域合并为一个组合三维实体、曲面或面域。必须选择类型相同的对象进行合并。
差集	差集	通过相减来合并选定的三维实体、二维面或曲面	**实体，差集** 用差集合并选定的三维实体或二维面域 选择要保留的对象，按 Enter 键，然后选择要减去的对象。
交集	交集	通过重叠得到三维实体、二维面或曲面相交的图形或实体	**实体，交集** 从选定的重叠实体或面域创建三维实体或二维面域 通过拉伸二维轮廓后使它们相交，可以高效地创建复杂的模型。

　　AutoCAD 的三维建模功能还比较简单，要想实现更好、更全面的建模，可以运用 3ds Max 等软件来实现，我们将在下一节中为大家讲述。

10. 2　3ds Max 中的三维建模

10. 2. 1　认识 3ds Max

　　3ds Max 默认操作界面主要包括 10 个部分：标题栏、菜单栏、工具栏、视图区、命令面板、脚本输入区、状态栏和提示栏、时间滑块、动画控制区、视图控制区（见图 10 – 15）。常用工具按钮图标如表 10 – 4 所示。

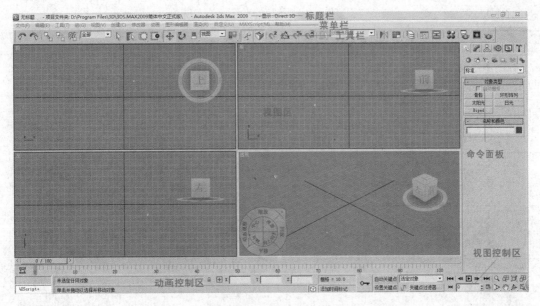

图 10 – 15

表 10 – 4　3ds Max 常用工具按钮图标

图标	名称/命令	图标	名称/命令
	撤销		选择并操纵
	重做		键盘快捷键覆盖切换
	选择并链接		3 维捕捉开关
			2.5 维捕捉开关
			2 维捕捉开关
	断开当前选择链接		角度捕捉开关
	绑定到空间扭曲		百分比捕捉开关
全部 ▼	选择过滤器		微调器捕捉切换
	选择对象		编辑命名选择集

续表

图标	名称/命令	图标	名称/命令
	按名称选择	创建选择集	命名选择集
	矩形选择区域		
	圆形选择区域		
	围栏选择区域		镜像
	套索选择区域		
	绘制选择区域		
			对齐
			快速对齐
	窗口/交叉		法线对齐
			放置高光
			对齐摄影机
			对齐到视图
	选择并移动		层管理器
	选择并旋转		曲线编辑器

续表

图标	名称/命令	图标	名称/命令
	选择并均匀缩放		
	选择并非均匀缩放		图解视图
	选择并挤压		
视图 ▼	参考坐标系		材质编辑器
	使用轴点中心		渲染设置
	使用选择中心		渲染帧窗口
	使用变换坐标中心		渲染产品

10.2.2　创建标准基本体

标准基本体包括长方体、球体、圆柱体、圆环、茶壶、圆锥、几何球体、四棱锥、管状体和平面，此处只对个别形体进行介绍。

1. 长方体

单击创建面板中的 长方体 按钮，使其变为黄色激活状态，选择一个视图区，按住鼠标左键创建一个面，松开鼠标，向上拖动创建长方体的一条边，然后单击鼠标左键，长方体即建立完成，最后在不同视图进行位置调整，如图 10 – 16 所示。进入修改面板可调节长方体的基本参数，也可通过键盘输入数值直接创建有规格要求的长方体。

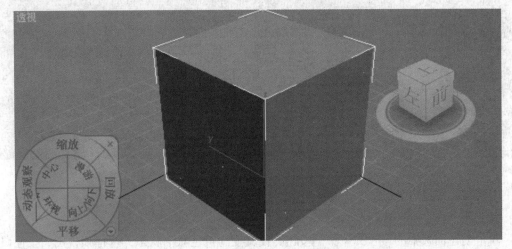

图 10 – 16

2. 球体

单击创建面板中的 球体 按钮，使其变为黄色激活状态，选择一个视图区，按住鼠标左键拖动直到满意为止，然后松开鼠标，球体即建立完成（见图10-17）。

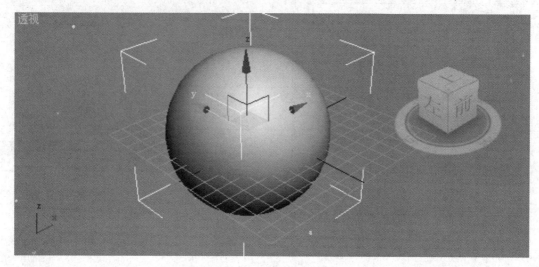

图 10-17

3. 圆柱体

单击创建面板中的 圆柱体 按钮，使其变为黄色激活状态，选择顶视图，按住鼠标左键创建一个圆作为底面，松开鼠标，向上拖动创建圆柱体的高，然后单击鼠标左键，圆柱体即建立完成（见图10-18）。

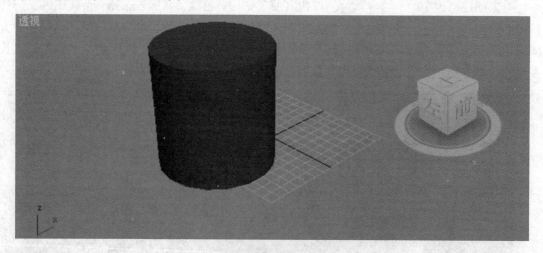

图 10-18

4. 圆环

单击创建面板中的 圆环 按钮，使其变为黄色激活状态，选择顶视图，按住鼠标左键创建一个圆环，松开鼠标，向上、向下拖动调整圆环的半径 1、2 即圆环的宽度和厚度，然后单击鼠标左键，圆环即建立完成（见图 10–19）。

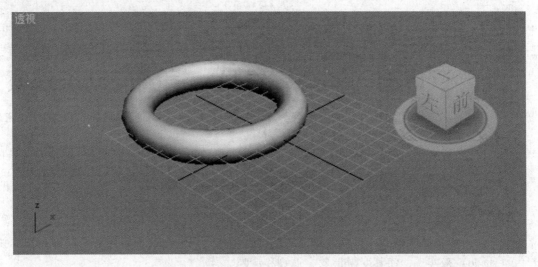

图 10–19

10.3　本章小结

三维建模虽然不是 AutoCAD 中最重要的功能，但是对于完美建筑制图和工程制图的效果图呈现具有重要作用，作为高级用户，应当熟练掌握操作方法。同时，3ds Max 中的三维建模操作也绝不限于此处讲述的内容，建议读者专门学习其操作方法和技巧，使两个软件的使用和操作相互融合。鉴于本书篇幅所限，本章只介绍一些基本的入门知识，有关更为详细的内容请读者参看其他书籍。

第11章

立体图的消隐、着色、渲染与动态观察

11.1 三维实体的消隐和着色

我们知道，直接绘制的三维立体图是以线轮廓表达出来的，如果想更加逼真地表达三维立体效果，可以让三维图表示成相片的方式。这些工作可以通过对三维图的消隐（hide）和着色（shade）来实现，使其变得形象、逼真和清晰。

11.1.1 消隐

1. 命令功能

所谓消隐（hide）就是隐藏屏幕上存在但实际上应被遮住的轮廓线条或其他线条，示例如图 11－1 所示。消隐（hide）后的实体更加符合现实中的视觉感受。此操作使图形发生重生，其结果只是将某些轮廓线条隐藏，而不是将这些线条删除。消隐后的实体可以使用 regen 命令将其恢复到消隐前的状态。

2. 消隐操作

进行消隐的命令是 hide，可以直接输入命令或选择"视图"（View）菜单下的消隐（Hide）命令。启动消隐命令后用户无须进行目标选择，AutoCAD 将目前窗口中的全部实体进行消隐，这大概需要数秒时间。之后，当 AutoCAD 在命令行出现 Hiding line 100% done（即消隐完成 100%）提示时，说明消隐已经完成，屏幕上将显示出消隐后的图形。

（a）消隐前的三维实体　　　　　　　　　　（b）消隐后的三维实体

图 11－1

11.1.2 着色

1. 命令功能

所谓着色（shade），就是不但能够给实体消隐，而且与此同时给实体表面着色，其功能比消隐更进一步。着色与后面将要介绍的渲染（Render）不同，它只是位于视点后面的一种光源，着色的效果，取决于实体本身的颜色、显示卡的类型、显示器及用户对着色选项（SHADEDGE）的当前设置值。

2. 着色操作

进行着色的命令是 shade，可以直接输入命令或选择"视图"（View）菜单下的"着色"（Shade）命令。启动着色命令后用户无须进行目标选择，AutoCAD 将目前窗口中的全部实体进行重生并提示用户完成的百分比，这大概需要数秒时间。之后，当 AutoCAD 在命令行出现（Shading line 100% done（即着色完成100%）提示时，说明着色已经完成，屏幕上将显示出着色后的图形。

着色效果可以通过着色参数设置，设置方法是在命令行输入 Shademode 命令，之后出现提示：

Enter option [2D wire frame /3D wire frame frame/Hidden/flat/Gouraud/fLat + edges/gOuraud + edges] < current >:

提示符中各选项的含义是：2D wire frame 选项（显示实体线框模型），选择该选项后，所有的三维实体均以直线或曲线组成的线框边界显示，同时，UCS 图标以二维方式显示。3D wire frame 选项，使得所有的三维实体均可以线框模型显示，UCS 图标以三维方式显示。Hidden 选项主要用来消隐；Flat 选项使实体以增强方式着色，同时显示实体边界；Gouraud 选项使得实体表面间过渡平缓，增强真实感；fLat + edges 选项，可以使实体以 Flat 方式着色，同时显示实体边界；gOuraud + edges 选项，其含义是使实体以 Gouraud 方式着色，同时显示实体边界。

11.2   三维图形渲染

如前所述，三维图形在软件中是以线条轮廓表达的，这样就不同于照片那样看起来真实，在物体模型进行渲染后，将生成一幅更具有真实感的照片，用户可以预览设计效果。所谓渲染，就是对物体的纹理、场景、光线和明暗进行处理，使得图片更加逼真。

渲染可以通过输入命令或选择菜单或单击工具栏按钮的办法进行操作。菜单命令直接显示了比较齐全的渲染命令。不过，为便于使用，建议用户在屏幕上设置工具栏，该工具栏包括了大多数渲染命令。

11.2.1   光线

1. 命令功能

光线（Light）是在场景中布置的，合适的光线，可以表达实体表面的明暗情况并能产生阴影。用户可以在一个视图中任意组合光线，从而组成渲染的场景。由于环境光源与其他类型的光线进行组合的效果，主要是影响到场景中的对比度，所以减少环境光的强度，可以增大对比度；增加环境光的强度，可减小对比度。但不能在一个区域内集中使用环境光。另外，光线的强度也可以由用户任意控制。

2. 光线操作

设置光线可以通过输入命令 light 或选择视图"视图"菜单下的渲染"光源"命令或在"渲染"工具栏上单击"光线"按钮完成。

11.2.2 材质

AutoCAD 可调整物体表面的颜色、投射率和折射率，使其更具真实感。通常的方法是为物体指定材料（Materials），是将某种材料固有的颜色等赋予实体表面，即通过调整颜色、投射率和折射率来模拟各种材料。用户可以自己创建材料，也可以利用材料库中的材料，将其赋予某一实体。

1. 命令功能

自己创建材料或利用材料库中的材料，将其赋予某一实体。

2. 材料操作

设置材料可以通过输入命令 rmat 或选择"视图"→"渲染"→"材质"命令或在"渲染"工具栏上单击"材质"按钮完成。当在命令提示符下输入 rmat 命令后，将打开如图 11 - 2所示的"材质"对话框。利用此对话框可以决定不同材料的表面如何反射光线及光线反射的颜色，但不能指定表面纹理。

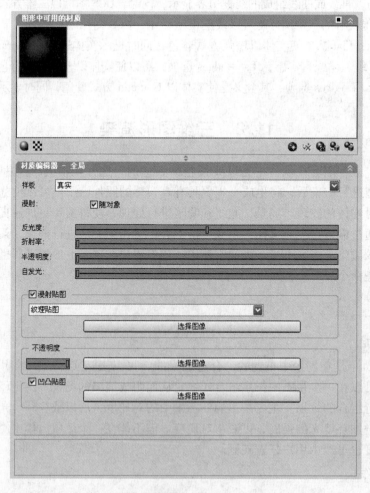

图 11 - 2

11. 2. 3　渲染环境设置

1. 命令功能

renderenvironment 命令用于对渲染环境进行设置，可以设置是否启用雾化背景，并进行雾化参数设置。

2. 场景操作

可以通过输入命令 renderenvironment 或选择"视图"菜单下的"渲染"→"渲染环境"命令或在"渲染"工具栏上单击"渲染环境"按钮完成。当在命令提示符下输入 renderenvironment 命令后，将打开如图 11 –3 所示的"渲染环境"对话框。

图 11 –3

11. 2. 4　渲染

所谓渲染（Render），是指对线框显示的物体生成真实图片且对纹理、明暗、场景、光线进行最后处理。只有当对物体表面的光线、材料、场景设置全部完成，才可以进行渲染的最后设置。选择"视图"→"渲染"命令，在弹出的如图 11 –4 所示的对话框中完成渲染设置操作。

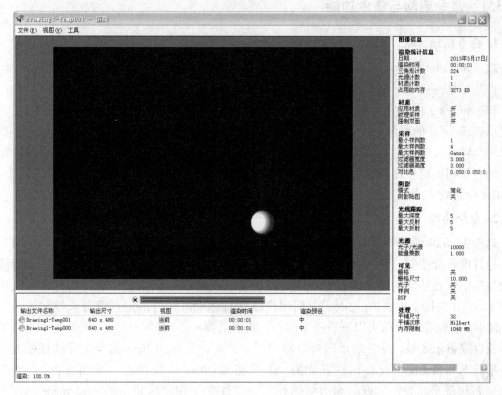

图 11 –4

11.3　三维图形的动态观察

AutoCAD 提供了强大的三维图形动态观察功能，除了可以对三维图形从各个角度观察外，还可以使得三维图形作旋转运动，这样可从各个角度观察到三维图形的各个角落或部位，从而对局部不合适的地方进行修改，避免绘图死角，使得三维图形绘制更加精准。

常用的三维图形观测命令主要有五个命令：其一是视点设置，即 vpoint 命令，其二是对话框方式设置视点，即 ddvpoint 命令；其三是三维视图观测器不同方位观看，即 3dorbit 命令；其四是照相机观测，即 dview 命令；其五是三维视图连续观测器连续观看，即 3dcorbit 命令。上述前两个命令已在本书前面章节详细介绍过，本节介绍 3dcorbit 命令的功能和用法。使用 3dcorbit 命令，可以激活当前视口中交互的三维动态观察器视图。当 3dcorbit 命令激活时，可以使用定点设备操作模型的视图，可以从模型周围的不同点观察整个模型或模型中的任何对象。

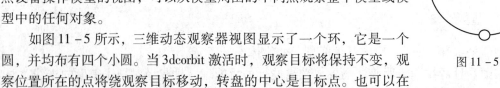

如图 11 – 5 所示，三维动态观察器视图显示了一个环，它是一个圆，并均布有四个小圆。当 3dcorbit 激活时，观察目标将保持不变，观察位置所在的点将绕观察目标移动，转盘的中心是目标点。也可以在激活 3cdorbit 命令时对图形中的对象进行着色，以便在三维空间中交互式查看对象。

图 11 – 5

11.3.1　命令启动与命令功能

1. 命令启动

启动 3dcorbit 命令可以通过三种方式，其一是通过"视图"菜单中"三维动态观察器"命令，其二是在命令行执行 3dcorbit 命令；其三是单击工具栏上相应按钮。

3dcorbit 命令启动后，在当前视口中激活三维视图。如果用户坐标系（UCS）图标为开，则表示当前 UCS 的着色三维 UCS 图标显示在三维动态观察器视图中。三维动态观察器视图显示一个转盘（被四个小圆平分的一个大圆）。当 3dcorbit 处于活动状态时，查看的目标保持不动，而相机的位置围绕目标移动。目标点是转盘的中心，而不是被查看对象的中心。3dcorbit 命令处于活动状态时无法编辑对象。

2. 命令功能

启动 3dcorbit 命令后，在绘图区出现的旋转轨道的转盘的不同部分之间移动光标时，光标图标的形状会改变，以指示查看旋转的方向。3dcorbit 命令处于活动状态时，从绘图区域的快捷菜单（在绘图区域单击右键）或"三维动态观察器"工具栏中选择按钮，可以访问附加 3dcorbit 快捷菜单选项。3dcorbit 使用户能够通过单击和拖动定点设备来控制三维对象的视图。在启动命令之前可以查看整个图形，或者选择一个或多个对象。查看整个图形可能会降低视频显示效果。在三维动态观察器视图中，可以显示由 light 命令定义的环境光、点光、平行光和聚光源。要显示这些光源，必须将 shademode 设置为"平面着色"、"体着色"、"带边框平面着色"或"带边框体着色"。"线框"和"隐藏"的 shademode 选项不显示光源。要打开光源，在"工具"菜单中选择"选项"，在"选项"对话框中选择"系统"

选项卡，在"系统"选项卡的"当前三维图形显示"中选择"特性"。

11.3.2　操作方法

三维动态观察器视图显示与光标的显示方式有关，操作过程中光标的显示方式有如下几种。

1. 两条直线环绕的球状

在转盘中移动光标时，光标的形状变为外面环绕两条直线的小球状。如果在绘图区域中单击并拖动光标，则可围绕对象自由移动。就像光标抓住环绕对象的球体，围绕目标点进行拖动一样。用此方法可以在水平、垂直或对角方向上拖动。

2. 圆形箭头

在转盘外部移动光标时，光标的形状变为圆形箭头。在转盘外部单击并围绕转盘拖动光标，将使视图围绕延长线通过转盘的中心并垂直于屏幕的轴旋转，这称为"卷动"。

如果将光标拖到转盘内部，它将变为外面环绕两条线的球状，并且视图可以自由移动。如果将光标移回转盘外部，则返回卷动状态。

3. 水平椭圆

当光标在转盘左右两边的小圆上移动时，光标的形状变为水平椭圆。从这些点开始单击并拖动光标，将使视图围绕通过转盘中心的垂直轴或 Y 轴旋转。

4. 垂直椭圆

当光标在转盘上下两边的小圆上移动时，光标的形状变为垂直椭圆。从这些点开始单击并拖动光标将使视图围绕通过转盘中心的水平轴或 X 轴旋转。

上述操作过程中屏幕光标、图形和轨道转盘之间的一些关系见图 11 - 6 ~ 图11 - 9。

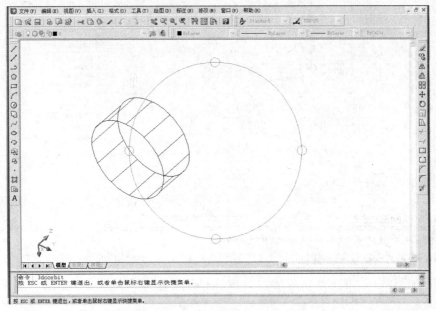

图 11 - 6

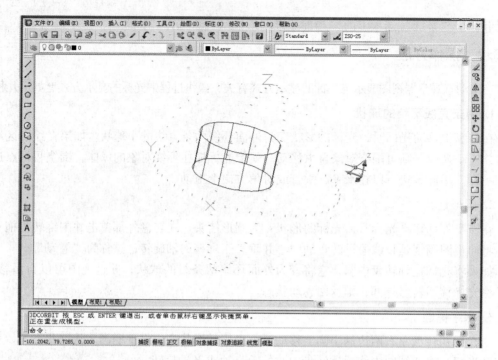

图 11 – 7

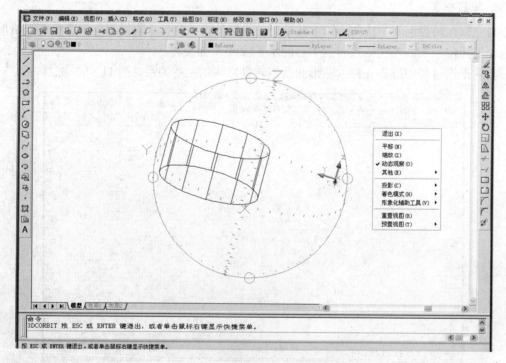

图 11 – 8

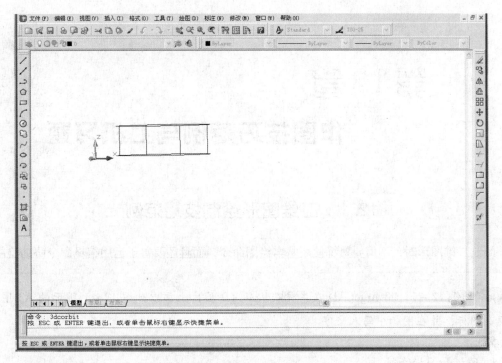

图 11 – 9

11.4　本章小结

　　本章主要介绍了三维图的消隐（hide）、着色（shade）和渲染内容。

　　将绘制的由面轮廓线显示的三维图变成更加形象的三维实体相片，主要是使用"渲染"对话框对图形进行处理，其中涉及光线、场景、材质等名词术语，学习这些内容需要读者有一定的绘画知识，读者可参考绘画方面的书籍更加详细地了解它们的含义。本章介绍的3dcorbit命令只是三维实体观测命令中的一个，目的是让用户从各个角度看到图形实际效果，以便将那些复杂三维图的边角和隐蔽部位看得更清楚，便于修改，同时防止失真。

第12章

作图技巧范例与上机习题

12.1 二维图形绘制技巧范例

绘制二维图形时,不但要熟练使用基本绘图命令,而且还要善于运用编辑命令协助绘制。

【例12-1】 用 AutoCAD 在系统默认层（0 层）上画出如图 12-1 所示的 A3 图纸、图框及图标,并在图标中写入文字。

解:

1. 图框和图标绘制

（1）使用 line 绘制外部边框

【命令】:line∥回车

【提示】:指定第一点:0,0∥输入左下角坐标(可假定),回车

【提示】:指定下一点或［放弃(U)］:420,0∥输入右下角坐标,回车

【提示】:指定下一点或［放弃(U)］:420,297∥输入右上角坐标,回车

【提示】:指定下一点或［闭合(C)/放弃(U)］:0,297∥输入左上角坐标,回车

【提示】:指定下一点或［闭合(C)/放弃(U)］:c∥选闭合选项闭合回左下角点,回车

（2）利用视图缩放命令（zoom）调整图形至满屏

【命令】:zoom∥回车

【提示】:指定窗口的角点,输入比例因子(nX 或 nXP),或者［全部(A)/中心(C)/动态(D)/范围(E)/上一个(P)/比例(S)/窗口(W)/对象(O)］<实时>:a∥选择满屏幕显示选项并回车

以上操作结果,在屏幕上看到如图 12-2 所示的整个图形。

（3）使用 line 命令绘制内部边框

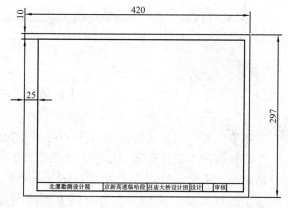

图 12-1

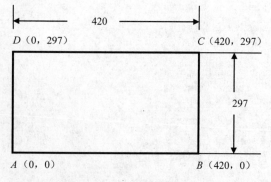

图 12-2

【命令】:line∥回车

【提示】:指定第一点:25,10∥回车

【提示】:指定下一点或［放弃(U)］:410,10∥回车

【提示】:指定下一点或［放弃(U)］:410,287∥回车

【提示】:指定下一点或［闭合(C)/放弃(U)］:25,287∥回车

【提示】:指定下一点或［闭合(C)/放弃(U)］:c∥回车

以上绘制结果如图12－3所示。

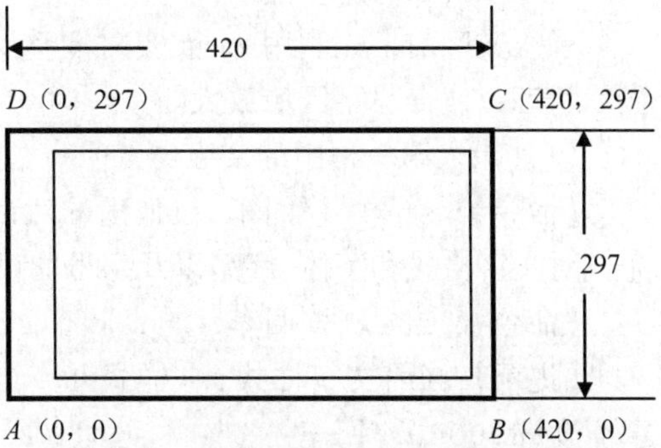

(4) 使用offset命令绘制图标线

【命令】:offset∥回车

【提示】:指定偏移距离或［通过(T)/删除(E)/图层(L)］<通过>:10∥回车

【提示】:选择要偏移的对象,或［退出(E)/放弃(U)］<退出>:∥选择内边框底边并回车

【提示】:指定要偏移的那一侧上的点,或［退出(E)/多个(M)/放弃(U)］<退出>:∥将鼠标左键移到内边框底边的上方任意一点单击

【提示】:选择要偏移的对象,或［退出(E)/放弃(U)］<退出>:e∥回车

以上操作结果, 如图12－4所示。

2. 使用pedit命令对图框加粗

【命令】:pedit∥回车

【提示】:选择多段线或［多条(M)］:m∥回车

【提示】:选择对象:依次单击内部矩形的上、右、下、左边后回车

【提示】:选择对象:找到1个,总计2个

【提示】:选择对象:找到1个,总计3个

【提示】:选择对象:找到1个,总计4个(选中外边框)

【提示】:是否将直线和圆弧转换为多段线?［是(Y)/否(N)］? <Y> y∥回车

【提示】:输入选项［闭合(C)/打开(O)/合并(J)/宽度(W)/拟合(F)/样条曲线(S)/非曲线化(D)/线型生成(L)/放弃(U)］:j∥回车

【提示】:合并类型=延伸

【提示】:输入模糊距离或［合并类型(J)］<0.0000>:∥回车

【提示】:多段线已增加3条线段∥回车

【提示】:输入选项［闭合(C)/打开(O)/合并(J)/宽度(W)/拟合(F)/样条曲线(S)/非曲线化(D)/线型生成(L)/放弃(U)］:w∥回车

【提示】:指定所有线段的新宽度:2.5∥输入新宽度为2.5后按回车键

【提示】:输入选项［闭合(C)/打开(O)/合并(J)/宽度(W)/拟合(F)/样条曲线(S)/非

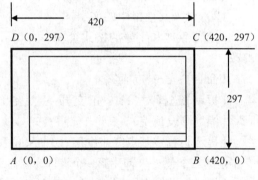

图 12－3

图 12－4

曲线化(D)/线型生成(L)/放弃(U)]：∥回车

以上操作结果，如图 12 - 5 所示。

3. 图标中文字录入

录入文字前，先利用 zoom 实时调整到最佳显示状态，使得写字区域放大。

（1）录入第一格中的文字

【命令】：style∥回车，在弹出的对话框中完成对文字格式和字体、字型以及字号的设置。

【命令】：dtext∥回车

【提示】：当前文字样式： 样式 1　当前文字高度：8.0000∥回车

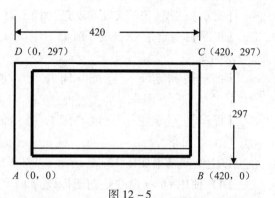

图 12 - 5

【提示】：指定文字的起点或［对正(J)/样式(S)]：＜对象捕捉 关＞∥点选光标至合适位置

【提示】：指定文字的旋转角度 ＜0＞：0∥回车

【输入文字】：北漂勘测设计院∥回车

（2）录入其他格中的文字

为保证字体和字号的格式统一，因此用复制命令将第一格文字复制到其他空格中，然后修改。

【命令】：copy∥回车

【提示】选择对象：＜正交开＞ 找到 1 个（即北漂勘测设计院）

【提示】：指定基点或［位移(D)］＜位移＞：指定第二个点或 ＜使用第一个点作为位移＞：

【提示】：指定第二个点或［退出(E)/放弃(U)］＜退出＞：∥双击文字

【命令】：_ddedit∥回车

选择注释对象或［放弃(U)]：∥重新编辑文字为所需文字后回车

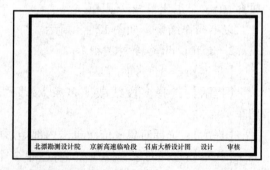

图 12 - 6

重复此步骤完成其他文字的录入。以上操作结果如图 12 - 6 所示。

4. 文字间分隔线的绘制

对象捕捉打开，在其对话框中只勾选"垂足、最近点"选项。

【命令】：line∥回车

【提示】：指定第一点：∥在两个词组之间选择合适位置

【提示】：指定下一点或［放弃(U)]：∥捕捉到其垂足

【提示】：指定下一点或［放弃(U)]：∥

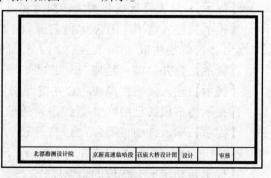

图 12 - 7

回车

重复此项命令完成所有分隔线的绘制。以上操作结果如图 12 - 7 所示。

【例 12 - 2】 用 AutoCAD 在系统默认层（0 层）上画出长度为 100、宽度为 90 个图形单位的图形（见图 12 - 8），并将其存入 E 盘 Design 文件夹。文件名取 T - 003，拓展名为 DWG。

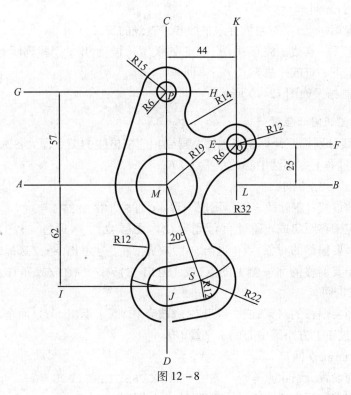

图 12 - 8

分析：

本题的解题思路是根据图形特点及其对称性，采用修剪成图法绘制。本图绘制时，关键要找到图形特点和规律，先绘制位于中间位置的大圆和各个小圆的中心定位十字轴线和中心点，再利用 offset 命令得到各个小圆的圆心位置线，绘制中心大圆和各个小圆。再次使用偏移命令（offset）得到各同心圆，用画圆命令画出圆后再通过修剪得到全图。

解：

1. 绘制各圆中心十字线

用鼠标单击下面状态栏，打开正交开关，即使得 < 正交 开 >

（1）绘制水平线 AB

【命令】：line// 回车

【提示】：指定第一点：// 在屏幕上任一点 A 单击

【提示】：指定下一点或［放弃(U)］://在保证直线足够长的任一点 B 单击

【提示】：指定下一点或［放弃(U)］://回车

（2）绘制垂直线 CD

【命令】：line//回车

【提示】：指定第一点：//单击屏幕任一点 *C*

【提示】：指定下一点或［放弃(U)］：//保证直线足够长的任一点 *D* 单击

【提示】：指定下一点或［放弃(U)］：//回车

（3）绘制下斜线 *MN*

首先，将极轴打开，并设置 20 度角。

【命令】：//line 回车

【提示】：指定第一点：//对象捕捉水平线和垂直线的交叉点 *M*

【提示】：指定下一点或［放弃(U)］：＜正交 关＞＜极轴 开＞//找到所需角度位置

【提示】：指定下一点或［放弃(U)］：//回车

以上操作绘制结果如图 12 - 9 所示。

2. 绘制其他圆的圆心位置线

将中心十字线分别按照计算距离偏移，得到相应网格线的交点即为各圆的圆心。

（1）绘制通过右上方小圆中心的水平线 *EF*

【命令】：offset//回车

【提示】：当前设置：删除源 = 否　图层 = 源　OFFSETGAPTYPE = 0

【提示】：指定偏移距离或［通过(T)/删除(E)/图层(L)］＜通过＞:25//回车

【提示】：选择要偏移的对象，或［退出(E)/放弃(U)］＜退出＞://选择 *AB* 线

【提示】：指定要偏移的那一侧上的点，或［退出(E)/多个(M)/放弃(U)］＜退出＞:在 *AB* 线上方任意点击回车

【提示】：选择要偏移的对象，或［退出(E)/放弃(U)］＜退出＞://回车

（2）绘制通过正上方小圆中心的水平线 *GH*

【命令】：offset//回车

【提示】：当前设置：删除源 = 否　图层 = 源　OFFSETGAPTYPE = 0

【提示】：指定偏移距离或［通过(T)/删除(E)/图层(L)］＜25.0000＞:　57//回车

【提示】：选择要偏移的对象，或［退出(E)/放弃(U)］＜退出＞://单击中心水平线 *AB*

【提示】：指定要偏移的那一侧上的点，或［退出(E)/多个(M)/放弃(U)］＜退出＞://在中心水平线上方任意一点单击

【提示】：选择要偏移的对象，或［退出(E)/放弃(U)］＜退出＞://回车

（3）绘制通过正下方小圆中心的水平线 *IJ*

【命令】：offset//回车

【提示】：当前设置：删除源 = 否　图层 = 源　OFFSETGAPTYPE = 0

【提示】：指定偏移距离或［通过(T)/删除(E)/图层(L)］＜57.0000＞:62//输入偏移距离并回车

【提示】：选择要偏移的对象，或［退出(E)/放弃(U)］＜退出＞://单击中心水平线 *AB*

【提示】：指定要偏移的那一侧上的点，或［退出(E)/多个(M)/放弃(U)］＜退出＞://在中心水平线 *AB* 下方任意一点单击

【提示】：选择要偏移的对象，或［退出(E)/放弃(U)］＜退出＞://回车

（4）绘制通过右上方小圆中心的垂直线 *KL*

【命令】：offset∥回车

【提示】：当前设置：删除源 = 否　图层 = 源　OFFSETGAPTYPE = 0

【提示】：指定偏移距离或［通过(T)/删除(E)/图层(L)］＜62.0000＞：44∥输入偏移距离 44 并回车

【提示】：选择要偏移的对象，或［退出(E)/放弃(U)］＜退出＞：选择 *CD*

【提示】：指定要偏移的那一侧上的点，或［退出(E)/多个(M)/放弃(U)］＜退出＞：∥在 *CD* 线右侧任一点单击

【提示】：选择要偏移的对象，或［退出(E)/放弃(U)］＜退出＞：∥回车

（5）绘制弧线与下斜线相交找出右下部小圆的圆心

【命令】：arc∥回车

【提示】：指定圆弧的起点(S)或［弧心(C)］：c∥选择圆弧的圆心选项，回车

【提示】：指定圆弧的圆心：∥捕捉 *M* 点并回车

【提示】：指定圆弧的端点(E)或［角度(A)/弦长(L)］：a∥选择圆弧的圆心角选项并回车

【提示】：指定圆弧的圆心角：－20∥输入圆心角 －20 得到小圆的圆心 *S* 点，再回车结束画弧操作。

（6）利用视图缩放命令（zoom）调整图形至满屏

【命令】：zoom∥回车

【提示】：指定窗口的角点，输入比例因子（nX 或 nXP），或者［全部(A)/中心(C)/动态(D)/范围(E)/上一个(P)/比例(S)/窗口(W)/对象(O)］＜实时＞：a∥回车

以上操作结果如图 12 － 10 所示。

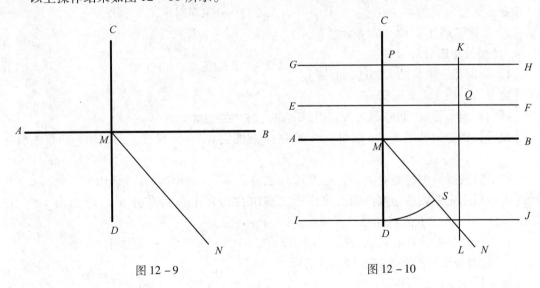

图 12 －9　　　　　　　　　　　　　图 12 － 10

3．图中所有圆的绘制

（1）绘制位于中间的大圆

【命令】：circle∥回车

【提示】：指定圆的圆心或［三点(3P)/两点(2P)/相切、相切、半径(T)］：∥捕捉大圆的

圆心 *M* 后回车

【提示】：指定圆的半径或［直径(D)］：19∥输入半径19后回车

（2）绘制位于图正上方的小圆

【命令】：circle∥回车

【提示】：指定圆的圆心或［三点(3P)/两点(2P)/相切、相切、半径(T)］：∥捕捉正上方小圆的圆心 *P* 后回车

【提示】：指定圆的半径或［直径(D)］＜19.0000＞：6∥输入小圆半径6后回车

（3）绘制下部似椭圆中一个圆

【命令】：circle∥回车

【提示】：指定圆的圆心或［三点(3P)/两点(2P)/相切、相切、半径(T)］：∥捕捉竖线正下方的下部似椭圆的圆心 *D* 后回车

【提示】：指定圆的半径或［直径(D)］＜6.0000＞:12∥回车

（4）绘制下部似椭圆另外一个圆

【命令】：circle∥回车

【提示】：指定圆的圆心或［三点(3P)/两点(2P)/相切、相切、半径(T)］：∥捕捉 *S* 点，即另一个似椭圆的圆心后回车

【提示】：指定圆的半径或［直径(D)］＜6.0000＞：12∥回车

（5）绘制右上方的小圆

【命令】：circle∥回车

【提示】：指定圆的圆心或［三点(3P)/两点(2P)/相切、相切、半径(T)］：∥捕捉右上方小圆的圆心点 *Q* 回车

【提示】：指定圆的半径或［直径(D)］＜15.0000＞:6∥回车

以上操作结果如图12-11所示。

4. 绘制所有圆的同心圆

（1）绘制位于中间的大圆的同心圆

【命令】：offset∥回车

【提示】：当前设置：删除源＝否　图层＝源　OFFSETGAPTYPE＝0

【提示】：指定偏移距离或［通过(T)/删除(E)/图层(L)］＜通过＞:9∥输入偏移距离9后回车

【提示】：选择要偏移的对象，或［退出(E)/放弃(U)］＜退出＞：∥点选中间的大圆

【提示】：指定要偏移的那一侧上的点，或［退出(E)/多个(M)/放弃(U)］＜退出＞：∥鼠标光标放在中间的大圆外侧任意一点单击

【提示】：选择要偏移的对象，或［退出(E)/放弃(U)］＜退出＞：∥回车

（2）绘制位于竖线正上方小圆的同心圆

【命令】：offset∥回车

【提示】：当前设置：删除源＝否　图层＝源　OFFSETGAPTYPE＝0

【提示】：指定偏移距离或［通过(T)/删除(E)/图层(L)］＜通过＞：9∥输入偏移距离9后回车

【提示】：选择要偏移的对象，或［退出(E)/放弃(U)］＜退出＞：∥点选上方的小圆

【提示】:指定要偏移的那一侧上的点,或［退出(E)／多个(M)／放弃(U)］<退出>://鼠标光标放在正上方小圆外侧任意一点处单击

【提示】:选择要偏移的对象,或［退出(E)／放弃(U)］<退出>://回车

（3）绘制位于竖线右上方小圆的同心圆

【命令】:offset//回车

【提示】:当前设置:删除源＝否　图层＝源　OFFSETGAPTYPE＝0

【提示】:指定偏移距离或［通过(T)／删除(E)／图层(L)］<通过>:9//输入偏移距离9后回车

【提示】:选择要偏移的对象,或［退出(E)／放弃(U)］<退出>://点选上方的小圆

【提示】:指定要偏移的那一侧上的点,或［退出(E)／多个(M)／放弃(U)］<退出>://鼠标光标放在正上方小圆外侧任意一点处单击

【提示】:选择要偏移的对象,或［退出(E)／放弃(U)］<退出>://回车

（4）绘制位于图形下部似椭圆两个半径为12的小圆的同心圆

【命令】:offset//回车

【提示】:当前设置:删除源＝否　图层＝源　OFFSETGAPTYPE＝0

【提示】:指定偏移距离,或［通过(T)／删除(E)／图层(L)］<通过>:10//输入偏移距离10后回车

【提示】:选择要偏移的对象,或［退出(E)／放弃(U)］<退出>://点选下方的其中一个小圆后回车

【提示】:指定要偏移的那一侧上的点,或［退出(E)／多个(M)／放弃(U)］<退出>://鼠标光标放在小圆外侧任意一点处单击

【提示】:选择要偏移的对象,或［退出(E)／放弃(U)］<退出>://点选下方的另一个小圆后回车

【提示】:选择要偏移的对象,或［退出(E)／放弃(U)］<退出>://直接回车结束选择

以上操作结果如图 12 - 12 所示。

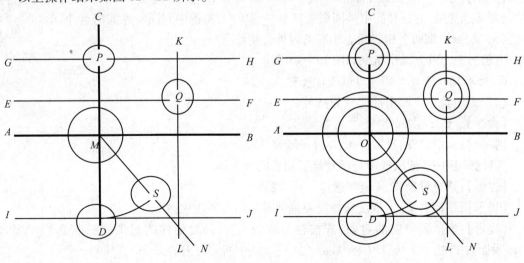

图 12 - 11　　　　　　　　　　　　图 12 - 12

5. 图形衔接圆的绘制

（1）绘制左下侧半径为 12 与左下外圆和中部外圆相切的圆

【命令】：circle∥回车

【提示】：指定圆的圆心或［三点(3P)/两点(2P)/相切、相切、半径(T)］：T∥输入 T 后回车

【提示】：指定相切圆的切点：∥单击下部的同心圆的外侧圆

【提示】：指定相切圆的切点：∥单击中部的同心圆的外侧圆

【提示】：指定圆的半径或［直径(D)］＜6.0000＞：12∥回车

（2）绘制半径为 32 的与右下方外圆和右上方外圆相切的圆

【命令】：circle∥回车

【提示】：指定圆的圆心或［三点(3P)/两点(2P)/相切、相切、半径(T)］：t∥回车

【提示】：指定相切圆的切点：∥单击右下部的同心圆的外侧圆

【提示】：指定相切圆的切点：∥单击左上部的同心圆的外侧圆

【提示】：指定圆的半径或［直径(D)］＜12.0000＞：∥32 回车

（3）绘制半径为 14 与右上方外圆和正上方外圆相切的圆

【命令】：circle∥回车

【提示】：指定圆的圆心或［三点(3P)/两点(2P)/相切、相切、半径(T)］：t∥回车

【提示】：指定相切圆的切点：∥单击右上部的同心圆的外侧圆

【提示】：指定相切圆的切点：∥单击正上部的同心圆的外侧圆

【提示】：指定圆的半径或［直径(D)］＜62.0000＞：14∥输入相切圆的半径 14 并回车

（4）绘制中部和上部外同心圆的外公切线

【命令】：line∥回车

【提示】：指定起点：∥按住 Shift 键＋鼠标右键启用热键菜单，选择切点选项，光标移到上同心圆外圆周上任意一点单击，捕捉上外同心圆的切点，回车

【提示】：指定下一点或［取消(U)］＜12.0000＞：∥按住 Shift＋鼠标右键启用热键菜单，选择切点选项，光标移到中外圆周上任意一点单击，捕捉中间同心外圆切点，回车

（5）绘制下部两个相邻同心小圆的内外公切线

方法同上，以上操作结果如图 12 - 13 所示。

6. 利用 trim 修剪工具对图形进行修剪

（1）最上边三个圆衔接部分的修剪

【命令】：trim∥回车

【提示】：当前设置：投影＝UCS，边＝延伸

选择剪切边…（依次选中与所要修剪相切的两个圆）

【提示】：选择对象或 ＜全部选择＞： 找到 1 个

【提示】：选择对象：∥依次选择需要修剪对象的边界边后回车

【提示】：选择要修剪的对象，或按住 Shift 键选择要延伸的对象，或［栏选(F)/窗交(C)/投影(P)/边(E)/删除(R)/放弃(U)］：∥选中所要修剪的部分

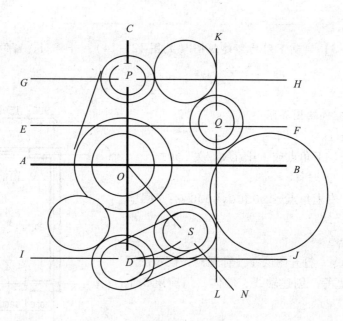

图 12 - 13

提示:选择要修剪的对象,或按住 Shift 键选择要延伸的对象,或[栏选(F)/窗交(C)/投影(P)/边(E)/删除(R)/放弃(U)]://回车

（2）利用上述方法按从左向右的顺序完成对图形的修剪

7. 利用 pedit 命令完成对图形轮廓的加粗

【命令】:pedit//回车

【提示】:选择多段线或 [多条(M)]:m//回车

【提示】:选择对象:单击图形外轮廓中任一段线,提示找到 1 个

【提示】:所选对象非多段线,是否将直线和圆弧转换为多段线?[是(Y)/否(N)]? <Y>//选择"是(Y)"并回车

【提示】:输入选项 [闭合(C)/打开(O)/合并(J)/宽度(W)/拟合(F)/样条曲线(S)/非曲线化(D)/线型生成(L)/放弃(U)]:j//选择合并选项并回车

【提示】:选择对象://依次单击已绘制的外围各段图线

【提示】:选择对象://回车

【提示】:合并类型 = 延伸　输入模糊距离或 [合并类型(J)] <0.0000 >://回车

【提示】:输入选项 [闭合(C)/打开(O)/合并(J)/宽度(W)/拟合(F)/样条曲线(S)/非曲线化(D)/线型生成(L)/放弃(U)]:w//回车

【提示】:指定所有线段的新宽度:2.5//回车

【提示】:输入选项 [闭合(C)/打开(O)/合并(J)/宽度(W)/拟合(F)/样条曲线(S)/非曲线化(D)/线型生成(L)/放弃(U)]://回车

上述只是对外轮廓加粗方法,而当将图内部各圆加粗时,首先将圆用 break 命令打断,再用 pedit 命令加粗,最后用 pedit 命令的"闭合"选项完成圆的闭合即可。上述操作结果如图 12 -8 所示。

【例12-3】绘制下列局部建筑图（见图12-14），并将门、窗做成内部块。不标注尺寸。

解：

1. 设置模型空间绘图界限

【命令】：_limits //回车

【提示】：指定左下角点或 [开(ON)/关(OFF)] <0,0>: //回车

【提示】：指定右上角点 <10000,8000>: //回车

2. 设置图层

【命令】：_layer

输入 layer 命令，打开图层特性管理器，设置图层名称、颜色及线型等。创建轴线、墙体、门窗层3个图层。

3. 画轴线

【命令】：_line //输入画线命令并回车

【提示】：指定第一点: //在屏幕适当位置任意拾取一点并回车

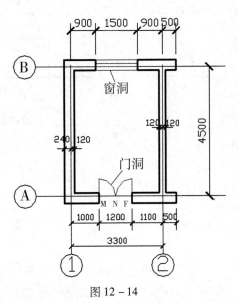

图12-14

【提示】：指定下一点或 [放弃(U)]: //打开正交模式，在水平方向输入一点

【提示】：指定下一点或 [放弃(U)]: //画出水平轴线Ⓐ和垂直定位轴线①

【命令】：_offset

【提示】：指定偏移距离或 [通过(T)] <120>:3300

【提示】：选择要偏移的对象或 <退出>:点取①线

【提示】：指定点以确定偏移所在一侧:在①线右侧任一处单击鼠标左键

【提示】：选择要偏移的对象或 <退出>:回车后得到②线

【命令】：_offset

【提示】：指定偏移距离或 [通过(T)] <3300>:4500

【提示】：选择要偏移的对象或 <退出>:点取Ⓐ线

【提示】：指定点以确定偏移所在一侧:在Ⓐ线上方任一处单击鼠标左键

【提示】：选择要偏移的对象或 <退出>:回车后得到Ⓑ线

4. 创建多线样式

【命令】：_mlstyle

//输入 mlstyle 命令后，在弹出的对话框中输入偏移量、线型等数据，创建外墙11、内墙12、窗等三种多线样式，先将外墙样式置为当前。

5. 绘制墙体

【命令】：mline

【提示】：当前设置:对正=上,比例=1.00,样式=STANDARD

【提示】：指定起点或 [对正(J)/比例(S)/样式(ST)]:S //输入S并回车

【提示】:输入多线比例 <1.00 >:1∥输入 1

【提示】:指定起点或 [对正(J)/比例(S)/样式(ST)]:J∥输入 J 并回车

【提示】:输入对正类型 [上(T)/无(Z)/下(B)] <上 >:Z∥输入 Z

【提示】:指定起点或 [对正(J)/比例(S)/样式(ST)]:ST∥ 输入 ST

【提示】:输入多线样式名或[?]:外墙∥输入"外墙"

【提示】:当前设置:对正 =无,比例 =1.00,样式 =外墙

【提示】:指定起点或[对正(J)/比例(S)/样式(ST)]:∥拾取②与 A 轴线交点作为起始
点,依次拾取①与 A 轴线交点,①与 B 轴线交点,②与 B 轴线交点并回车,完成外墙绘制

【命令】:mline

【提示】:当前设置:对正 =无,比例 =1.00,样式 =外墙

【提示】:指定起点或 [对正(J)/比例(S)/样式(ST)]:ST∥输入 ST

【提示】:输入多线样式名或[?]:内墙∥输入"内墙"

【提示】:指定起点或 [对正(J)/比例(S)/样式(ST)]:∥依次拾取②与 B 轴线交点、②
与 A 轴线交点并回车完成内墙绘制

【命令】:mledit

在打开的多线编辑器中选择 T 形打开

【提示】:选择第一条多线:∥选择内墙

【提示】:选择第二条多线:∥选择外墙

【提示】:选择第一条多线或[放弃(U)]:∥回车

6. 做窗洞

【命令】:_mline

【提示】:当前设置:对正 =无,比例 =1.00,样式 =窗

【提示】:指定起点或 [对正(J)/比例(S)/样式(ST)]:ST

【提示】:输入多线样式名或 [?]:窗∥输入"窗"

【提示】:当前设置:对正 =无,比例 =1.00,样式 =窗

【提示】:指定起点或 [对正(J)/比例(S)/样式(ST)]:J

【提示】:输入对正类型 [上(T)/无(Z)/下(B)] <无 >:Z

【提示】:当前设置:对正 =无,比例 =1.00,样式 =窗

【提示】:指定起点或 [对正(J)/比例(S)/样式(ST)]: <对象捕捉 开 >1000∥从门洞
开始

【提示】:指定下一点:∥捕捉轴线交点

【提示】:指定下一点或[闭合(C)/放弃(U)]:900∥做窗洞

7. 做右窗洞

【命令】:_mline

【提示】:当前设置:对正 =无,比例 =1.00,样式 =窗

【提示】:指定起点或 [对正(J)/比例(S)/样式(ST)]:

【命令】:mline

【提示】:当前设置:对正 =无,比例 =1.00,样式 =窗

【提示】:指定起点或 [对正(J)/比例(S)/样式(ST)]: <极轴 开 >1500∥右窗洞

【提示】:指定下一点或［放弃(U)］:1400

8. 右门洞

【命令】:_mline

【提示】:当前设置:对正 =无,比例 =1.00,样式 =窗

【提示】:指定起点或［对正(J)/比例(S)/样式(ST)］:＜极轴 开＞500

【提示】:指定下一点或［放弃(U)］:1600//右门洞

【命令】:_mline

【提示】:当前设置:对正 =无,比例 =1.00,样式 =窗

【提示】:指定起点或［对正(J)/比例(S)/样式(ST)］:ST

【提示】:输入多线样式名或［?］:12

【提示】:当前设置:对正 =无,比例 =1.00,样式 =12

【提示】:指定起点或［对正(J)/比例(S)/样式(ST)］:S

【提示】:输入多线比例 ＜1.00＞:240

【提示】:当前设置:对正 =无,比例 =240.00,样式 =12

【提示】:指定起点或［对正(J)/比例(S)/样式(ST)］://捕捉外墙与内墙交点

【提示】:指定下一点://捕捉外墙与内墙另一交点

【提示】:指定下一点或［放弃(U)］:

9. 修剪整理

【命令】:_mledit

【提示】:选择第一条多线://T 形打开

【提示】:选择第二条多线://将内墙、外墙选中

【提示】:选择第一条多线 或［放弃(U)］:

【提示】:选择第二条多线:

【提示】:选择第一条多线 或［放弃(U)］:

10. 画门

【命令】:_line

【提示】:指定第一点:捕捉 M 点

【提示】:指定下一点或［放弃(U)］:@ 600,0//从左门洞轴线处画 600 长的线 MN

【提示】:指定下一点或［放弃(U)］:

【命令】:_arc

【提示】:指定圆弧的起点或［圆心(C)］://捕捉 N 点

【提示】:指定圆弧的第二个点或［圆心(C)/端点(E)］:C

【提示】:指定圆弧的圆心//捕捉 M 点

【提示】:指定圆弧的端点或［角度(A)/弦长(L)］:A//选择"角度(A)"选项

【提示】:指定包含角: -90//输入角度 -90 后回车完成圆弧绘制

【命令】:_mirror//完成右侧门

【提示】:选择对象:指定对角点:找到 2 个

【提示】:选择对象://选取左侧弧形门

【提示】:指定镜像线的第一点://捕捉 N 点

【提示】:指定镜像线的第二点: // 正交开关打开在 N 点上方任一点单击

【提示】:是否删除源对象? [是(Y)/否(N)] < N >: // 回车

11. 画窗

【命令】:_mline // 画窗

【提示】:当前设置:对正 = 无,比例 = 240.00,样式 = 12

【提示】:指定起点或 [对正(J)/比例(S)/样式(ST)]:ST

【提示】:输入多线样式名或 [?]:窗　// 输入"窗"

【提示】:当前设置:对正 = 无,比例 = 240.00,样式 = 窗

【提示】:指定起点或 [对正(J)/比例(S)/样式(ST)]:S

【提示】:输入多线比例 < 240.00 >:1

【提示】:当前设置:对正 = 无,比例 = 1.00,样式 = 窗

【提示】:指定起点或 [对正(J)/比例(S)/样式(ST)]: // 捕捉窗洞口

【提示】:指定下一点或 [放弃(U)]: // 回车

12. 创建块

【命令】:_block

【提示】:指定插入基点: // 将门做成块

【提示】:选择对象:指定对角点:找到 4 个(选择门)

// 接下来按对话框提示内容操作

13. 输入块

【命令】:_insert

【提示】:指定插入点或 [比例(S)/X/Y/Z/旋转(R)/预览比例(PS)/PX/PY/PZ/预览旋转(PR)]: // 输入插入点及插入比例等

【例 12 - 4】 完成如图 12 - 15 所示的洗脸盆的绘制。

解:

(1) 绘制洗脸盆外部轮廓线

【命令】:_circle // 输入画圆命令并回车

【提示】:指定圆的圆心或 [三点(3P)/两点(2P)/相切、相切、半径(T)]: // 鼠标在屏幕中单击任意一点,指定圆心位置

【提示】:指定圆的半径或 [直径(D)]:300 // 输入圆的半径 300 并回车

【命令】:_line // 输入画线命令并回车

【提示】:指定第一点: // > > 打开对象追

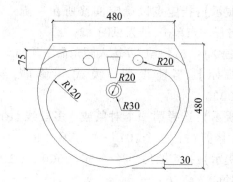

图 12 - 15

踪,鼠标在追踪点圆心 O 上停留几秒,向上移动停留在垂直方向追踪线上

【提示】:指定第一点: // 180(即 OC = 180)

【提示】:指定下一点或 [放弃(U)]: // 在水平方向选择与圆周交点 A

【命令】：_extend //输入延伸命令并回车

【提示】：当前设置：投影 = UCS,边 = 无

选择边界的边…

【提示】：选择对象: //指定圆并回车

【提示】：选择要延伸的对象,或按住 Shift 键选择要

修剪的对象,或［投影(P)/边(E)/放弃(U)］: //选择线段

AC,AC 延伸至 B 点,结果如图 12 - 16 所示

【命令】：_trim //输入修剪命令并回车

【提示】：当前设置：投影 = UCS,边 = 无选择剪切边…

【提示】：选择对象: //选择直线 AB

【提示】：选择要修剪的对象,或按住 Shift 键选择要

延伸的对象,或［投影(P)/边(E)/放弃(U)］: //选择线段

AB 上部圆周上一点

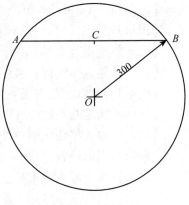

图 12 - 16

（2）绘制洗脸盆内轮廓线

【命令】：_offset //输入偏移命令并回车

【提示】：指定偏移距离或［通过(T)］<通过>: 30 //输入偏移距离并回车

【提示】：选择要偏移的对象或 <退出>: //选择圆周

【提示】：指定点以确定偏移所在一侧: //在圆周内侧任意位置单击

【命令】：_offset //输入偏移命令并回车

【提示】：指定偏移距离或［通过(T)］<30.0000>: 25 //输入偏移距离并回车

【提示】：选择要偏移的对象或 <退出>: //选择直线 AB

【提示】：指定点以确定偏移所在一侧: //在 AB 下方任意一点单击

【命令】：_offset //输入偏移命令并回车

【提示】：指定偏移距离或［通过(T)］<25.0000>: 100 //输入偏移距离并回车

【提示】：选择要偏移的对象或 <退出>: //选择直线 AB

【提示】：指定点以确定偏移所在一侧: //在

AB 下方任一点单击,结果见图 12 - 17

【命令】：_fillet //输入圆角命令并回车

【提示】：当前设置：模式 = 修剪,半径 = 50.0000

【提示】：选择第一个对象或［多段线(P)/半径(R)/修剪(T)/多个(U)］: R //输入 R

【提示】：指定圆角半径 <50.0000>: 120 //输入圆角半径120

【提示】：选择第一个对象或［多段线(P)/半径(R)/修剪(T)/多个(U)］: //选择内弧形轮廓线

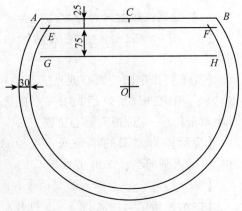

图 12 - 17

【提示】：选择第二个对象: //选择线段 GH,两端各倒角一次

【命令】：_fillet //输入圆角命令并回车

【提示】:当前设置:模式 =修剪,半径 =120.0000

【提示】:选择第一个对象或 [多段线 (P)/半径 (R)/修剪 (T)/多个 (U)]:R∥输入 R

【提示】:指定圆角半径 <50.0000>:160∥输入圆角半径160

【提示】:选择第一个对象或 [多段线 (P)/半径 (R)/修剪 (T)/多个 (U)]:T∥选择修剪选项,输入 T

【提示】:输入修剪模式选项 [修剪 (T)/不修剪 (N)] <修剪 >:N∥选择不修剪选项,输入 N

【提示】:选择第一个对象或 [放弃 (U)/多段线 (P)/半径 (R)/修剪 (T)/多个 (M)]:∥选择外弧形轮廓线

【提示】:选择第二个对象:∥选择线段 EF,两端各倒角一次,结果见图 12 -18

【命令】:_trim∥输入修剪命令并回车

【提示】:当前设置:投影 =UCS,边 =无,选择剪切边…

【提示】:选择对象:∥选择倒角命令生成的半径为160 的两段圆弧

【提示】:选择要修剪的对象,或按住 Shift 键选择要延伸的对象,或 [投影 (P)/边 (E)/放弃 (U)]:∥选择线段 EF 端点附近的点,结果如图 12 -19 所示

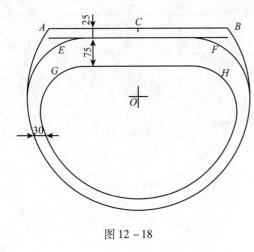

图 12 -18

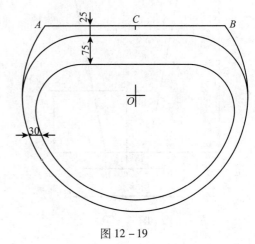

图 12 -19

(3) 绘制排水口

【命令】:_circle ∥输入画圆命令并回车

【提示】:指定圆的圆心或 [三点 (3P)/两点 (2P)/相切、相切、半径 (T)]:∥选择 O 点

【提示】:指定圆的半径或 [直径 (D)] <300.0000 >:30∥输入圆的直径30

【命令】:_circle ∥输入画圆命令并回车

【提示】:指定圆的圆心或 [三点 (3P)/两点 (2P)/相切、相切、半径 (T)]:∥选择 O 点

【提示】:指定圆的半径或 [直径 (D)] <30.0000 >:20∥输入圆的直径20

(4) 画水龙头

【命令】:_line ∥输入画线命令并回车

【提示】:指定第一点:∥拾取屏幕上一点

【提示】:指定下一点或 [放弃 (U)]:∥从左至右画一条长20 的水平直线

【提示】:指定下一点或 [放弃 (U)]:@ 15,80∥画侧面斜线,输入@ 15,80

【提示】：指定下一点或［闭合(C)/放弃(U)］：50∥从右至左画一条长50的水平线

【提示】：指定下一点或［闭合(C)/放弃(U)］：C∥选择闭合选项，输入C

（5）移动水龙头并剪掉水龙头中间的水平线

【命令】：_move∥输入移动命令并回车

【提示】：选择对象：∥用窗口方式选择，指定对角点，选择水龙头

【提示】：指定基点或位移：∥捕捉水龙头中心一点，即图12-20中的S点

【提示】：指定位移的第二点或＜用第一点作位移＞：∥选择线段EF中点

【命令】：_trim∥输入修剪命令并回车

【提示】：当前设置：投影＝UCS，边＝无，选择剪切边⋯

【提示】：选择对象：指定对角点：∥选择水龙头两个侧边线

【提示】：选择要修剪的对象，或按住Shift键选择要延伸的对象，或［投影(P)/边(E)/放弃(U)］：∥选择线段GH中点，如图12-21所示

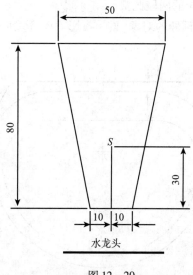

图12-20

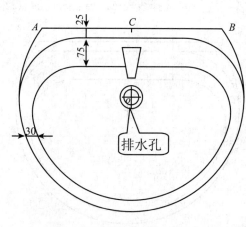

图12-21

（6）画进水孔

【命令】：_circle∥输入画圆命令并回车

【提示】：指定圆的圆心或［三点(3P)/两点(2P)/相切、相切、半径(T)］：_打开追踪工具栏，选择from

【提示】：基点：∥选择线段EF的中点

【提示】：＜偏移＞：@-100，-37.5∥指定左侧进水孔位置，输入@-100，-37.5

【提示】：指定圆的半径或［直径(D)］＜20.0000＞：20∥输入进水孔半径20

【命令】：_mirror∥输入镜像命令并回车

【提示】：找到1个

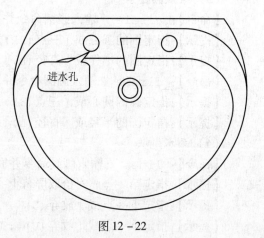

图12-22

【提示】:指定镜像线的第一点:∥选择线段 *AB* 中点 *C* 点

【提示】:指定镜像线的第二点:∥选择线段 *EF* 中点

【提示】:是否删除源对象?［是(Y)/否(N)］<N>:∥回车,保留源对象,完成进水孔绘制。以上绘制结果如图 12 - 21 所示。

【例 12 - 5】 绘制如图 12 - 23 所示的楼梯平面图、剖面图。

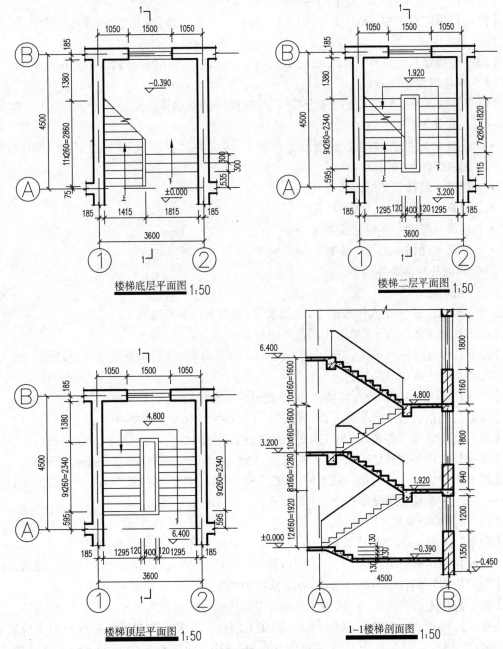

图 12 - 23

解：

1. 设置绘图环境

（1）设置单位（units）

在命令状态下输入 units 后回车，在弹出的对话框中，设置长度类型为"小数"，长度精度为 0；长度单位为"毫米"。

（2）设置图形界限（limits）

【命令】：_limits //输入图形界限命令并回车

【提示】：指定左下角点或［开(ON)/关(OFF)］<0.000,0.000>: //左下角点默认采用原点

【提示】：指定右上角点 <12.000,9.000>: 45000,30000 //输入右上角点坐标

（3）新建图层（layer）

【命令】：_Layer //输入图层命令并回车，在弹出的对话框中新建 5 个图层，并设置其颜色、线型、线宽如下：

- 建筑－轴线：线型为点划线、线宽 0.18（在"选择线型"对话框中加载线型 ACAD ISO10W100）；
- 建筑－墙体：实线，线宽 0.7；
- 建筑－窗：实线，线宽 0.35；
- 建筑－尺寸：实线，线宽 0.18；
- 建筑－楼梯：实线，线宽 0.35。

2. 绘制建筑轴网及其编号

（1）绘制轴线

【命令】：_line //输入画线命令，绘制水平、垂直方向基准轴线

【提示】：指定第一点: //单击作图范围内任意一点

【提示】：指定下一点或［放弃(U)］: 6000 //打开极轴追踪，垂直或水平追踪线上输入追踪距离，重复上述操作

【命令】：_offset //输入偏移命令，绘制另外两条轴线

【提示】：当前设置：删除源=否 图层=源 OFFSETGAPTYPE=0

【提示】：指定偏移距离或［通过(T)/删除(E)/图层(L)］<通过>:3600(4500)

【提示】：选择要偏移的对象，或［退出(E)/放弃(U)］<退出>: //选择基准轴线

【提示】：指定要偏移的那一侧上的点，或［退出(E)/多个(M)/放弃(U)］<退出>: //在直线一侧单击(重复上述操作)

（2）绘制轴线编号

【命令】：_circle //输入画圆命令，将"建筑－尺寸"图层设为当前图层

【提示】：指定圆的圆心或［三点(3P)/两点(2P)/切点、切点、半径(T)］:2P //输入 2P

【提示】：指定圆直径的第一个端点: //选择轴线端点

【提示】：指定圆直径的第二个端点: 800 //轴线编号圆直径为 800

【命令】：_attdef //输入 attdef 命令，定义属性。在弹出的对话框中进行以下设置:输入标记为 1,提示为 1,默认为 1,文字对正方式为"正中",文字样式为 standard,字体样式为 gbcbig.shx,文字高度为 500

【提示】:指定起点: // 选择圆心,返回对话框,单击"确定"按钮结束命令

【命令】:_block //输入块命令并回车,在弹出的对话框中确定以下参数:

- 块名:bh
- 单击"基点"选项下"拾取点"按钮,返回作图界面,指定圆的最上面的象限点为插入基点
- 单击"对象"选项下"选择对象"按钮,返回作图界面,选择圆和文字 1 为块对象并回车,返回对话框,选择将所选对象转换为块,并单击"确定"按钮,返回作图界面。

【提示】:属性值 1 <1 > : //回车

【命令】:_insert //输入插入命令并回车,在弹出的对话框中选择块

【提示】:指定插入点或 [基点(B)/比例(S)/X/Y/Z/旋转(R)]://选择另一轴线端点

【提示】:输入属性值 1 <1 > : 2 //输入属性值为 2

相同的方法绘出 A、B 轴编号,结果如图 12 -24 所示。

3. 绘制墙体轮廓线、开窗洞、绘制窗户

(1) 绘制墙体轮廓线

【命令】:_offset //输入偏移命令并回车

【提示】:当前设置: 删除源 = 否　图层 = 源　OFFSETGAPTYPE = 0

【提示】:指定偏移距离或 [通过(T)/删除(E)/图层(L)] <4500.000 >:185

【提示】:选择要偏移的对象,或 [退出(E)/放弃(U)] <退出 >://选择 1 号轴线

【提示】:指定要偏移的那一侧上的点,或 [退出(E)/多个(M)/放弃(U)] <退出 >://轴线左右两侧各偏移一次

【提示】:选择要偏移的对象,或 [退出(E)/放弃(U)] <退出 >://选择其余 3 条轴线,完成所有轮廓线偏移

【命令】:_trim//输入修剪命令并回车

【提示】:当前设置:投影 = UCS,边 = 无,选择剪切边…

【提示】:选择对象或 <全部选择 >: //回车

【提示】:选择要修剪的对象,或按住 Shift 键选择要延伸的对象,或[栏选(F)/窗交(C)/投影(P)/边(E)/删除(R)/放弃(U)]://选择要剪掉的线段,完成轮廓线绘制

【命令】: _properties //输入属性命令,选中所有墙体轮廓线,在弹出的对话框中将图层改为"建筑 - 墙体"

(2) 开窗洞

【命令】:_offset //输入偏移命令,偏移 1 号轴线及 2 号轴线

【提示】:当前设置: 删除源 = 否　图层 = 源　OFFSETGAPTYPE = 0

【提示】:指定偏移距离或 [通过(T)/删除(E)/图层(L)] <4500.000 >:1050 //输入 1050

【提示】:选择要偏移的对象,或 [退出(E)/放弃(U)] <退出 >://选择 1 号轴线

【提示】:指定要偏移的那一侧上的点,或 [退出(E)/多个(M)/放弃(U)] <退出 >://单击轴线右侧任意一点

【提示】:选择要偏移的对象,或 [退出(E)/放弃(U)] <退出 >://选择 2 号轴线

【提示】:指定要偏移的那一侧上的点,或 [退出(E)/多个(M)/放弃(U)] <退出 >://选

择轴线左侧任意一点

【命令】: _trim//输入修剪命令并回车

【提示】:当前设置:投影=UCS,边=无,选择剪切边…

【提示】:选择对象或 <全部选择>: //选择已偏移线段及 B 轴墙体轮廓线

【提示】:选择要修剪的对象,或按住 Shift 键选择要延伸的对象,或[栏选(F)/窗交(C)/投影(P)/边(E)/删除(R)/放弃(U)]: //选择要剪掉的线段,完成开窗洞

【命令】: _properties //输入属性命令,选中两条窗洞线,在弹出的对话框中将图层改为"建筑-墙体"

（3）绘制窗户

【命令】: _line //输入画线命令,将"建筑-窗"图层设为当前图层,绘制窗线

【提示】:指定第一点: //选择窗洞口上部墙体轮廓线端点

【提示】:指定下一点或[放弃(U)]: //选择窗洞口另一端墙体轮廓线端点,绘制一条水平窗线,用相同方法绘制下部窗线

【命令】: _offset//输入偏移命令并回车

【提示】:当前设置:删除源=否　图层=源　OFFSETGAPTYPE=0

【提示】:指定偏移距离或[通过(T)/删除(E)/图层(L)]<3600.000>:120

【提示】:选择要偏移的对象,或[退出(E)/放弃(U)]<退出>: //选择上部(下部)窗线

【提示】:指定要偏移的那一侧上的点,或[退出(E)/多个(M)/放弃(U)]<退出>: //向下(向上)偏移,完成窗户绘制,效果图如图12-25所示。

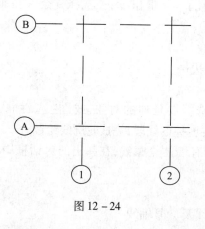

图 12-24

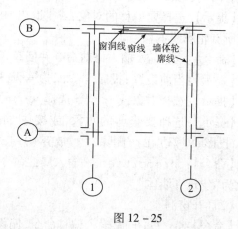

图 12-25

4. 绘制楼梯

【命令】: _line //输入画线命令并回车

【提示】:指定第一点: //追踪1号轴墙右侧轮廓线与 A 轴交点,在垂直方向的追踪线上输入向上追踪距离75 mm

【提示】:指定下一点或[放弃(U)]:1 295//水平向右方向输入距离1 295

【提示】:指定下一点或[放弃(U)]:120//水平向右方向输入距离120

【提示】:指定下一点或[放弃(U)]: //指定垂直向上至窗线的一点

【命令】: _offset//输入偏移命令并回车

【提示】:当前设置:删除源=否　图层=源　OFFSETGAPTYPE=0

【提示】:指定偏移距离或 [通过(T)/删除(E)/图层(L)] <120.0000>:120

【提示】:选择要偏移的对象,或 [退出(E)/放弃(U)] <退出>://选择最后画的竖直线

【提示】:指定要偏移的那一侧上的点,或 [退出(E)/多个(M)/放弃(U)] <退出>://选择源对象左侧

【命令】:_array //输入阵列命令,绘制楼梯左侧台阶线。在弹出的对话框中设置以下参数:阵列类型为"矩形阵列",行数为12,列数为1,行距为260,列距为0

【提示】:选择对象:选择长度为1 295的水平线,返回对话框,单击"确定"按钮

【命令】:_line//输入画线命令,从左上至右下绘制一条45°角折断线

【提示】:指定第一点://在1号轴墙体轮廓线适当位置选择一点(打开极轴追踪)

【提示】:指定下一点或 [放弃(U)]: //选择45°方向追踪线与竖直线的交点

【提示】:指定下一点或 [放弃(U)]: //回车

再次通过line命令完成折断线其他部分绘制。

【命令】:_trim //输入修剪命令,剪切折断线上部直线

【提示】:当前设置:投影=UCS,边=无,选择剪切边…

【提示】:选择对象或 <全部选择>: //选择折断线

【提示】:选择要修剪的对象,或按住Shift键选择要延伸的对象,或[栏选(F)/窗交(C)/投影(P)/边(E)/删除(R)/放弃(U)]:F// 在折断线上方适当位置拾取两点,剪掉多余线段

【命令】:_pline //输入多线命令,绘制箭头

【提示】:指定起点://在楼梯台阶线正下方拾取一点

【提示】:指定下一点或 [圆弧(A)/闭合(C)/半宽(H)/长度(L)/放弃(U)/宽度(W)]: //在垂直向上的适当位置选择一点

【提示】:指定下一点或 [圆弧(A)/闭合(C)/半宽(H)/长度(L)/放弃(U)/宽度(W)]:W //选择宽度选项

【提示】:指定起点宽度 <0.0000>:100 //起点线宽100

【提示】:指定端点宽度 <100.0000>:0// 端点线宽0

【提示】:指定下一点或 [圆弧(A)/闭合(C)/半宽(H)/长度(L)/放弃(U)/宽度(W)]: 300 //输入300,绘制结果如图12-26所示。

5. 标注尺寸

(1) 创建尺寸标注样式

【命令】:'_dimstyle //输入尺寸标注命令并回车,在标注样式管理器中选择"土木工程",单击"修改"按钮,修改以下参数:

- 在"线"选项卡中,设置尺寸线、延伸线的颜色、线型、线宽均为随层ByLayer,基线间距为800,超出尺寸线为200,起点偏移量为200;
- 在"符号和箭头"选项卡中,将箭头均设置为建筑标记,箭头大小150;
- 在"文字"选项卡中,将文字样式设为Standard,单击"文字样式设置"按钮,在弹出的"文字样式"对话框中,字体选择simplex.shx大字体,样式为gbcbig.shx,高

度为0,宽度因子为0.7,单击"确定"按钮返回到"标注样式"对话框,设置文字高度为200,文字位置垂直方向为"上",水平方向为"居中",从尺寸线偏移100,文字对齐方式选择"与尺寸线对齐";

- 其他选项卡可不做调整,将该样式置为当前,单击"关闭"按钮,返回做图界面。

（2）标注尺寸

【命令】:_dimlinear //输入线性标注命令并回车

【提示】:指定第一条延伸线原点或 <选择对象>: //选择1号轴墙体左侧轮廓线

【提示】:指定第二条延伸线原点: //选择1号轴线

【提示】:标注文字 =185

【命令】:_dimcontinue

【提示】:指定第二条延伸线原点或［放弃(U)/选择(S)］<选择>: //选择楼梯间竖直线

【提示】:标注文字 =1415

【提示】:指定第二条延伸线原点或［放弃(U)/选择(S)］<选择>: //选择2号轴线

【提示】:标注文字 =1915

【提示】:指定第二条延伸线原点或［放弃(U)/选择(S)］<选择>: //选择2号轴墙体右侧轮廓线

【提示】:标注文字 =185

【命令】:_dimbaseline //输入基线标注命令并回车

【提示】:指定第二条延伸线原点或［放弃(U)/选择(S)］<选择>: S //,选择尺寸为1 415的左尺寸界线,即1号轴线

【提示】:指定第二条延伸线原点或［放弃(U)/选择(S)］<选择>: //选择2号轴线

【提示】:标注文字 =3600

用同样方法将所有尺寸标注完成。

> **注意:**
>
> - 当尺寸标注的文字位置不佳时,可通过快捷菜单调整。具体操作过程是:选中需调整的标注,单击鼠标右键,在弹出的快捷菜单中选择"标注文字位置",单击黑三角,在弹出的子菜单中选择"单独移动文字位置"调整文字位置。
>
> - 要调整尺寸数字内容时,可通过打开"特性"对话框,在"文字"选项中选择文字替代,例如:标注文字为2860,替代文字输入 $11 \times 260 = 2\ 860$。

（3）标注标高

【命令】:_line //输入画线命令并回车

【提示】:指定第一点: //拾取一点

【提示】:指定下一点或［放弃(U)］: //选择左下方斜45°方向长度250 mm直线

【提示】:指定下一点或［放弃(U)］: // 选择左上方斜45°方向长度250 mm直线

【提示】:指定下一点或［放弃(U)］: //选择长度800 mm水平线

【命令】:text //输入文字命令并回车

【提示】:当前文字样式:"Standard" 文字高度: 300.0000 注释性: 否

【提示】:指定文字的起点或[对正(J)/样式(S)]:∥在标高符号上拾取合适的点

【提示】:指定高度 <300.0000>:200∥高度为200

【提示】:指定文字的旋转角度 <E>:∥回车

【提示】:输入%%P0.000,标注首层地面标高 ±0.000

用同样方法完成其他标注,结果如图 12 – 27 所示。

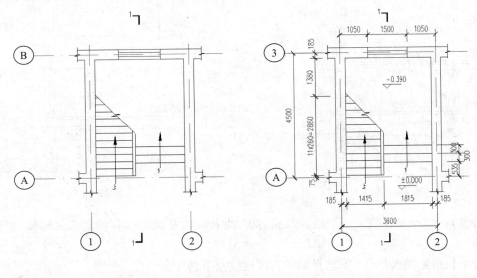

图 12 – 26   图 12 – 27

6. 绘制其他平面图

用复制、删除、阵列、镜像、属性修改等命令绘制二层及顶层平面图。

7. 绘制 1 – 1 楼梯剖面图

(1) 绘制定位轴线及辅助线

运用直线、偏移、复制等命令绘制定位轴线及辅助线,楼板厚度为 100,结果如图 12 – 28所示。

(2) 绘制第一个踏步(踏步宽 260 mm,高 160 mm)

【命令】:_line ∥输入画线命令并回车

【提示】:指定第一点:∥捕捉 ±0.000 线与第 2 条垂直线(距 1 号轴 75 mm)交点

【提示】:指定下一点或[放弃(U)]:160

【提示】:指定下一点或[放弃(U)]:260

【命令】:_line ∥输入画线命令并回车

【提示】:指定第一点:∥捕捉 ±0.000 水平线与垂直线(距 1 号轴 75 mm)交点

【提示】:指定下一点或[放弃(U)]:∥选择踏步宽度线终点,绘制踏步坡度线

【命令】:_extend ∥输入延伸命令并回车

【提示】:当前设置:投影 =UCS,边 =无,选择边界的边…

【提示】:选择对象或 <全部选择>:∥选择标高为1.920 的水平辅助线

【提示】:选择要延伸的对象,或按住 Shift 键选择要修剪的对象,或[栏选(F)/窗交

(C)/投影(P)/边(E)/放弃(U)]：//选择坡度线,结果如图 12 - 29 所示

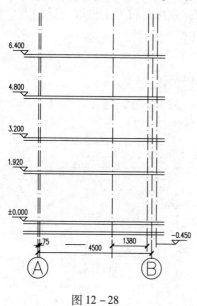

图 12 - 28

图 12 - 29

【命令】：_block //将第一个踏步做成图块,块名命名为 lt,此时将"建筑 - 楼梯"层设为当前图层

【提示】：指定插入基点：//选择踏步与坡度线左下角交点

【提示】：选择对象：指定对角点：//选择踏步宽和踏步高两线段

【命令】：_measure//输入测量命令,绘制定距等分楼梯坡度线

【提示】：选择要定距等分的对象：//选择楼梯坡度线

【提示】：指定线段长度或［块(B)］：B//选择图块操作

【提示】：输入要插入的块名：lt

【提示】：是否对齐块和对象?［是(Y)/否(N)］＜Y＞：N

【提示】：指定线段长度：//选择踏步与坡度线的两交点,结果如图 12 - 30 所示

（3）用相同的方法绘制其他楼层踏步：打开极轴追踪,用偏移、直线、复制等命令绘制厚度 100 mm 楼梯板、300 mm ×300 mm 楼梯梁、高 900 mm 栏杆扶手及每层窗户,结果如图 12 - 31 所示。

（4）用删除、修剪等命令删除辅助线,修剪多余线段。

（5）填充楼梯及墙体

【命令】：_bhatch //输入 bhatch 命令,在弹出对话框中选择 AR - CONC 图案,比例设置为 1

【提示】：拾取内部点或［选择对象(S)/删除边界(B)］：//选择填充范围内一点

【命令】：_bhatch /输入 bhatch 命令,在弹出对话框中选择 ANSI31 图案,比例设置为 100

【提示】：拾取内部点或［选择对象(S)/删除边界(B)］：//选择填充范围内一点,结果如图 12 - 32所示

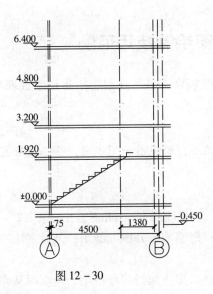

图 12 – 30

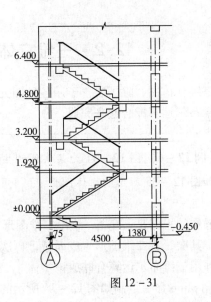

图 12 – 31

（6）标注尺寸

【命令】:_dimlinear

【提示】:指定第一条延伸线原点或 ＜选择对象＞:∥输入室外设计地平线上一点

【提示】:指定第二条延伸线原点:∥选择首层窗台线

【提示】:标注文字 =1350

【命令】:_dimcontinue

【提示】:指定第二条延伸线原点或［放弃(U)/选择(S)］＜选择＞:∥指定标注位置

【提示】:标注文字 =1 200

其他尺寸依此类推，绘制结果如图 12 –33 所示。

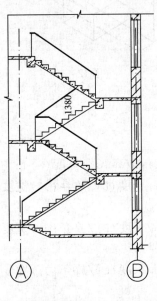

图 12 – 32

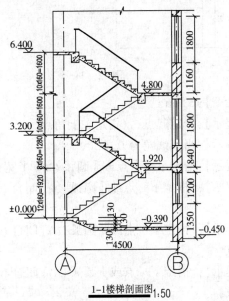

图 12 – 33

12.2　三维立体图绘制技巧范例

绘制三维立体图，除了要善于用各种图元绘制命令外，还要善于运用生成面域、拉伸、旋转及三维布尔运算配合起来完成。

【例12-6】 图12-34为某实体的主视图、俯视图和侧视图，并根据给定的三视图直接画出如图12-35所示的立体图形。

解：

本题操作的思路是：首先，绘出二维图形，用多段线命令 pline 绘出如图12-45所示的二维图形；其次，将二维图形生成面域；再次，把面域拉升成三维图；最后，用三维对齐命令对齐，并用三维布尔运算合并成该实体。

（1）用 pline 命令绘制如图12-36所示的缺口多边形封闭线框图，绘制时从左上角开始按顺时针方向绘制。

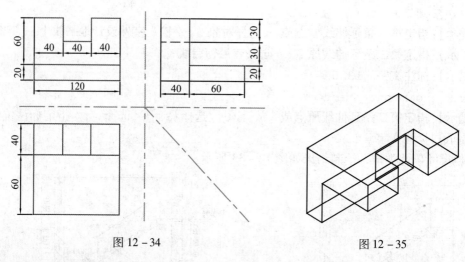

图12-34　　　　　　　　　　　　　　图12-35

【命令】:pline
【提示】:指定起点://指定左上角点
【提示】:当前线宽为 0.0000
【提示】:指定下一个点或［圆弧(A)/半宽(H)/长度(L)/放弃(U)/宽度(W)］: @ 40,0
【提示】: 指定下一点或［圆弧(A)/闭合(C)/半宽(H)/长度(L)/放弃(U)/宽度(W)］: @ 0, -30
【提示】: 指定下一点或［圆弧(A)/闭合(C)/半宽(H)/长度(L)/放弃(U)/宽度(W)］: @ 40, 0
【提示】: 指定下一点或［圆弧(A)/闭合(C)/半宽(H)/长度(L)/放弃(U)/宽度(W)］: @ 0, 30
【提示】: 指定下一点或［圆弧(A)/闭合(C)/半宽(H)/长度(L)/放弃(U)/宽度(W)］: @ 40, 0

【提示】：指定下一点或［圆弧(A)/闭合(C)/半宽(H)/长度(L)/放弃(U)/宽度(W)］:
@0, -60

【提示】: 指定下一点或［圆弧(A)/闭合(C)/半宽(H)/长度(L)/放弃(U)/宽度(W)］:
@-120, 0

【提示】:指定下一点或［圆弧(A)/闭合(C)/半宽(H)/长度(L)/放弃(U)/宽度(W)］:c
以上绘制结果如图 12-35 所示。

(2) 绘制如图 12-36 所示的封闭矩形线框图

【命令】:rectang

【提示】:指定第一个角点或［倒角 (C)/标高 (E)/圆角 (F)/厚度 (T)/宽度
(W)］:500, 800

【提示】:指定另一个角点或［尺寸(D)］:@120,20
以上绘制结果如图 12-37 所示。

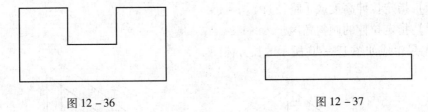

图 12-36　　　　　　　　　　　　图 12-37

(3) 将线框图生成面域

① 将缺口多边形框生成面域

【命令】:region

【提示】:选择对象: ∥选择如图 12-36 所示的缺口多边形框,提示找到 1 个

【提示】:选择对象: ∥回车

【提示】:已提取 1 个环。已创建 1 个面域…

② 将矩形线框生成面域

【命令】:region

【提示】:选择对象:∥单击如图 12-37 所示的矩形线框指示找到 1 个

【提示】:选择对象:∥回车

【提示】:已提取 1 个环。已创建 1 个面域。
两个实体生成的面域如图 12-38 所示。

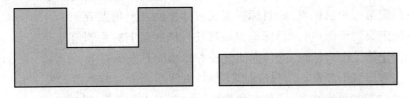

图 12-38

(3) 用 extrude 命令拉伸面域

① 拉伸缺口多边形面域

【命令】: extrude

【提示】:当前线框密度： ISOLINES = 4

【提示】:选择对象://点选缺口多边形面域,提示找到1个

【提示】:选择对象://回车

【提示】:指定拉伸高度或［路径(P)］: 40

【提示】:指定拉伸的倾斜角度 <0>: 0

操作结果生成如图12-39所示的缺口长方体。

② 拉伸矩形形面域

【命令】: extrude

【提示】:当前线框密度： ISOLINES = 4

【提示】:选择对象://点选矩形面域,提示找到1个

【提示】:选择对象://回车

【提示】:指定拉伸高度或［路径(P)］: 40

【提示】:指定拉伸的倾斜角度 <0>: 0

操作结果生成如图12-40所示的长方体。

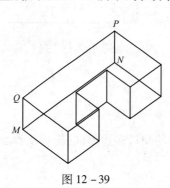

图 12-39

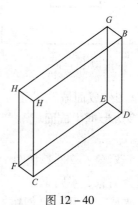

图 12-40

（4）利用三维实体对齐命令将两个实体对到一起

【命令】:align//输入对齐命令并按回车键确认

【提示】:选择对象://选择缺口长方体

【提示】:选择对象://按回车确认

【提示】:指定第一个源点://目标捕捉缺口长方体底面上左后侧角点 Q

【提示】:指定第一个目标点://目标捕捉长方体顶面左上角点 H

【提示】:指定第二个源点://目标捕捉缺口长方体底面上右后侧角点 P

【提示】:指定第二个目标点://目标捕捉长方体顶面右上角点 B

【提示】:指定第三个源点://目标捕捉缺口长方体底面上左前侧角点 C

【提示】:指定第三个目标点://目标捕捉长方体顶面上左前角点 M

【提示】:是否根据对应排列的源实体进行比例缩放操作？ Y/N〈N〉:N//选择不根据对应排列的源实体进行比例缩放选项并回车确认

（5）布尔运算

利用三维实体布尔运算命令将两个实体相加使其完全合到一起，消除对齐缝隙。

【命令】：union∥输入求并命令并按回车键确认

【提示】：选择对象：∥输入 Crossing 方式，选取下部长方体和上部的缺口长方体，按 Enter 键确认

【提示】：选择实体：∥按 Enter 键确认

上述操作结果如图 12－35 所示。

【例 12－7】 利用 cylinder、region、extrude、subtract 等命令完成如图 12－41 所示的法兰盘的制作。法兰盘大圆直径 150 个图形单位，厚度 20 个图形单位，周围 8 个螺丝孔的直径均为 7 个图形单位。中心管轴底面小圆直径为 40 个图形单位，外径为 50 个图形单位，高度为 160 个图形单位。

解：

1. 绘制法兰盘底盘（大圆柱）

【命令】：cylinder∥在命令提示符状态下输入绘制圆柱体命令并回车确定

【提示】：当前线框密度： ISOLINES＝4

【提示】：指定圆柱体底面的中心点或［椭圆（E）］＜0,0,0＞：300,400∥输入法兰盘底盘中心坐标并回车，也可以在屏幕适当位置任意拾取一点作为中心点

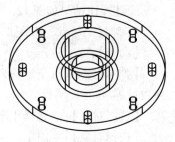

图 12－41

【提示】：指定圆柱体底面的半径或［直径（D）］：150∥输入底面中心半径 150 并回车

【提示】：指定圆柱体高度或［另一个圆心（C）］：20∥输入输入法兰盘底盘厚度 20 并回车确认

【命令】：zoom

【提示】：指定窗口角点，输入比例因子（nX 或 nXP），或［全部（A）/中心点（C）/动态（D）/范围（E）/上一个（P）/比例（S）/窗口（W）］＜实时＞：∥框选左上角点

【提示】指定对角点：∥框选左上角点

以上操作结果如图 12－42 所示。

2. 绘制法兰盘上的其中一个螺丝孔柱

先在别的地方绘制一个小圆，再移到图位置。由于法兰盘底盘中心已经定位，绘制小圆柱时可利用此点绘制小圆柱体而后再移动到图位。

【命令】：cylinder∥在命令提示符状态下输入绘制圆柱体命令并回车确定

【提示】：当前线框密度： ISOLINES＝4

【提示】：指定圆柱体底面的中心点或［椭圆（E）］＜0,0,0＞：∥捕捉大圆中心点

【提示】：指定圆柱体底面的半径或［直径（D）］：7∥输入螺丝孔半径 7 后回车确认

【提示】：指定圆柱体高度或［另一个圆心（C）］：20∥输入螺丝孔深度 20 后回车确认

上述操作结果如图 12－43 所示，在平面图上看到是一个圆，而看不到圆柱体效果。

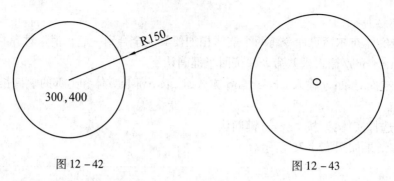

图 12 - 42   图 12 - 43

【命令】：move∥在命令提示符状态下输入移动命令并回车确定

【提示】：选择对象：∥选择小圆柱

【提示】：选择对象：∥直接回车结束选择

【提示】：指定基点或位移：指定位移的第二点或 ＜用第一点作位移＞：@ -125,0

上述操作结果如图 12 - 44 所示。

3. 阵列小圆柱，形成 8 个小螺丝孔柱

【命令】：3d array

【弹出对话框】：指定阵列中心点：∥捕捉大圆中心作为阵列中心,同时在对话框中选择阵列数目等

【选择对象】：∥选择小圆,找到 8 个

【选择对象】：∥回车

阵列完毕看到一个位于法兰盘底座边缘处的小圆螺丝孔变为围绕该盘座边缘处的 8 个小圆。

4. 大小圆柱相减

用三维布尔运算的 subtract 命令将大小圆柱相减,从而形成 8 个小螺丝孔。

【命令】：subtract

【提示】：选择要从中减去的实体或面域…

【提示】：选择对象：∥单击小圆螺丝孔,提示找到 1 个

【提示】：选择要减去的实体或面域

【提示】：选择对象：∥继续依次单击小圆螺丝孔

【提示】：选择对象：∥找到 1 个

【提示】：选择对象：∥找到 1 个,总计 8 个

5. 设置合适视点观看

【命令】：ddvpoint

设置合适的视点后,可看到如图 12 - 45 所示的法兰盘底座,以及底盘上的 8 个螺丝孔。

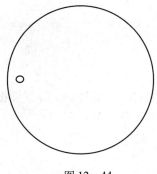

图 12 - 44

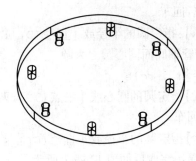

图 12 - 45

6. 绘制中心管轴

(1) 法兰盘打孔

在法兰盘上打一个通透的孔，以便空出空间绘制中心管轴。

【命令】: cylinder

【提示】: 当前线框密度： ISOLINES = 4

【提示】: 指定圆柱体底面的中心点或［椭圆 (E)］< 0,0,0 >: ∥回车

【提示】: 指定圆柱体底面的半径或［直径 (D)］: 50

【提示】: 指定圆柱体高度或［另一个圆心 (C)］: 20

【命令】: subtract

【提示】: 选择要从中减去的实体或面域…

【提示】: 选择对象: ∥单击法兰盘底座, 提示找到 1 个

【提示】: 选择对象: ∥回车

【提示】: 选择要减去的实体或面域…

【提示】: 选择对象: ∥单击位于法兰盘中心刚刚绘制的小圆柱, 提示找到 1 个

【提示】: 选择对象: 找到 1 个, 总计 2 个

(2) 设置视点观看

【命令】: ddvpoint

在弹出的"视点设置"对话框中，选水平方向 45°、垂直方向 30°观看是否打孔成功，成功后如图 12 - 46 所示。

(3) 绘制管轴

① 返回平面视图状态

【命令】: vpoint

【提示】: 当前视图方向： VIEWDIR = 0.6124,0.6124,0.5000

【提示】: 指定视点或［旋转 (R)］<显示坐标球和三轴架 >: 0,0,1

【提示】: 正在重生成模型

稍等可看到底座和螺丝孔的全部图形。

② 绘管轴底面同心圆之小圆

【命令】: circle

【提示】: 指定圆的圆心或［三点 (3P)/两点 (2P)/相切、相切、半径 (T)］: ∥捕捉法兰盘

底座中心后回车

【提示】:指定圆的半径或［直径(D)］: 40

③ 绘管轴底面同心圆之大圆

【命令】: circle

【提示】指定圆的圆心或［三点(3P)/两点(2P)/相切、相切、半径(T)］://捕捉法兰盘底座中心后回车

【提示】指定圆的半径或［直径(D)］＜40.0000＞: 50

以上操作完成后如图 12 - 47 所示。

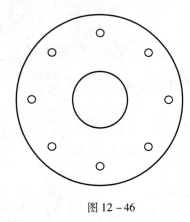
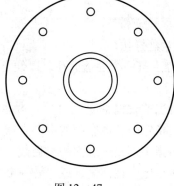

图 12 - 46　　　　　　　　　　　　图 12 - 47

④ 建立面域

将刚刚绘制的两个同心圆变为两个面域,以便用三维布尔运算相减形成环形面域。

【命令】: region

【提示】:选择对象: //分别选择中间大、小圆;

【提示】:选择对象: //回车

【提示】:已提取 2 个环

【提示】:已创建 2 个面域

⑤ 面域求差

将两个同心圆面域用三维布尔运算相减形成环形面域。

【命令】: subtract

【提示】:选择要从中减去的实体或面域…

【提示】:选择对象: //单击大圆面域,提示找到 1 个,总计 2 个

【提示】:选择对象: //回车

【提示】:选择要减去的实体或面域…

【提示】:选择对象: //选择小圆面域后回车

⑥ 拉伸管轴

【命令】: extrude

【提示】:当前线框密度:　ISOLINES = 4

【提示】:选择对象: //点选环形面域,提示找到 1 个,总计 2 个

【提示】:选择对象: //回车

【提示】:指定拉伸高度或［路径(P)］: 60

【提示】:指定拉伸的倾斜角度 <0 >: 0

⑦ 改变视点观看

【命令】:ddvpoint

在弹出的"视点设置"对话框中，选水平方向135°、竖向方向45°，观看结果如图12－48所示。

使用3dcorbit动态观测绘制结果，对不合适处修改整饰成图，观测效果如图12－49所示。

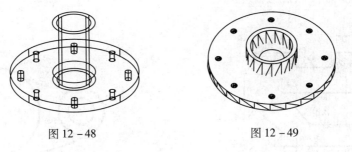

图12－48   图12－49

12.3 上机训练习题

【习题1】新建图形文件，在系统默认图层上完成下面的样图（见图12－50）。

提示：新建一个图形文件，将屏幕底色调整为蓝色，设立图形范围为420×297。左下角坐标为（0，0）；栅格距离为20，光标移动距离为10，将显示范围设置得与图形范围相同。长度采用十进制，精度为小数点后3位，角度单位采用十进制，精度为0。图12－50中，*AB*为圆的直径，三角形*ABC*为圆的内接三角形。最后以TCAD5－001. dwg为文件名保存在自己建立的子目录中，

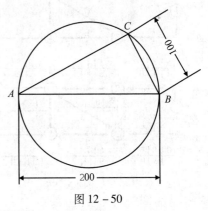

图12－50

子目录用自己姓名的前三个英文字母，子目录建在本机开放盘D或E。

【习题2】首先，在系统默认层上绘制如图12－51~图12－57所示图形，按照图形尺寸精确绘图（图形绘制和编辑方法不限，注意使用辅助线，用后删除）；绘制完成后可将图中的外轮廓线编辑为封闭的多段线并设置合适的线宽。其次，按照绘图步骤，建立合适的模型空间（图形必须放置在模型空间范围内），通过建立图层、设置图形界限和绘图单位、设置合适的栅格间距和光标移动距离，再进行图形尺寸标注，将完成的图形分别以T12－51. dwg ~ T12－57. dwg保存于自己建立的子目录中。

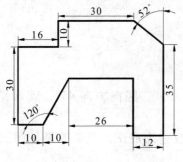

图 12-51

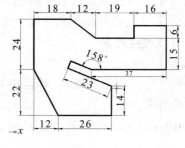

图 12-52

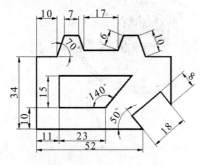

图 12-53

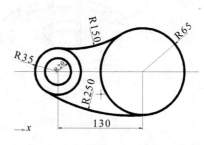

图 12-54

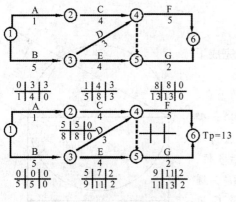

图 12-55

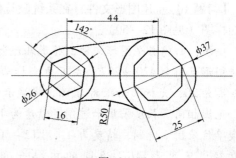

图 12-56

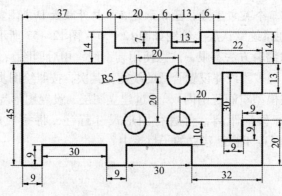

图 12-57

【习题 3】画出如图 12-58、图 12-59 所示的图形。

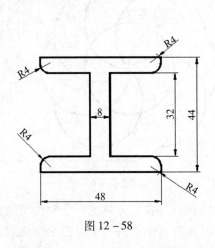

图 12-58

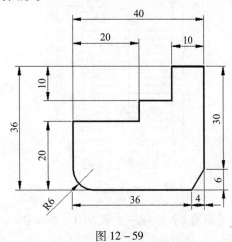

图 12-59

【习题 4】用 line 命令通过输入各点的三维坐标画出如图 12-60 所示的图形。

【习题 5】用适当的绘图与图形编辑命令画出如图 12-61 所示的图形并进行尺寸标注。

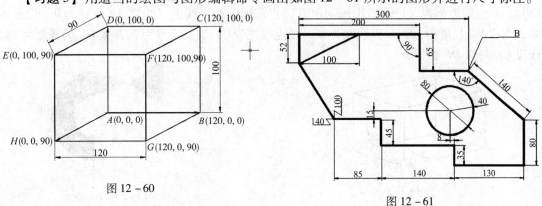

图 12-60

图 12-61

【习题 6】建立合适模型空间，绘制如图 12-62 所示的图形，图形必须放在模型空间范围之内，具体要求如下。

（1）建立以下图层：

① 楼梯层：层名为 STAIR，颜色为绿色，线型为 CONTINUOUS。

② 门窗层，层名为 WINDOWS，颜色为紫红色，线型为 CONTINUOUS。

（2）在 STAIR 层绘制墙体及楼梯，并将墙体轮廓线加粗，线宽为 10。

（3）在 WINDOWS 层绘制门窗，将完成图形存入自己的子目录。

【习题 7】用适当的绘图与图形编辑命令绘出如图 12-63 所示的图形。

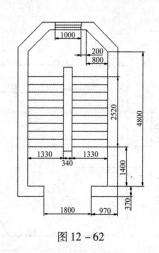

图 12 - 62

图 12 - 63

【习题 8】绘制一个长 9.0、宽 8.0、高 4.5 的长方体；并在长方体的一个侧面绘制正六边形，正六边形的中心位于侧面的中心，边长为 1.5，在长方体的另一个侧面绘制椭圆，椭圆与该侧面的 4 条边相切（见图 12 - 64）。

【习题 9】用 pline 命令绘制如图 12 - 65 所示的多段线，多段线 A 点的坐标为（30，180），E 点的坐标为（130，120），ABCD 四点在同一水平线上，线段 AB 线宽为 0，长度为 40，线段 BC 长度为 30，B 点线宽为 40，C 点线宽为 0，D 点线宽为 20，弧 DE 的宽度为 20，线段 CD 与弧 DE 相切。

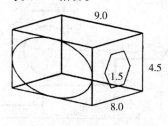

图 12 - 64

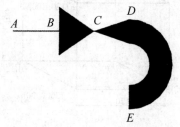

图 12 - 65

【习题 10】在图层 0 上，所有设置采用系统默认值，分别绘制如图 12 - 66 ~ 图 12 - 73 所示的图形。

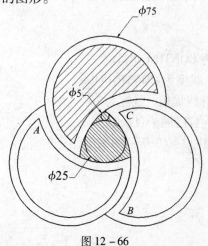

图 12 - 66

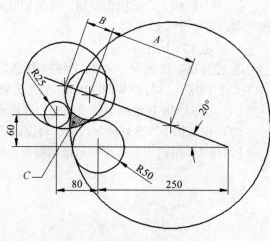

图 12 - 67

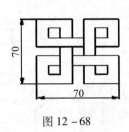

图 12 - 68

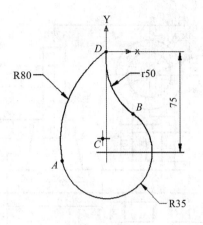

图 12 - 69

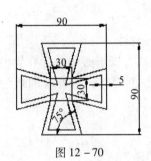

图 12 - 70

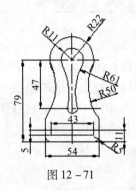

图 12 - 71

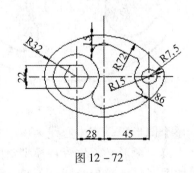

图 12 - 72

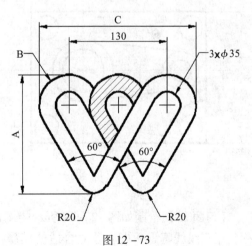

图 12 - 73

【习题 11】绘制如图 12 - 74 所示的图形，并标注尺寸。

【习题 12】绘制如图 12 - 75 所示的电路图，并添加文字。

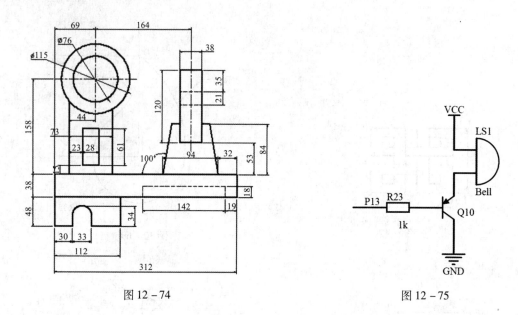

图 12 – 74　　　　　　　　　　　图 12 – 75

【习题 13】画出如图 12 – 76 所示的图形，并进行尺寸标注。

【习题 14】建立合适的模型空间，设置合适的栅格距离，图形必须放置在模型空间范围内。图12 –77中的中心线应放在 L_1 层，线型为 Center，颜色为红色，外轮廓线为封闭的多义线，所有线宽为 0.05。

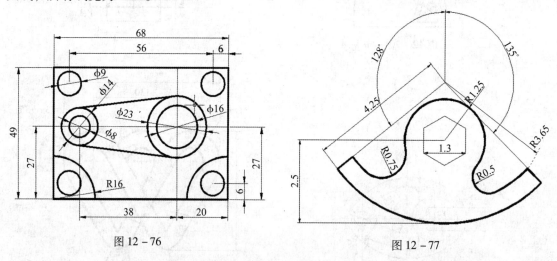

图 12 – 76　　　　　　　　　　　图 12 – 77

【习题 15】绘制如图 12 –78 所示的图形。要求：整个图形以垂直中心线为中心左右对称，粗实线线宽为 0.03。建立合适的模型空间及栅格距离，图形必须放置在模型空间范围内。中心线放在 L_1 层，线型为 Center，颜色为红色。按图形尺寸精确绘图，不需要做尺寸标注、文字注释，绘图方法、图形编辑方法不限，注意使用辅助线（用后删去），图中线宽均为 0。

【习题 16】绘出如图 12 –79 所示的图形并进行填充。

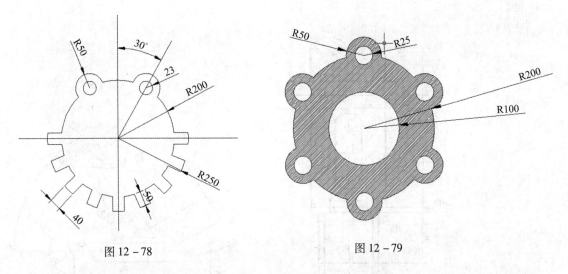

图 12－78

图 12－79

【习题 17】 建立合适的模型空间，设置合适的栅格距离，绘制如图 12－80 所示的图形。要求：图形必须放置在模型空间范围内，图中的中心线应放在 L_1 层上，线型为 Center，颜色为红色。

【习题 18】 建立合适的模型空间，设置合适的栅格距离，绘制如图 12－81 所示的图形。要求：图形必须放置在模型空间范围内，外轮廓线为封闭多义线，所有线宽为 0.03，轮廓线连接平滑。将完成图形存入自己子目录。

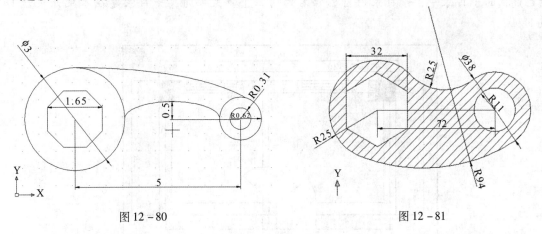

图 12－80

图 12－81

【习题 19】 新建图形文件，在系统默认图层上完成如图 12－82所示的样图。

提示：在系统默认图层用默认线型绘制如图 12－82 所示的图形。最后以 TCAD5－19. dwg 为文件名保存在自己建立的子目录中，子目录用自己姓名的前三个英文字母，子目录建在本机开放盘 D 或 E。

【习题 20】 新建图形文件，在系统默认图层上绘制如图 12－83所示的样图。

提示：在系统默认图层用默认线型绘制图形，最后以 TCAD5－20. dwg 为文件名保存在自己建立的子目录中，子目录用自己姓名的前三个英文字母，子目录建在本机开放盘 D 或 E。

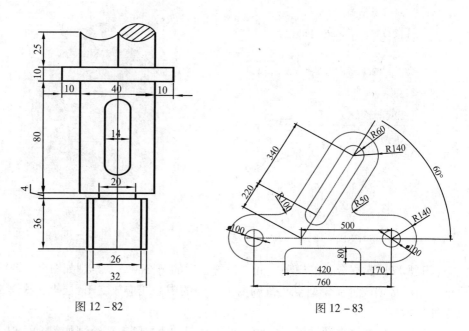

图 12 – 82   图 12 – 83

【习题21】新建图形文件，在系统默认图层上完成如图 12 – 84 所示的样图。

提示：在系统默认图层用默认线型绘制图形，最后以 TCAD5 – 21. dwg 为文件名保存在自己建立的子目录中，子目录用自己姓名的前三个英文字母，子目录建在本机开放盘 D 或 E。

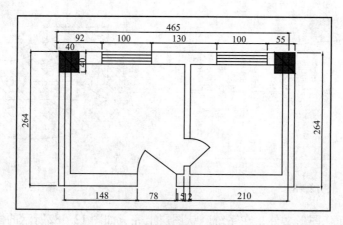

图 12 – 84

【习题22】新建图形文件，在系统默认图层上完成如图 12 – 85 所示的样图。

提示：在系统默认图层用默认线型绘制图形，最后以 TCAD5 – 22. dwg 为文件名保存在自己建立的子目录中，子目录用自己姓名的前三个英文字母，子目录建在本机开放盘 D 或 E。

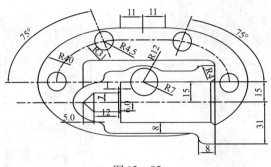

图 12 - 85

【习题 23】建立合适的模型空间，设置合适的栅格距离，绘制如图 12 - 86 所示的图形。要求：外轮廓线为封闭的多义线，所有线宽均为 0.2。将完成的图形以 TCAD5 - 23. dwg 为名存入自己的子目录中。

【习题 24】建立合适的模型空间，设置合适的栅格距离，创建如图 12 - 87 所示的图形。要求：图形放置在模型空间内，颜色为红色，图中所有线宽均为 0.3。将完成图形以 TCAD5 - 24. dwg 为名存入自己子目录中。

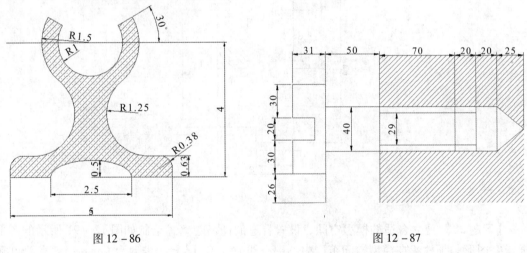

图 12 - 86 图 12 - 87

【习题 25】建立合适模型空间，设置合适的栅格距离，绘制如图 12 - 88 所示的图形。要求：图形必须放置在模型空间范围内，外轮廓线为封闭多义线，所有线宽均为 0.3。将完成的图形以 TCAD 5 - 25. dwg 为名存入自己子目录中。

【习题 26】用适当的绘图与图形编辑命令绘出如图 12 - 89 所示的图形。

【习题 27】建立合适的模型空间，设置合适的栅格距离，绘制如图 12 - 90 所示的图形。要求：图形必须放置在模型空间，颜色为红色，所有线宽均为 0.3。将完成的图形以 TCAD5 - 27. dwg 为名存入自己子目录中。

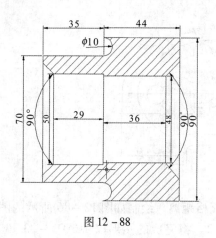

图 12 - 88

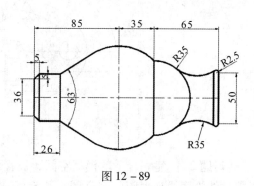

图 12 - 89

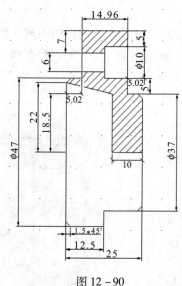

图 12 - 90

【习题 28】建立合适的模型空间，设置合适的栅格距离，绘制如图 12 - 91 所示的图形。要求：图形必须放置在模型空间范围内，中心线放在 L_1 层上，线型为 Center，颜色为红色；外轮廓线为封闭多义线，所有线宽均为 0.02。将完成的图形以 TCAD 5 - 28. dwg 为名存入自己的子目录中。

【习题 29】用适当命令画出如图 12 - 92 所示的房屋设计图并标注尺寸。

【习题 30】用适当的绘图与图形编辑命令绘出如图 12 - 93 所示的图形。

【习题 31】建立合适的模型空间，设置合适的栅格距离，绘制如图 12 - 94 所示的图形。要求：图形必须放置在模型空间内，中心线放在 L_1 层，线型为 Center，颜色为红色；外轮廓线为封闭多义线，所有线宽均为 0.2，外轮廓线连接平滑。将完成图形以 TCAD5 - 31. dwg 为名存入自己的子目录中。

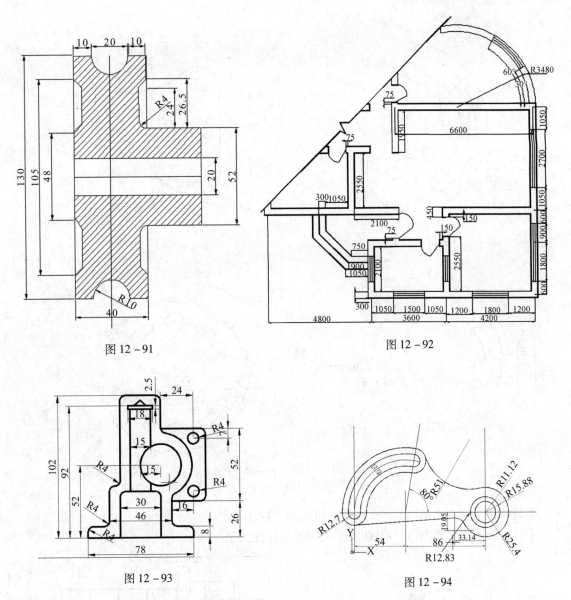

图 12 – 91

图 12 – 92

图 12 – 93

图 12 – 94

【习题32】 建立合适的模型空间，设置合适的栅格距离，绘制如图 12 – 95 所示的图形。要求：图形必须放置在模型范围内；中心线放在 L_1 层，线型为 Center，颜色为红色；外轮廓线为封闭多义线，所有线宽均为 0.03（除中心线），轮廓线连接平滑。将完成图形以 TCAD 5 – 32. dwg 为名存入自己的子目录中。

【习题33】 建立合适的模型空间，设置合适的栅格距离，绘制如图 12 – 96 所示的图形。要求：图形必须放置在模型空间范围内；中心线应放在 L_1 层上，线型为 Center，颜色为红色；外轮廓线为封闭多义线，线宽为 0.5，轮廓线连接平滑。将完成的图形以 TCAD 5 – 33. dwg 为名存入自己的子目录中。

【习题34】 用适当的绘图与编辑命令绘出如图 12 – 97、图 12 – 98 所示图形，并进行尺寸标注。

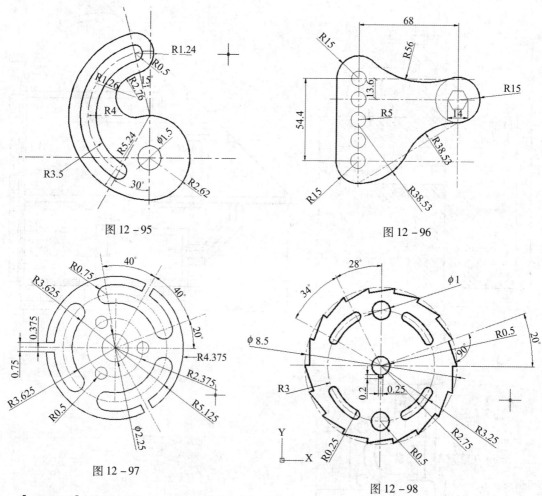

图 12 – 95

图 12 – 96

图 12 – 97

图 12 – 98

【习题 35】绘制如图 12 – 99 所示的机械图并标注文字。

【习题 36】绘制如图 12 – 100 所示的图形并标注文字。

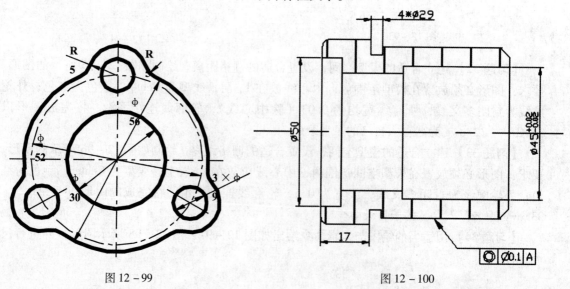

图 12 – 99

图 12 – 100

【习题 37】新建图形文件，根据已知数据，在系统默认图层上完成如图 12 - 101 所示的图形。

提示：在系统默认图层中选择 circle 命令，以任意点为圆心，分别绘制半径为 70，80，100，110 的圆，对半径为 80 的圆进行点的"定数等分"操作，以等分后各点为圆心，绘制半径为 16 的小圆，进行修剪后，方可保存。

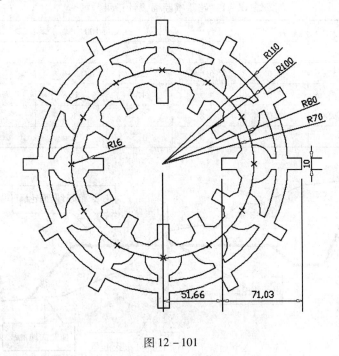

图 12 - 101

【习题 38】新建图形文件，根据已知数据，在系统默认图层上绘制道路交叉口图（见图 12 - 102）。

提示：首先利用角度绘制道路中线部分，根据具体数据，利用偏移命令获得道路边线，后利用 circle 命令下的"相切/相切/半径"完成道路曲线部分。

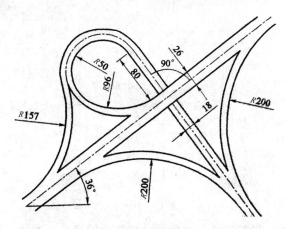

图 12 - 102

【**习题** 39】图 12 – 103 是路基中心桩号为 K2 + 100 处的横断面设计图的样式，该桩号处路基设计中心填方高度为 2.42 m，实测路基左侧和右侧横断面地形变化特征点之间的相对高差如表 12 – 1 所示，该路路基设计宽度为 36 m，路基挖方边坡为 1:1，填方边坡为1:1.5，请用 AutoCAD 软件直接画出该横断面设计图，并用多段线编辑命令将设计断面轮廓加粗至三个图形单位。

表 12 – 1 路基横断面设计记录数据

中心桩号（无量纲）		K2 + 100					
设计填挖高度/m		2.40					
中心桩号左侧	相对距离/m	6.0	5.6	2.2	1.6	7.2	12.0
	相对高差/m	3.0	4.5	1.4	0.8	1.8	2.4
中心桩号右侧	相对距离/m	4.0	6.8	2.4	1.2	6.2	11.0
	相对高差/m	5.4	4.5	1.2	0.6	2.8	2.60

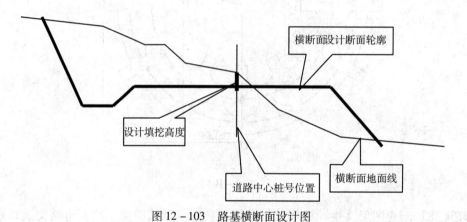

图 12 – 103 路基横断面设计图

【**习题** 40】图 12 – 104 是桥位平面图的设计图式，图上比例为 1:100。请在精度不低于厘米级别的前提下，用紧密卡规和比例尺直接在图上量出有关尺寸，并用 1:1 的比例尺，在系统默认的 0 层上画出此设计图。

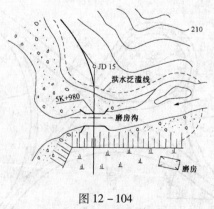

图 12 – 104

【**习题** 41】图 12 – 105 是某道路上某桥位地质断面图的设计图式，图上无比例，但已标注尺寸。请以适当的比例尺在系统默认图层上画出此设计图，并在图上注记文字。

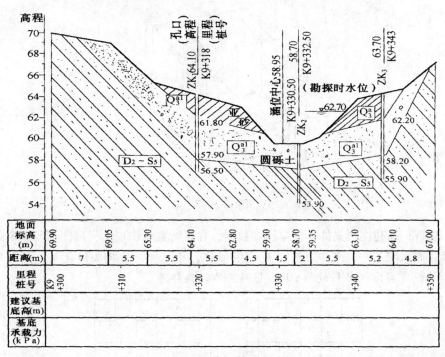

图 12 – 105

【习题 42】用适当的比例尺和合适的命令画出如图 12 – 106 所示的房屋设计图并标注尺寸。

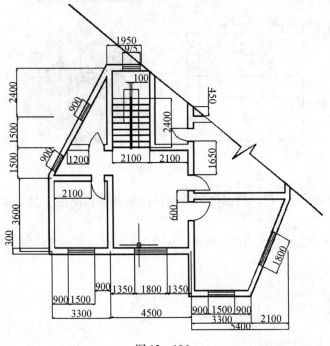

图 12 – 106

【习题43】画出如图12-107所示的图形，并在图上标注尺寸。

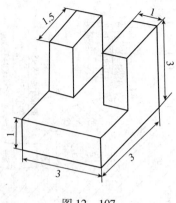

图12-107

【习题44】新建图形文件，根据已知数据，在系统默认图层上完成图12-108的绘制。

提示：在主视图中按尺寸绘制"井"字形状，并拉伸，后将实体复制，并利用三维旋转命令，将新建实体绕Z轴旋转90°，将两实体拼接即可。

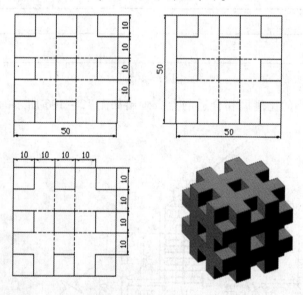

图12-108

【习题45】新建图形文件，根据已知数据，在系统默认图层上绘制如图12-109所示的图形。

提示：首先在主视图中绘制图形主视图，后结合左视图与俯视图数据，将主视图拉伸，生成立体图。

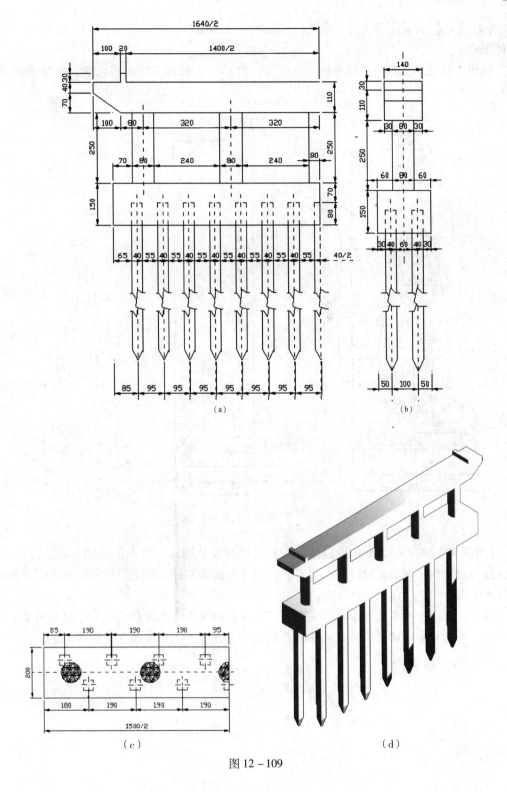

图 12－109

【习题46】新建图形文件，根据已知数据，在系统默认图层上绘制如图12-110所示的立体图形。

提示：首先在主视图中绘制图形主视图，后结合左视图与俯视图数据，将主视图拉伸，生成立体图。

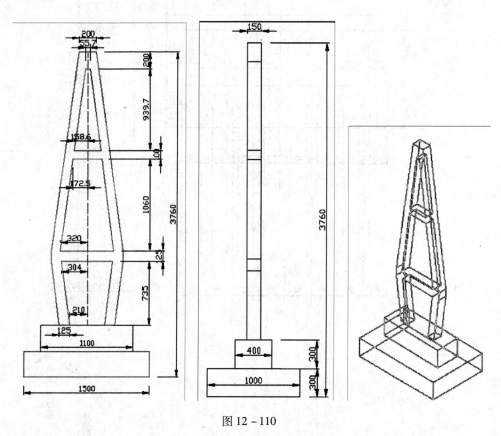

图 12-110

【习题47】图12-111是某公路上的斜交拱桥设计图式，图上无比例，但已标注尺寸。请以适当的比例尺画出此设计图。要求画图时建立图形文件，定义单位和图形界限并使用图层技术绘图。

提示：为图中的实线、虚线、点划线、绘图辅助线及尺寸线分别设置不同的图层、颜色及线型，并注意绘图过程中对图层冻结与解冻、打开与关闭、锁闭和解锁操作。

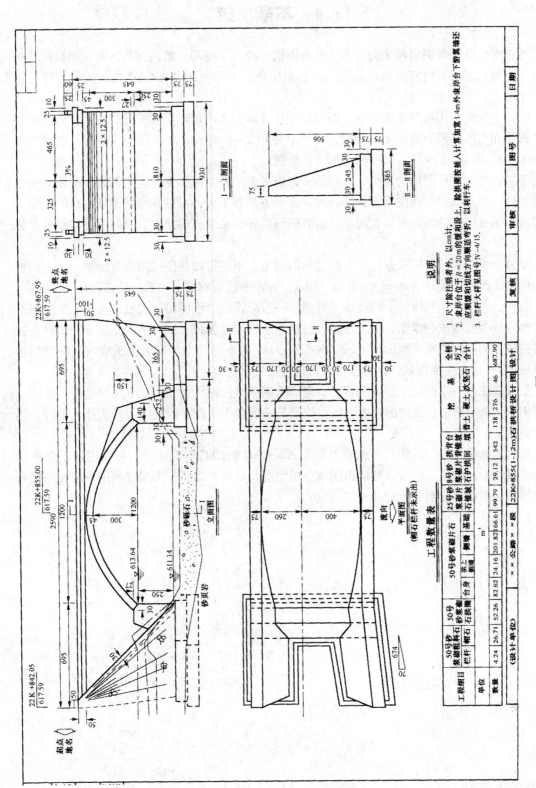

图 12-111

12.4　本章小结

本章结合几个典型实例来向读者介绍绘图的一些基本技巧。绘图技巧的掌握和提高，关键在于前面几章所讲内容的熟练应用，即熟能生巧。关于利用 AutoCAD 绘图的技巧可总结为六个要点。

第一，随时使用视图操作命令。绘图时注意屏幕大小图形和实际图形的关系。当有些很小的图形在当前屏幕上看不太清晰时，要注意应用 zoom 或 pan 命令放大或平移；三维图形要善于使用 vpoint 命令从不同的视点观看和绘制。

第二，灵活进行图形的定位。一幅图不论由多少线条组成，主要是它们之间的相对位置固定不变，而与画图时将图形画在屏幕的什么地方关系不大，可以在将来图纸定位时一并考虑解决。图形中有的图元可以暂时单独画到图形以外屏幕的任何地方，画好后再移动到目标图位。

第三，绘制和编辑同步进行。有些复杂的图形，不一定按照图纸逐线条绘制，可以画成别的图形，再使用偏移（offset）、修剪（trim）等命令进行编辑，改变成所需图形。

第四，善于利用二维图，演变成三维图。一般来说，二维图绘制比较容易些。二维图通过拉伸或旋转，变成三维图，但要注意，二维图旋转或拉伸成三维立体而非三维表面时，被旋转或拉伸的图形必须是封闭的面域。需先用 pedit 命令将非封闭区域编辑成封闭图形后再用（region）命令生成面域，最后才可使用拉伸或旋转命令。

第五，注意三维图的坐标系和视图方向。绘制三维图时，要及时建立用户坐标，并善于利用 vpoint 命令调整三维图的视图方向，使得某一项操作所在平面最好面对读者（平行于用户方向）。

第六，先设置图层后绘图。创建图层是 AutoCAD 绘图必需的步骤，利用图层不但可以分层设置线型、颜色，也可以整层出图或分层出图。更重要的是，图层对利用专用大型绘图仪出图和对图形进行电子化管理有重要意义。